中国地质大学(武汉)珠宝学院 GIC 系列丛书

翡翠鉴定与交易评估

FEICUI JIANDING YU JIAOYI PINGGU

包德清 陈全莉 张 娟 编著

图书在版编目(CIP)数据

翡翠鉴定与交易评估/包德清,陈全莉,张娟编著.—武汉:中国地质大学出版社,2023.4
(中国地质大学(武汉)珠宝学院GIC系列丛书)
ISBN 978-7-5625-5507-0

Ⅰ.①翡… Ⅱ.①包… ②陈… ③张… Ⅲ.①翡翠-鉴定 ②翡翠-评估 Ⅳ.①TS933.21

中国国家版本馆CIP数据核字(2023)第035286号

翡翠鉴定与交易评估 包德清 陈全莉 张 娟 **编著**

责任编辑:何 煦 张旻玥 选题策划:张 琰 彭 琳 责任校对:何澍语

出版发行:中国地质大学出版社(武汉市洪山区鲁磨路388号) 邮政编码:430074
电 话:(027)67883511 传 真:(027)67883580 E-mail:cbb@cug.edu.cn
经 销:全国新华书店 https://cugp.cug.edu.cn

开本:787毫米×1092毫米 1/16 字数:327千字 印张:12.75
版次:2023年4月第1版 印次:2023年4月第1次印刷
印刷:湖北金港彩印有限公司

ISBN 978-7-5625-5507-0 定价:69.00元

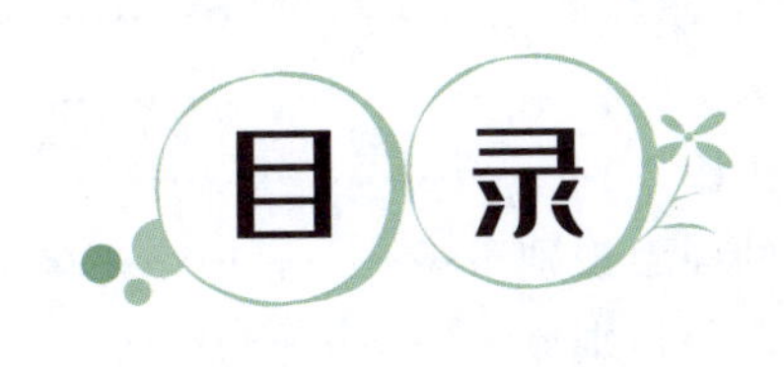

目录

第一章 概 述

中华民族是一个爱玉的民族。在远古的石器时代,我国先民就发现了玉与石的不同,于是,他们将玉视为上天赐予的神物、精灵的化身而加以使用,从而形成独具特色的中华民族玉文化。在我国约8000年的用玉历史中,来自新疆的和田玉一直是玉文化的主角,直到晚清,一种来自异国他乡的绿色玉石——翡翠进入宫廷。由于它具有与和田玉相似的一些特征,同时又具有娇艳的绿色而受到当时权倾一时的慈禧太后的喜爱,于是在中华大地上迅速形成了一股翡翠时尚之风,其名气甚至超过在中国流行了几千年的和田玉。此后翡翠也因此被誉为"玉石之王",成为中华民族玉文化的传承者。

缅甸是宝石级翡翠的主要产出国,经过近400年的开采,近年来翡翠资源已近于枯竭,再加上中国市场的巨大需求,其价格更是逐年攀升,尤其是高档翡翠,价格不断看涨。一方面,资源的稀缺和价格的攀升激起了许多消费者购买翡翠的欲望;另一方面,从行业的发展规律来看,中国珠宝行业的发展一直处于无序的同质化竞争阶段,以价格战为主的激烈的市场竞争使黄金、钻石等多种珠宝首饰的利润空间被无限压缩,但具有中国特色的玉石首饰因被赋予了独特的文化内涵而有利可图。巨大的市场需求和利益的驱使,让许多商人有了从事翡翠贸易的冲动。然而,做好翡翠生意却不是件容易的事,作为一个翡翠经营者,不仅要有过硬的翡翠专业知识,熟悉翡翠市场、了解翡翠行业的特征,还必须具备独特的人格特征。

第一节 翡翠交易市场

这里所说的翡翠交易市场是指以营利为目的、以翡翠成品为交易物、以批发为主要交易形式向翡翠零售商出售商品的交易市场。我们先分析一下中国的翡翠交易市场是如何产生的,然后再看看翡翠交易市场有什么特点。

一、翡翠交易市场的产生和发展

在中国，有“自古翡翠出腾越”之说，腾越即云南腾冲的旧称。事实上，翡翠虽然于清朝晚期开始在中国盛行，但明朝时已经在我国云南腾冲形成了繁荣的翡翠交易市场。明清时期是我国玉文化发展的鼎盛时期，无论是皇家用玉还是民间用玉，都以新疆的和田玉为主。但在我国西南边城腾冲却是另外一番景象——翡翠时尚已经悄然在这里兴起。

在我国西南地区与周边国家的贸易往来中，由于交通工具和道路的限制，诞生了以马帮为主的民间国际商贸通道，称为茶马古道。茶马古道是我国西南地区各民族经济、文化交流的走廊，兴于唐宋，盛于明清，是我国历史上最为著名的西部国际贸易古通道之一。相传行走于茶马古道的马帮在经过翡翠产地的雾露河时，一个马夫为了平衡马，顺手在雾露河中捡了一块石头带回腾冲。由于这块石头表面有一层风化表皮，看起来与一般的卵石并无两样，回到腾冲后，马夫便将它随手丢在马厩里。经过马的长期蹬踏，石头表面竟然露出了绿色，人们才发现这是一块优质的翡翠。从此以后，翡翠这种披着神秘面纱的玉石才被人们发现，并在雾露河掀起了一股采玉潮。自此，产自缅甸密支那地区的翡翠原石开始被源源不断地运往腾冲进行加工。继承了传统玉文化的腾冲先民，运用传承下来的玉器加工技艺，将翡翠加工成各种首饰，使腾冲成为最早的翡翠加工和贸易集散中心。清朝中期至民国初期，腾冲的翡翠产业达到鼎盛时期，昔日腾冲的百宝街，是翡翠加工中心、销售的主要集散地，这里的翡翠加工作坊近200家，玉雕工匠超过3000人，家家雕玉件，户户闻机声。

中国伟大的地理学家、旅行家、文学家徐霞客在他的《徐霞客游记》中记载，他于明崇祯十二年(1639年)进入腾越境内，并停留多日，在腾冲时他借住在经常往返缅甸做生意的潘一桂先生家。据记载，潘先生“走缅甸，家多缅货”，并指出缅货以“碧玉”“翠生石”称奇。他目睹了当时腾冲玉石业的发展状况，见证了当时腾冲玉石业的繁荣。徐霞客在腾冲与翡翠工匠和商人都有过密切的接触。这是翡翠作为玉石第一次正式在中国古代文献中隆重登场。

近年来，在腾冲市的旧城改造中出现的城中挖玉现象(图1-1)从另一个侧面印证了昔日腾冲翡翠加工业的繁荣。当年翡翠商人通过马帮驮回来很多翡翠原石，在腾冲城内对它们进行加工。切开的玉如果品相(即玉石的品质)不佳，便会弃之不用，成为修路砌房的基脚。在翡翠加工过程中残留的边角余料或加工过程中破碎的玉件，也会被就地丢弃，掩埋于旧城地下，致使腾冲古城“挖地一尺必有玉”。如今，每逢老城区改造，腾冲的男女老幼为玉而动，带着锄头、竹筐、手电筒，甚至开着挖掘机地下寻宝。

最早的翡翠交易市场形成于腾冲，但它是如何蔓延至全国，进而形成翡翠时尚的呢?

曾任故宫博物院副院长的杨伯达先生根据清朝《杂录档》的资料，就翡翠在宫廷的传播得出两个结论。他认为翡翠于雍正年间进入宫廷：其一，雍正十一年(1733年)，云南巡抚张允隋向雍正皇帝进贡“永昌碧玉”一件，这是翡翠进入宫中的最早记录；其二，乾隆三十六年(1771年)，在地方官吏为乾隆皇帝贺寿送至圆明园万寿宫的贡品中，就有赵文璧所进贡的“翡翠瓶”一件，此为宫中以翡翠为玉器冠名之始。但即使到了乾隆年间的中后期，翡翠在宫廷玉器中所占的比例仍然是很有限的。乾隆四十七年(1782年)的四柱清册曾详细列出实

图 1-1 腾冲旧城改造中的挖玉场景

存的银铜瓷玉器古玩，共计 5961 件，除去金银铜瓷器物后，玉器 3000 余件，名为“永昌玉”（即翡翠）的仅有 9 件。和珅被抄家时搜出大小玉器共计 33 440 余件，其中大部分是和田玉，即使将记录为“云南碧玉”“永昌碧玉”的玉器全部当作翡翠，也只有 99 件。可见，翡翠在当时并不受宫廷重视，在民间更是微不足道了。显然，进入宫廷的玉器是不足以改变我国玉器流行风向的。真正改变玉器市场格局的是翡翠进入中国的运输方式和路径的变化。

云南是缅甸翡翠进入中国最重要的口岸，腾冲是最早的翡翠加工和交易地。但从密支那的孟拱到云南的腾冲，运输主要靠马帮，运输的数量是相对有限的。运输途中还要穿越环境极其恶劣的高山深谷和经过不同民族地区众多的武装关卡，这种陆路运输的难度是可想而知的。在这种情况下，通过航船水路运输无论是运输效率还是运输安全性都比陆路运输更有优势。根据中山大学谷娴子等（2007）、丘志力等（2008）的研究，广州自乾隆年间重设海关以来，就有翡翠进口的记录。1861 年以后，大部分翡翠原料都是由商船从仰光运到中国的香港、广州、上海等地。清朝末年，由于海上贸易政策放宽，大量高档翡翠由海路从缅甸运往广州、香港和上海。在缅甸，广东人将购买的玉石运往广东，少数云南人将玉石从海路运到广州再出售。但在曼德勒，大部分玉石掌握在广东人手中，广东人在缅甸有雄厚的贸易资本。这些都说明在清朝晚期，我国东部和东南部翡翠交易已经相当普及了。从玉石原料的供应来看，嘉庆中期以后，新疆和田玉产量渐减，而翡翠原料的供应量却在逐步增加，此消彼长，翡翠慢慢取代和田玉似乎顺理成章。特别是后来翡翠获得慈禧太后的青睐，宫廷嫔妃也纷纷仿效，民间更是充满关于翡翠的神秘传说。于是，在清朝晚期中国迅速形成了一股翡翠消费热潮。

从以上分析可以看出，云南边城腾冲从明清时期开始便是中国翡翠重要的加工地和交易中心。清朝晚期，随着运输方式的改变，翡翠原料大量进入广东等沿海地区，翡翠交易市场从云南腾冲开始一路向东，延伸至广东、上海、福建等地。所以翡翠交易市场最早在南方形成，而在北方，受宫廷流行时尚的影响，翡翠也受到部分消费者的欢迎，直到现在还有“北玉南翠”之说。

改革开放以后，腾冲因地域及其他因素的影响，在翡翠贸易方面逐渐被边缘化，而在广东的阳美、四会、平洲一带，翡翠产业一片兴旺繁荣。这一点我们将在后面相关章节中进一步讨论。

二、翡翠行业的特征

在众多的珠宝玉石中，翡翠只是其中一个品种。但是翡翠贸易受中华民族传统文化的影响，形成了独特的行业特征，我们可以从翡翠市场、产品特征、交易价格、交易风险等方面来加以认识。

1. 翡翠市场鱼目混珠

翡翠市场历来都被认为是最混乱的市场之一。诱人的利润和一般买家有限的识别翡翠的能力，导致翡翠作假十分猖獗。特别是当翡翠资源日渐稀缺、高档翡翠变得贵过黄金之时，造假之风更是甚嚣尘上，一些投机者乘虚而入，以次充好，以假充真，整个市场变得非常混乱，货品真假难辨，即使是经验丰富的翡翠商人也会受骗上当。

早期的翡翠作假仅限于染色（成品即所谓的 C 货翡翠）和以假充真，这些手段只能欺骗翡翠辨别能力有限的消费者，稍有经验的买家都能识别它们。20 世纪 80 年代出现的漂白充填翡翠（即 B 货翡翠）确实给翡翠商家和翡翠消费者都带来了恐慌。由于当时市场上缺乏有效的鉴定 B 货翡翠的手段，人们对 B 货翡翠的识别特征也未进行系统的归纳和总结，整个珠宝行业“谈翠色变”。这是因为 B 货翡翠与 A 货翡翠（即未经处理的翡翠）价格相差数倍至数百倍，一旦不法商人以“B”充“A”，将给买家带来不可估量的损失。

随着学术界对优化处理翡翠的系统研究和鉴定特征的系统总结，实验室内鉴定 A 货翡翠、B 货翡翠已经不是什么难事，但翡翠商人到市场上去进货不可能随身带着显微镜或红外光谱仪，只能靠经验对货物的真假以及是否经过优化处理加以判断。尽管各地市场管理部门加大了市场监督的力度，市场经营逐渐规范化，但仍有少数不法商人铤而走险，扰乱翡翠市场。

2. 翡翠的千变万化

我们知道，钻石分级有“4C”标准，正因为有了“4C”标准，钻石的质量评价才变得直观且有依据。但翡翠不同于钻石，翡翠的质量评价没有这样的标准，因为翡翠的质量评价要素十分复杂，且许多评价要素不能被准确地量化。以翡翠的颜色评价为例，翡翠的颜色受色相、明度和彩度的影响，高档翡翠的颜色要符合“正、浓、阳、匀”四个标准，每一个要素的变化都是很大的、不易被量化的，而每一个要素对翡翠的质量和价格都会造成很大影响。早在 20 世纪 70 年代，美国宝石学院就宣布要制定翡翠的评价标准，但直到现在也没有成功，其根本原因就是翡翠的评价要素太复杂。

一般情况下，翡翠的质量评价包括颜色、质地、透明度、净度、工艺和综合印象等六个评价要素。每个要素都没有一个准确的、可量化的评价标准。单独评价每一个要素相对比较简单，但在翡翠交易过程中需要在短时间内对这些要素进行综合评价并衡量它们与价格的对应关系。而且，这些评价要素之间还可能相互影响，如翡翠的颜色浓度和工件的厚度会影响其透明度，翡翠中的杂质也会影响翡翠的价格，但被“俏色”使用的杂质又是设计艺术化的表现，会使翡翠增值。因此翡翠的质量评价就变得十分复杂。

3. 翡翠价格的评估十分复杂

翡翠的价格评估是十分复杂的。首先，价格的评估是以质量为依据的，翡翠质量评价要素多、变化大，导致翡翠的质量评价十分复杂，进而导致在翡翠交易中很难找到质量与价格之间的对应关系。当然，翡翠质量好价格就高，但是高多少，没有一个具体的标准。其次，在翡翠原料越来越稀缺的时代，翡翠成品的价格会不断攀升，但不同质量的翡翠价格上涨的幅度是不同的。同时，宏观经济环境的变化会影响消费需求，也会造成翡翠价格的波动，这些都使得在翡翠交易中很难把握翡翠价格的变化。再次，翡翠题材是否受购买者的青睐，造型是否独特，构思是否巧妙，工艺是否精湛，是否做到了因料施工、因材施艺等，都会影响翡翠的价格。因此，基于对翡翠之美的不同理解，不同买家对同一件饰品的价格认知也有很大差异。最后，在不同环境下观察翡翠，效果会有很大的差异。对于卖家来说，他们总会刻意布置一个好的环境，使翡翠看起来更加漂亮，以便能卖出好价钱；而对购买者来说，如果没有经验，很容易受环境的误导，对翡翠的价格作出错误的判断，从而付出更多的金钱。另外，买货人的经验与商业谈判技巧、对不同地区翡翠市场行情的了解程度等都会影响翡翠的购买价格。这个特殊的行业需要从事翡翠贸易的商人具有丰富的市场实战经验。

4. 翡翠行业是一个充满风险的行业

翡翠行业处处是陷阱，这在行业内是不争的事实。可以说，翡翠经营的风险遍布整个产业链。一是赌石的陷阱。原材料采购环节就可以说明翡翠行业是一个高风险行业。不论高中低档翡翠原石，都有“赌”的成分。因为翡翠经风化作用后形成大小不一的砾石，主要沉淀在第三纪(古近纪＋新近纪)、第四纪的沉积物中。砾石表面大多有一层厚薄不等的皮，风化表皮的遮盖使我们看不到内部的颜色、质地等，故行业内称翡翠原石生意为赌石。既然是“赌”，必然存在很大的风险。即使是从事翡翠商贸多年的行家，也有看走眼的时候，故行内有“十赌九输”“一刀穷，二刀富”“今天腰缠万贯，明天一贫如洗”等多种形容翡翠赌石风险的说法。二是加工设计陷阱。成功的设计是展示翡翠之美、体现翡翠价值的基础，如果设计时没有对翡翠原料进行认真的分析，做出的成品就可能有缺陷，进而会影响翡翠的价值。三是翡翠的质量、真假陷阱。翡翠经营是非常专业的事情，如果经营者缺乏必要的专业知识，在翡翠经营中不能敏锐地判断真假，不会准确地判断质量，那么在进货环节不可避免地会受骗上当。四是价格陷阱。俗话说：黄金有价玉无价。翡翠卖家开价后会观察买家的反应，看他是否了解市场行情以及能否对翡翠的质量作出准确的评价，所以常常是开一个“天价”。买家必须根据自己对翡翠质量、市场行情的把握准确地作出价格判断，并以自己的经验和智慧巧妙地进行谈判，才能以理想的价格购买到货品。故行内有“漫天要价、就地还钱”之说。买家的出价取决于他对翡翠市场行情的掌握、对货品题材的喜欢程度和看货的眼光，还有谈判技巧。任何一方面把握不好，就可能掉入卖家设计的陷阱。破解这些陷阱与经营者的经验、知识、智慧和胆识有密不可分的关系。

以上是翡翠经营与其他珠宝经营相比的特殊性。正是这些特殊性，使翡翠市场变成了一个既具风险又有巨大吸引力的市场。一个从事翡翠经营的人除了应具备必要的理论知识外，更关键的是要不断在地市场中实践、探索，在各种购买活动的总结中去培养自己的眼光，考验自己的意志与胆量，积累翡翠交易的经验。锲而不舍，方能百炼成钢！

第二节 翡翠经营者

翡翠经营者是指分布在翡翠产业链的各个环节中从事翡翠经营的商人。不同环节从事翡翠经营的商人所需要的知识、经验、智慧和胆识实际上是有差异的。这里所说的翡翠经营者主要是指从事翡翠零售的商人，他们将从供应商那里采购的翡翠成品再进行零售。

一、翡翠商人的人格特征

人格特征是人类独有的、由先天获得的遗传素质与后天环境相互作用而形成的、能代表人类本质及个性特点的性格、气质、品德、信仰以及由此形成的尊严、魅力等特征。翡翠生意看似简单，但并不是每个人都可以做的。翡翠商人必须具备以下几个条件。

1. 要有一定的亲和力

这是作为一名商人的基本人格特征。不论是在翡翠市场上采购翡翠还是在零售市场上销售翡翠，都要表现出一定的亲和力，让人觉得好打交道，具有非凡的气质而又平易近人，能说服人又不尖酸刻薄，与翡翠商家或与客人沟通让人倍感亲切，能在欢乐愉悦的氛围中达成交易。要知道，翡翠交易能否最终达成，不是看谁的嗓门大，也不是看谁能言善辩，而是靠心平气和的交流，和在双方追求的利益上达成共识。

作为一名翡翠商人，有较好的亲和力也是终身受用的，它会使你在日常销售中积累很多忠诚度高的客户，并从他们身上不断获得利益。没有这种积累，企业的经营规模将是有限的。

2. 要有敏锐的眼力

做翡翠生意的人一定要具有敏锐的眼力，这种眼力首先表现在对真假翡翠的识别上。一些不法商人为了获取暴利，置商业道德于不顾，肆意造假，以欺骗人为目的，以次充好，以假充真。特别是 20 世纪 80 年代后期 B 货翡翠出现以后，翡翠市场鱼龙混杂的现象更加严重，给翡翠经营者和翡翠消费者都带来了巨大的心理恐慌。近年来，随着珠宝玉石国家标准的实施，各地质量监督部门加大了市场监管的力度，翡翠市场逐渐规范化。但只要有翡翠市场的存在，就会有假货。作为翡翠经营者，我们必须具备这样一种眼力：能够快速地从各种货品中识别出哪些是我们真正需要的。

此外，翡翠商人的眼力还表现在能否发现自己感兴趣的货品。首先，翡翠的品种丰富，质量各有不同，题材各有特色。翡翠商人要具有从繁多的翡翠中找出自己所需货品的能力，有了这种能力，就可以在进货过程中节约时间成本。其次，每一个企业都希望能在翡翠经营上形成自己的特色，除了在产品档次上要有针对性外，在产品的造型、题材上也要形成自己独特的风格，这就需要我们在寻找货品时有独到的眼光。翡翠的造型和题材千变万化，如何从众多题材中找到本企业目标人群喜欢的题材，也是经营者眼力的一种体现。最后，翡翠的工艺也有优劣之别，不同工艺的雕琢成本是不一样的，工艺的优劣直接影响产品的价格。作为一个翡翠经营者，我们必须学会快速判断工艺的优劣，学会评价翡翠作品构思是否巧妙，是否体现出材料的最大价值等。

3. 要有一定的财力

财力虽不是翡翠商人的人格特征，但会影响他们的人格特征。做生意需要资金，这是一个最简单的道理。特别是当商人希望能将翡翠生意做出一定档次的时候，充足的资金是必不可少的。当然，如果只是想随行就市卖点低档货，是不用大量投资的，但卖一般商人都能卖的低档货不可能取得良好的收益，更不能在翡翠经营上做出特色。如果希望在翡翠生意上做出规模，做出品位，做出档次，做出特色，就必须有大的资金投人和大的资金储备。我们知道，一件高档翡翠动辄几万元、几十万元甚至几百万元。这样一件翡翠也不一定在短时间内能找到合适的买家，势必会造成产品的积压，急于卖出又不能获得我们期望的利润，这就要求我们有充足的流动资金。事实上，好的翡翠是可遇不可求的。我们有时会按照自己的心理预期去寻找一件理想的货品，但总是事与愿违：遇到自己喜欢的货时可能没有那么多资金购买；而当有客户需要这类货品，我们特意去寻找的时候又找不到合适的货品了。只有拥有充足的资金，我们才能大胆收购在平常翡翠采购中随机遇到的好货，才能有必要的货品储备，才能更好地满足翡翠消费者的不同需求。另外，有了充足的资金，才能保证一定的进货量，批量进货才能最大限度地取得成本优势。

4. 要有一定的魄力

翡翠商人的魄力是以财力、眼力和自信为基础的。财力强就敢于购买任何自己喜欢的货品而不会在价格的细微之处斤斤计较；没有财力，进货时就会战战兢兢，缺乏那种志在必得的气魄。好的眼力不仅能让人快速地识别货品真假、质量、工艺和特色，而且能根据自己对市场行情的掌握迅速判断它的大致价格，如何开价，如何还价等。一个有魄力的翡翠商人，当看到自己喜欢的货品时，会果断出价，以合适的价格达成交易。黄金有价玉无价，事实上，翡翠交易是"漫天要价、就地还钱"。不懂翡翠市场的人常常试图按一定折扣进行还价，这其实是对自己的眼力不自信的表现。作为一个翡翠商人，当我们欲购买一件货物时，先要对它进行认真的研究，评估出它大致的价格，决定自己能接受的最高价，然后在此价基础上以一定的折扣出价，简单地说，就是"以我为主"的还价策略。如果优柔寡断，不敢还价或出价不自信，就不能以合适的价格购买到理想的货品。

魄力来自一个人的人格魅力。在采购翡翠时，有些货主其实并不在乎利润的多少，而是看"玉缘"，购买者喜欢上一件翡翠本身就是一种"缘"。而作为翡翠购买者，也一定要让货主赚钱，同时自己也能买到满意的货品。这才是双赢，也是一个人魄力和人格魅力的体现。

5. 要有一定的应变能力

翡翠市场陷阱多，做翡翠生意的人都会认识到这一点，所以看货时总是全神贯注，担心一不小心就落入陷阱。尽管如此，也难免有看错货、出错价、说错话（比如出了价，对方愿意成交而我们又不想买）的时候，这时对我们的应变能力是一个考验。我们应当视情况适时调整应对策略，使自己摆脱尴尬的境地。

6. 必须具有“玉德”和“玉气”

古人说：君子比德于玉。君子有德，玉也有德。从业者更要比德于玉，以“玉德”规范自己的经营行为。翡翠市场无德者甚众，这与“玉德”是背道而驰的。做翡翠生意的人，不管多么专业，不管市场经验如何丰富，都难免有受骗上当或“看走眼”的时候。一个德行好的翡翠商人决不会让自己“看走眼”的货再流入市场，这是“玉德”的体现，也是“玉气”——高风亮节的体现。做翡翠生意的人固然要通过翡翠销售获利，但一定不要唯利是图，要记住：我们不仅是一个翡翠商人，更重要的是我们同时肩负着传播中国玉文化的使命。

二、翡翠商人的基本素质

1. 要通晓中国的玉文化

玉文化是在我国制玉文明的历史进程中不断积累，不断被赋予新的内涵而逐渐形成的。玉之所以在中国有市场，是因为有约 8000 年的玉文化作支撑。翡翠是玉石的一种，只不过同其他玉石相比，翡翠更有特色罢了，如翡翠的颜色千变万化、翡翠的质地多变、翡翠的韧性很好等。但无论如何，它也只是“石之美者”而已，如果离开了文化，玉石对消费者的吸引力就会大大降低。所以，玉文化是我们从事翡翠营销的基础，也就是说，翡翠的营销实际上是玉文化的营销，只有在翡翠饰品中加入文化的内涵，才能提高消费者拥有翡翠首饰的欲望，翡翠才有更为广阔的市场。

“黄金有价玉无价”还有一层含义，即玉石中蕴藏的文化是无价的。这也是很多消费者感兴趣的地方。从翡翠材料本身来评价其价值，评价要素固然很复杂，但相对来说还是有一定的可操作性的，唯有文化的价值是没有任何可比性的，因为文化是无价的。

每一件翡翠作品都被赋予一定的文化内涵，都包含一段不为消费者了解的故事。有些消费者在购买翡翠时可能真正看中的是其中包含的文化或其中的故事。只有将这些文化或故事传达给消费者，才能唤醒他们的需求。可以想象，认识中国玉文化对翡翠营销是多么重要了。做翡翠生意的人如果自己不懂玉文化，又如何向消费者传播玉文化呢？

2. 要有系统的翡翠鉴定、鉴赏与评价知识

玉乃石之美者。自然界美丽的石头很多，与翡翠外观相似的石头也很多，而翡翠的颜色、结构等特征是非常独特的。从事翡翠贸易的人首先要学会根据翡翠独有的特征，迅速从外观特征相似的玉石中将翡翠区分开来。

翡翠又有 A 货、B 货、C 货之分，所以当我们确认某块玉石是翡翠时，还要进一步确认是天然的还是经过优化处理的。如果稍有经验，将翡翠和其他材料区分开来并不是一件难事，但要区分 A 货、B 货、C 货却困难得多，特别是 B 货翡翠，随着翡翠优化处理技术越来越成熟，一些 B 货翡翠几乎可以达到以假乱真的地步，稍不留神就会上当。在实验室里鉴定 A 货、B 货、C 货翡翠是一件比较容易的事情，但若是在市场上，没有任何鉴定翡翠的有效工具，只能借助经验，所以没有丰富的市场经验是不行的。

识别了翡翠的真假，还要评价翡翠的质量，这就要求我们要系统地掌握翡翠质量评价的相关知识。翡翠的种类千变万化，质量评价要素千差万别。单就颜色来说，不同色调的翡翠之间价格有很大的差别，即使是同一色调的翡翠，其颜色的浓淡、色形等也会对翡翠的价格造成很大的影响。评价翡翠的质量，掌握翡翠质量与价格的对应关系绝非一日之功。不经过系统的学习和长期的市场锻炼是不可能掌握其中技巧的。

3. 要经常从事市场调研，了解市场行情

翡翠产于缅甸，但中国是翡翠的主要消费国，以前的翡翠消费主要集中在中国的香港、台湾和东南亚地区。21 世纪以后，中国经济的高速发展以及深厚的玉文化底蕴，促使中国翡翠市场迅速成长，市场需求越来越大。缅甸的翡翠经过 300 多年的开采，储量在不断减少，高档翡翠原料更是近于枯竭，市场供给与需求的矛盾日益突显，导致翡翠饰品的价格不断攀升，市场行情日新月异。如果不经常到市场上走一走，不经常调整自己的看货眼光，是很难把握这种市场行情变化的，也就无法以合适的价格采购到理想的货品了。

现在社会上有很多评估机构，他们会对翡翠的质量和价格作定量的评价。客观地说，评估机构是根据当时的市场行情对翡翠价格进行判断，可以用来作为交易的价格参考，但并不是翡翠的市场交易价格。另外，评估的价格也是有时效性的。社会上也经常会有一些翡翠专家对某件翡翠的价格作出判断，但这也不能代表的交易价格。真正的交易价格是购买者在充分了解市场行情的基础上，与货主通过讨价还价而达成的。不同的人对同一件翡翠价格的认识会有较大的差别。对市场的掌握程度、对题材的喜欢程度和看货的眼光及角度不同都会影响对翡翠价格的判断。所以可以说，翡翠饰品的价格是通过交易而得出的，而不是评估出来的。交易的价格是否准确反映了当时的市场行情，一方面取决于购买者的翡翠质量评估能力，另一方面取决于购买者对当时市场行情的掌握程度。只有将这两方面结合起来，才能对翡翠的价格作出相对准确的判断。

4. 要掌握翡翠饰品的特点和营销技巧

翡翠的营销需要独特的技巧。翡翠的魅力不仅在于它美丽的外观、晶莹的质地，也在于它传承的玉文化。而玉文化是通过每一件翡翠饰品的题材所代表的文化内涵表现出来的。从事翡翠营销的人首先要对翡翠材料的特征、质量和工艺特色有充分的认识和了解，这是从事翡翠营销的基础。但翡翠的营销如果单从翡翠材料本身来寻找“卖点”，那就大错特错了。消费者喜欢翡翠，与翡翠美丽的外观不无关系，但消费者所需要的不仅是翡翠本身，也包含翡翠饰品所代表的美好寓意，人们将它作为一种精神的寄托，这是几千年来玉文化对中国消费者消费观念的影响所致。所以从事翡翠营销的人必须在精通翡翠评价的基础上，对自己销售的每一件翡翠饰品所包含的文化寓意进行深入的分析，提炼每件翡翠饰品的“卖点”，同时要分析翡翠的“卖点”是否为消费者的“买点”。“买点”与消费者的购买能力、心理需求、审美观念是密切相关的。我们要掌握评估他们购买能力的方法和技巧，向不同的消费者推销不同档次的产品，同时要对翡翠消费者的购买心理进行深入的分析，摸清每位消费者的真实需求，并满足其需求。

第三节 从事翡翠交易的平台

翡翠商人除了拥有对翡翠的鉴别、鉴赏能力和对市场的把握能力以及交易技巧外，最重要的还是要将产品卖出去，通过翡翠销售为企业带来利润。有了上述能力，只能说我们已经具备了从事翡翠交易的基础，而要取得翡翠经营的成功，还需要更多的支持。

首先，从事翡翠交易需要相对稳定的市场供给。在市场营销中，每个企业都会根据企业的产品特色确定自己的目标市场，通过自己的产品满足目标市场的需求。目标市场的选择取决于我们掌握的资源，取决于我们能否拥有满足其需求的产品。翡翠供给市场处于供应链的顶端，为我们的营销活动提供货源保证。不同市场供应的产品是有区别的，我们必须掌握不同市场的产品特色，有目的地寻找相对稳定的市场供给渠道。

其次，翡翠营销也需要强势品牌的支持。中国的消费市场正在进入品牌时代，品牌是信誉的象征，是消费者信心的保证，品牌营销无疑会给消费者带来更大的价值。翡翠市场的鱼龙混杂已经严重打击了消费者购买翡翠的信心，品牌营销能使消费者重拾翡翠消费的信心。当然，品牌建设是一项长期的系统工程，是企业员工上下一致努力的结果。有了品牌固然使我们的营销有了一个好的平台，但在经营初期品牌还未形成时，我们又靠什么呢？翡翠专家的信誉和权威质量监督部门的支持是十分有效的，这种支持同样能给予消费者信心。不论是建立品牌还是依靠权威质量监督部门，其目的都是为我们的翡翠营销建立一个信誉平台。

再次，我们常说，专业的人做专业的事，翡翠营销即是如此。中国虽然有深厚的玉文化，但绝大多数消费者对玉文化的理解还是非常肤浅的，在营销中需要我们以专业的知识和技巧对消费者进行引导，取得消费者的信任。专业的形象也是品牌建立的基础，在品牌效应未形成之前，建立一个专业的形象对我们的营销是十分必要的，也是十分有效的。

最后，翡翠的营销需要媒体的正确引导和造势。当今社会的收藏热应该说与媒体的渲染分不开，也为我们的翡翠营销营造了一个良好的社会氛围。而企业要做的是如何将企业的声望、企业的优势、企业的产品特色宣传出去，让更多的消费者了解，吸引更多对产品有需求的消费者前来购买。任何一个企业的产品要占领更大的市场，都必须借助媒体的正面宣传来提高企业的知名度和美誉度。

第四节

本教程的结构

翡翠行业是一个比较特殊的行业，自古以来，进入翡翠行业一般只有两种途径：要么是家族中长辈将经营技艺传给下一代，要么是师傅带徒弟的学习方式。如果想通过自己对市场的探索成为翡翠行业的行家里手，必定要在市场上摸爬滚打多年，在吃亏上当中成长、在经营挫折中总结。这类人经过长时间的市场经验积累，虽然对专业的翡翠知识不那么精通，但他们看得懂翡翠、了解翡翠的质量和价格，懂得如何在市场上去发挥自己的能力，通过翡翠经营赚取更大的利润，但他们不可能将自己的翡翠营销经验传授给别人。还有一类人，他们接受过正规的宝石学教育，了解中国玉文化，熟悉翡翠的宝石学特征，精于质量评估，但他们市场经验不足，不了解市场行情，缺乏驾驭翡翠市场的能力。这种人如果有人引路，且具有翡翠商人的潜质，会很快成为翡翠行业的行家。

为了使广大读者都能既有翡翠理论知识又能在市场积累相关经验，本教程设置了如下内容。

(1)翡翠与玉文化——翡翠在中国之所以有市场，是因为中国有深厚的玉文化。引导翡翠经营者认识中华民族丰富的玉文化，认识玉文化在翡翠营销中的意义，这是从事翡翠营销的基础。

(2)翡翠的宝石学特征——掌握翡翠的宝石学特征是从事翡翠鉴别和质量评估的基础和前提。在实验室里鉴定翡翠已经不是什么难事了，借助各种常规和大型仪器，很容易将翡翠与相似玉石区分开来。但是，学习这部分内容是要为翡翠交易与评估打好基础，使翡翠鉴别服务于翡翠交易与评估并为之提供可靠依据。很明显，翡翠交易的市场环境不同于实验室的鉴定环境，我们更强调的是基于翡翠宝石学特征的肉眼识别能力。

(3)翡翠的设计艺术——翡翠的设计讲究因料施工、因材施艺，翡翠设计师匠心独运，每件翡翠作品都代表着一定的文化内涵。正确理解翡翠的设计艺术，有助于经营者理解每件翡翠的文化内涵，准确提炼翡翠的卖点，取得更好的经营业绩。

(4)翡翠的优化处理及肉眼识别——翡翠不仅有 A 货、B 货、C 货之分，还有仿冒品，从事翡翠经营的人必须多比多看，掌握优化处理翡翠、翡翠仿冒品与翡翠之间的区别，培养自己在不借助任何鉴定仪器的情况下识别 A 货、B 货、C 货翡翠和仿冒品的能力。

(5)翡翠及相似玉石的肉眼识别——在翡翠市场上，经常可以见到外观与翡翠相似的玉石。学会区分天然翡翠及相似玉石是从事翡翠经营的基础。

(6)翡翠的质量与价格评估——这是本教程的核心内容。翡翠价格的高低是与其质量密切相关的。从事翡翠经营的人应掌握翡翠的各个评价要素与其质量和价格之间的关系，了解不同类型翡翠的质量特点及其与价格的对应关系。这是我们评价翡翠质量并结合市场行情准确把握翡翠进货价格的基础。

(7)中国主要的翡翠集散地——在翡翠进入中国市场的 300 多年时间里，翡翠集散地经历过几次转移，它是我国玉器市场兴衰的见证。不同集散地的产品有不同的特色，这里将作全面的介绍。

(8)翡翠成品交易——不同的翡翠集散地有不同的产品特色，但翡翠成品交易的方法和技巧是相同或相似的。对于从事翡翠经营的人来说，具有独特的人格魅力固然重要，但只有掌握了必要的商业谈判技巧，才能以合适的价格购买到理想的货品。

(9)翡翠的商业零售——这是本教程的一个重要内容。商业零售面对的是终端客户，是最能体现企业营销能力的环节，也是决定企业生存和发展的关键环节。从事翡翠的商业零售，我们必须设置一个好的企业形象，选择一个正确的目标市场，确定一套针对目标市场的有效的营销策略，这是我们营销成败的关键。

翡翠与玉文化

文化是一个民族的整体生活方式及其价值系统，是一个民族在长期的生活和生产实践中积累的知识、信仰、艺术、宗教、哲学、法律、道德的总和。那么，什么是玉文化呢？玉文化是一个民族在历史的长河中，通过长期的生活和生产实践赋予玉的知识、信仰、艺术、宗教、哲学、法律、道德等的总和。它延续着历史，延续着民族的精神；是一种历史现象，是社会历史的积淀物，是历史的承载物之一。在市场经济高度发达的今天，在我们探讨翡翠交易与评估时，为什么要提到玉文化呢？因为玉文化是玉石之魂，只有在翡翠中注入文化的内涵，才能最大限度地体现翡翠的价值。所以谈及翡翠的营销，我们不得不谈到中国的玉文化，深厚的玉文化底蕴是中国人爱玉、赏玉、玩玉、藏玉的基础，也是我们从事翡翠营销的基础。

玉文化的产生和发展

在中国，玉器有着悠久的历史和独特的含义。中华民族的文明似乎始终与玉文化息息相关。在这片土地上每一种文明似乎也都与古代玉文化有着或多或少的联系。我国玉文化从史前时期一直延续至今，几千年来兴盛不衰，这不同于其他国家和地区。中美洲国家和新西兰也同样有着悠远的制玉传统。中美洲的玛雅文明，以“翡翠”为主要载体的玉文化自公元前 2000 年起繁荣于墨西哥湾沿岸低地的奥尔梅克文化中（温雅棣，2022），延续千年，在它的鼎盛期，玉器文明一度非常发达。玛雅文明中的玉面具，相较于中国古代同时期的玉器，无论是造型还是制作工艺都毫不逊色。但遗憾的是，随着玛雅文明的消亡，中美洲的制玉传统也随之中断了。新西兰的毛利人，同样有着悠久的制玉历史，但他们的玉器制品似乎始终都是装饰品，对于玉器文明而言，它的内涵显得太过单薄了。与西方文明不同的是，中国的玉器文明不仅从未间断过（陆建芳，2014），而且玉文化的内涵随着时间的推移而不断沉淀，越来越丰富和厚重。关于玉文化的发展过程，不同的学者基于玉材质的变化、造型和纹饰的演进、工艺的进步，结合中华民族传统文化的演进过程，将中国玉文化的产生和发展过程分为不同的阶段，下面我们将从玉的材质和功能演化的角度探讨中国玉文化产生和发展的过程。

一、原始的彩玉时代(距今8000年至距今5500年)

在位于内蒙古赤峰市的兴隆洼遗址，考古学家发现了10多件用石头制作的工具和装饰品，经考证，它们距今已有近8000年的历史(陆建芳，2014)。我们不难想象，当人类文明还处在石器时代的时候，先民在制作石器的过程中，发现了玉与石的不同，玉质的工具也比一般石器经久耐用，而这可能正是新石器时期出土了一些玉质工具的原因。在那段漫长的岁月里，人们不断地制作原始工具，来维持他们在各自领地里的生活，但低下的生产能力使他们只能就地取材，选择一些坚硬的石头做工具。随着磨制工艺的改善，人们逐渐萌生出最原始的审美意识，他们也选择将一些美丽的石头制作成简单的小件装饰品。这是古代玉文化的一个萌芽时期，这个时期的玉器材料庞杂，人们玉石不分，就地取材。有的学者(陆建芳，2014)也将这一阶段称为美玉阶段。但就是在这样一个原始的萌芽时期，古人为后世玉文化拉开了序幕。

二、神秘的巫玉时代(距今5500年至商代前)

这一阶段的玉石被神化(陆建芳，2014)。由于科学技术不发达，先民无法解释与石不同的玉是如何形成的。于是，他们认为玉是上天赐予的神物，是精灵的化身，通过它可以与天地沟通。在“万物有灵”观念的支配下，先民将玉石制作成各种玉器，在举行巫术、祭祀活动时，作为与天地沟通的法器，逐步将玉文化带入神秘的巫玉时代。这个时代的玉器，北方以红山文化为代表，南方以良渚文化为代表。

红山文化出现在距今5500年左右的新石器时代晚期，遗址分布面积达20万km^2，是中国古代玉文化的第一次发展高峰。经过2000多年的发展，工艺水平有了较大的提高，玉器在数量上和工艺上有了突飞猛进的发展。图2-1是在红山文化遗址中发掘的玉猪龙，肥厚的猪头、蛇身高高耸起，在头部有两个三角形，双眼圆睁，宽大的眼眶把眼睛连成一个整体，嘴巴微微张开，嘴唇向外凸起，猪首后面的身子弯曲成一个圆形，宛如一条蛇的身躯。有些学者认为，玉猪龙的形象是后来出现的龙的雏形(孙守道，1984)。图2-2是红山文化发掘的龙形玉器，形状犹如字母“C”，因此被称为C形龙，是目前最早发现的、体积最大的龙形玉器。红山文化的玉器工艺简洁朴实，没有复杂的纹饰，多为磨棱穿孔或实心钻孔，表面磨得很光滑，说明玉器制作已基本上从石器加工中分离出来了。从造型题材来看，石器主要分为三类：动物类玉器、工具及武器类玉器和神秘抽象的变形玉器，体现了“万物有灵”的玉器认知观念。从材质来看，主要为当地所产的软玉和岫玉。从功能来看，玉器主要用于具有宗教色彩的祭祀活动。从出土地点来看，这些玉器几乎无一例外都出土在高等级的墓葬中，墓葬的主人是大巫师或部落首领。玉器是巫师在举行祭祀活动时，用来与天地鬼神沟通的礼器。

良渚文化遗址位于浙江省杭州市余杭区良渚街道，距今5300～4300年(干福熹等，2017)，从1936年开始，周边的遗址陆续被发现，重要的遗址包括江苏吴县草鞋山、武进寺墩，上海的福泉山，浙江余杭的反山、瑶山等。出土的玉器与红山文化玉器在器型和加工技艺上有较大不同。以玉琮、玉璧、玉钺为代表的良渚文化玉器，不仅是当时社会广泛认同的原始宗教信仰的反映，也是部落等级和规模的体现。图 2-3 为良渚文化遗址中典型的玉器代表——玉琮，内圆外方。专家认为，玉琮应该是一种祭祀礼仪用器，其设计理念来自天圆地方的观念，中间的圆孔上下贯通，古人认为通过它可以与天地沟通。它们的造型奇特而抽象，工艺复杂而精美。有些玉琮表面刻有似人似兽的图案。这种纹饰不仅出现在玉琮上，还出现在其他不同种类的玉器上，或许是一个部落的标志，或许与原始宗教有关。

图 2-1 红山文化玉猪龙

图 2-2 红山文化 C 形龙

图 2-3 良渚文化玉琮

无论是红山文化还是良渚文化，考古学家发现，当时的人们还远不能用一种科学的思维来解释自己赖以生存的这片土地，但又沉迷于玉的瑰丽和珍稀，因此他们认为这些稀有而珍贵的天然玉石，是上天恩赐的神物，是精灵的化身，它们身上蕴含着灵性，存在着一种神奇的魅力，能惊天地、泣鬼神。在原始的祭祀活动中，人们簇拥在玉器面前，祈求神灵把福祉降临到他们的身上。这些玉器成就了玉文化初期的辉煌。红山文化和良渚文化玉器代表着一个神秘的巫玉时代。

三、神圣的王玉时代(商代至西周初)

在距今 3000 多年的时候，人们进入了一个王权时代，在巫师手中散发着神秘色彩的玉器进入了帝王的视野，玉器身上“沟通神灵”的功能逐渐消失，取而代之的是一条充满威严的王权之路。玉器从巫玉时代进入王玉时代。

图 2-4 商代妇好墓遗址

青铜文明是商代文明的一个重要标志，但从 1928 年殷墟的正式考古发掘开始，那些代表王权的玉器便不断出土。其中最为惊人的是 1976 年发掘的妇好墓(图 2-4)。妇好的随葬品共 1928 件，其中最多的就是玉器，这些玉器大部分都是新疆和田玉。它们做工精美，是王权的象征。此前，虽然出土过不少玉器，但人们普遍认为商代仅仅是青铜文明的时代,妇好墓的发掘完全改变了这种看法。妇好墓出土的各类玉器反映了王室使用玉器的盛况。

四、庄严的礼玉时代(西周初至西汉初)

在漫长的原始社会,从人的死亡及丧葬开始,逐渐产生了鬼神意识,最终导致了以祭拜祖先和自然神灵为核心内容的原始宗教的诞生。从最早的原始宗教的图腾崇拜逐渐演化为神秘的巫术,这是自然崇拜的开始,后来逐渐演化成一种礼制,玉石制成的各种礼器用于祭天、祭地、祭祖。到了周代,中国古代礼制达到最兴盛的时代,玉器被纳入到严格的礼仪之中,我们称这一时代为礼玉时代。《周礼》记载:“以玉作六器,以礼天地四方:以苍璧礼天,以黄琮礼地,以青圭礼东方,以赤璋礼南方,以白琥礼西方,以玄璜礼北方。”

在这个时代,玉器的颜色、大小、器型都象征着不同的等级(图 2-5),品阶不同的官员手持或佩戴不同的玉器来表明自己的身份。《周礼》中说:“以玉作六瑞,以等邦国:王执镇圭,公执桓圭,侯执信圭,伯执躬圭,子执谷璧,男执蒲璧。”这表明玉器不仅是王权的象征,还是权力等级的标志。很多朝代都对贵族和官员持何种玉器、佩戴何种玉饰有严格的规定。于是玉器渐渐发展成一种炫耀或展示财富、权力的饰品,因而受到贵族、统治集团的重视。

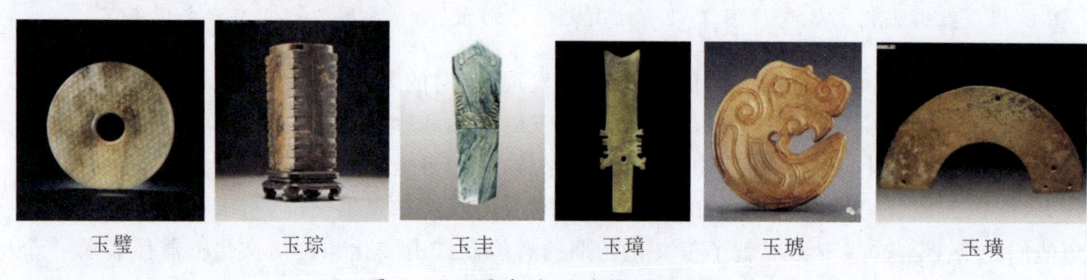
玉璧　玉琮　玉圭　玉璋　玉琥　玉璜

图 2-5　周代使用的礼器(六器)

春秋战国时期,社会动荡,诸侯纷争,在这样一个充满血腥变革的时代,文化却走向了交流和融合。这是中华民族传统文化形成的一个重要时期,当时活跃在各诸侯国间的诸子百家,纷纷创立自己的学说。西周时期形成、春秋时期正式登上历史舞台的士大夫阶层赋予了玉器“德”的内涵。《诗经》里就有“言念君子,温其如玉”的说法。孔子认为君子的核心是德,君子有德,玉也有德,两者可媲美。从此以后,“君子”与“玉德”成为互相关联的两大内容(陆建芳,2014),以此奠定了儒家文化的核心理念。《礼记·聘义》是这样阐述玉和君子的关系的:“夫昔者君子比德于玉焉:温润而泽,仁也;缜密以栗,知也;廉而不刿,义也;垂之如队,礼也;叩之其声清越以长,其终诎然,乐也;瑕不掩瑜,瑜不掩瑕,忠也;孚尹旁达,信也;气如白虹,天也;精神见于山川,地也;圭璋特达,德也;天下莫不贵者,道也。”

在儒家玉文化观念的影响下,春秋战国时期,君子佩玉极为盛行。玉佩饰不仅是身份等级的象征,也代表着君子高洁的品行。从出土的文物来看,周代的玉器半数以上都是玉佩饰,小到 1cm 的玉坠,大到由几十件甚至上百件玉饰组合而成的玉组佩。当时的君子佩戴上这些玉饰,举止也变得更加庄严和恭敬。据史料记载,他们的每一个动作都要符合礼仪规范，要温文尔雅，不失礼节，最理想的境界是，在举手投足间，让玉器相互碰撞发出清脆而有节奏的声音，即“行步则有环佩之声”。

今天虽然多数佩玉者已说不出那么多玉的内涵，但佩玉作为一种有道德修养和文化品位的标志，依然为了解玉文化的人所认同和追捧。

五、不朽的祈玉时代(西汉初至魏晋南北朝)

在今天的玉器商店里，人们会选购玉佩戴在身上，他们有的是为了装饰，有的是为了辟邪。在传统的玉文化中，驱灾辟邪的理念来自汉代先民一种独特的玉器风尚。汉代先民在道家思想的影响下，认为天然的玉石是大自然馈赠的宝物，凝结了天地的精华，人死后，只要把玉器覆盖在尸体的表面，便可以保佑尸身不朽。在这种信仰的驱使下，汉代玉衣应运而生。

玉衣是把上千块玉片用金线连起来，做成衣服套在死者的身上(图 2-6)。最为著名的是在河北满城出土的西汉中山靖王刘胜墓中发掘的金缕玉衣，玉衣长 1.88m，由约 1100g 的金丝串起 2498 片玉石而制成，并且这些玉石上还有雕刻的花纹。

图 2-6 金缕玉衣

不仅如此，他们还会在死者的口中放置精致的玉琀，在手中放上玉握，人的其他五官也用专门的玉器堵住，甚至连生殖器都要用特制的玉罩盒加以保护。在中山靖王刘胜墓中，出土了一套完整的、被学者称为“九窍塞”的小玉器，包括成对的眼塞、耳塞、鼻塞，另外，还有玉琀、肛塞和生殖器罩盒，一共是 9 件。而这种玉能使人不朽的理念，逐渐让玉器拥有驱灾辟邪的内涵，它的影响也一直延续到了今天。

玉的辟邪、护身功能可能是心理作用。人因佩玉而免遭意外之祸，可能纯粹是偶然，也可能确有心理因素在起作用。

六、世俗的趣玉时代(隋代至清代)

公元 581 年，中国历经魏晋南北朝 300 多年的动荡，而走向了统一的隋代，经过短暂的过渡，到了唐代，国力日益强盛，开创了大唐盛世。唐代以前几千年的历史长河中，玉器一直被赋予特殊的功能，它承载着巫术，象征着王权，延续着礼仪，这一切在唐代时开始发生变化。这一时期，中亚和西亚的文化开始进入中原地区，不同国家之间开始进行文化交流，并影响着传统的玉文化，玉器的造型也发生了根本的变化(图 2-7)。这是我国玉文化史上百花齐放、百家争鸣的时代。玉器逐渐失去了神秘而神圣的光环，世俗的趣味融入了玉文化的领域。

唐代金银器技艺高速发展，玉器逐渐被金银器取代了，再后来就被瓷器取代了，因为玉器制造工艺比金银器要困难得多，同时玉器又没有金银器那么漂亮，所以统治阶级的观念变了，整个用玉的制度、丧葬制度也开始发生变化。唐代出土的文物主要是金银器和一部分高级的瓷器，当时还出现了大量金玉结合的作品(图 2-8)。虽然唐代玉器已经开始进入民间，但是在宫廷之中，还一直延续着用玉的传统，只是它的要求已经远不如以前严格了。到了宋代，玉已经可以在市面上大量流通了，玉器开始走下神坛。不仅出现了大批买卖古玉的古董商人，在民间还出现了大大小小的制玉作坊，玉器再也不是皇室贵族的专属品，开始大量流入民间。此后，人们更多的是将玉器作为珍贵的陈设品和艺术品来赏玩或收藏。而玉器的制作题材也逐渐生活化，使玉器增加了更多的审美情趣。

图 2-7　玉飞仙(唐代)

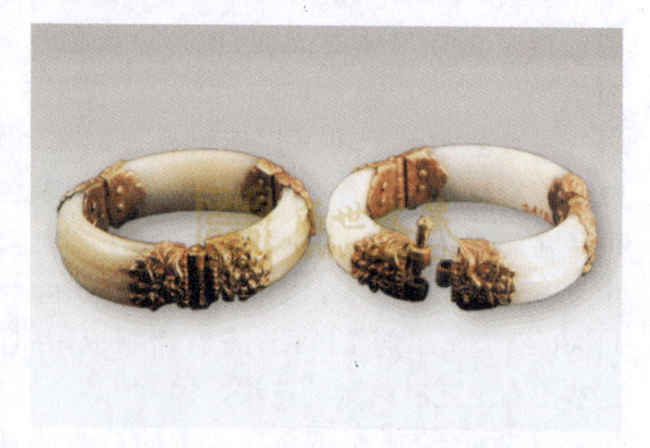

图 2-8　金镶白玉镯(唐代)

到了元代，皇帝从头到脚的装饰品以及出行坐卧的器具很多都用玉石制作。当年朝廷还在京城设立了多处官办玉器的作坊。

渎山大玉海(图 2-9)是中国现存的大型玉器之一。器体呈椭圆形，高 0.7m，口径 1.35～1.82m，最大周长 4.93m，重约 3500kg，是元世祖忽必烈 1265 年下令制作的，由大都(今北京市)皇家玉匠完成，其制作意图是反映元代国势的强盛。它的雕琢装饰继承和发展了宋、金以来的起凸手法，随形施艺，俏色处也颇具匠心。渎山大玉海是一件里程碑式的作品，它代表了元代琢玉工艺的最高水平，也预示了明清时期又一个琢玉高峰的到来。

图 2-9　渎山大玉海

明清时期，玉器民间化和商品化的广度和深度都是前所未有的。无论是皇家用玉还是民间用玉，都已非常普遍了。玉器的种类也非常丰富，人们用玉做成各种配饰和日常用具(图 2-10、图 2-11)，而工艺也日益精巧。制玉工艺的成熟和社会财富的积累，奠定了清代玉器的辉煌，这是古代玉器的又一个高峰。

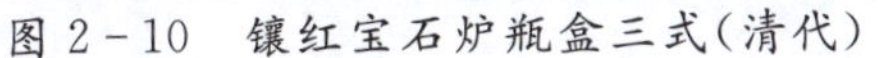

图 2-10 镶红宝石炉瓶盒三式(清代)

图 2-11 青玉卷书式墨床(清代)

清代玉器的辉煌几乎可以看作是由一代帝王缔造的一个神话。乾隆皇帝一生爱玉,他在位 60 年,其中的 40 年为清代玉器,甚至是古代玉器最辉煌的时代。今天故宫博物院馆藏的数万件玉器,大都是这一时期的。它们大多工艺极佳,给后人留下了至今也难以解答的工艺之谜。

之后的 100 多年里,清代玉器的风尚突然转变,一种在玉文化史上默默无闻的玉料——翡翠异军突起,它的名气超过了传统的和田玉。一股绿色时尚在中华大地上由南向北迅速流行开来,翡翠成为中国玉文化的主角。

第二节

玉文化对中华民族文化的影响

回溯约 8000 年的中国玉文化历史,玉文化似乎已经渗透到了中华民族的血液之中,对中华民族文化的影响是多层次、全方位的。

一、玉文化对中华民族文字的影响

玉文化对中华民族文化的影响首先表现为对文字的影响。汉代许慎在《说文解字》中对玉有这样的解释:“玉,石之美者”,这一注解从物质(石)和艺术(美)两个方面阐述了“玉”字的概念。

在漫长的人类文明发展过程中,我们的祖先用玉,也将玉的含义扩及语言和社会生活的各个层面。以玉为部首的汉字很多,从这些字中我们可以了解中国古代深厚的玉文化底蕴,感受古人对玉的原始崇拜和特殊情感。而古代诗文中的“玉”更是不计其数。“玉”字在古人心目中是一个美好、高尚的字眼,常用来比喻和形容美好的人或事物。历朝历代,男男女女,很多都以“玉”字为名，以象征自己高尚的品行。

二、玉文化对民族性格的影响

中华民族有着数千年尊玉、爱玉、藏玉的传统，汉代许慎将“玉德”概括为“仁、义、智、勇、洁”。古人多将友善淳朴、勤劳诚信的美德寓于美玉之中。中国人的个性一般比较含蓄、深沉、内秀，与玉的特性相似。最早受中国人喜欢的玉是和田玉。优质和田玉玉质洁白、温润、晶莹剔透、韧性好。玉的洁白象征着纯洁，玉的温润是一种性情温和的表现，玉的晶莹剔透象征着含蓄，玉较好的韧性，与中国人吃苦耐劳的性格也相吻合。如此，中国人普遍喜欢玉的原因也就不言而喻了。但是，到底是中华民族的民族性格与玉的特性高度吻合而使中国人对玉产生了喜爱之情，还是古人按玉石的特性塑造君子之德进而形成了独特的民族性格呢？仍然是“仁者见仁、智者见智”。

三、玉文化对道德观念的影响

君子之德一直是中华民族的道德标准，《诗经》有云：“言念君子，温其如玉”，将君子喻为玉。人们讲君子比德于玉，君子有德，玉也有德，两者可媲美。在春秋战国时期，君子佩玉极为盛行，他们将玉的美与人的品德融为一体，认为玉的品质代表一个人的品德、人格。后来的“宁为玉碎，不为瓦全”，比喻宁可为正义事业而牺牲，也不苟且偷生。

今天，虽然以玉比德的风气大大淡化，但佩玉作为一种有道德修养的象征，依然被了解玉文化的人所认同和追捧。

四、玉文化对政治经济的影响

玉文化对政治的影响是从社会有阶级开始的。中国人对玉器等级地位的理解尤为精辟。不同身份、不同地位的人所执的玉器是不同的。很多朝代都对不同等级的贵族和官员持何种玉器、佩戴何种玉饰有严格的规定。

玉石的经济价值是在交换中得以体现的。当人类社会有了交换以后，玉披着神秘的面纱走入市场，人们获得玉的途径不再是通过战争和掠夺，而是通过市场交换。“乱世黄金盛世玉”，当经济繁荣时，在玉文化的驱使下，就会兴起佩玉之风，而当经济不景气时，少数人才买得起的高档玉石可作为避险工具。

以上我们从四个方面分析了玉文化对中华民族文化的影响，从中我们可以看出，中华民族的历史在某种意义上说就是一部玉文化史。玉文化渗透到中国社会生活的方方面面，涉及多个领域，很多人对玉有着深厚的情感。如今在快节奏的都市生活中，玉器更多地成为人们喜爱的首饰，有的人收藏玉器，有的人鉴赏玉器，有的人佩戴玉器。在人们的生活里，玉器或许是一种财富的象征，一种心理的寄托，除此之外，它还包含着对悠久历史的追忆和对古老的中华玉文明的传承。而我们从事翡翠营销的人必须了解这些历史，不仅要为追求利润而传播玉文化，也要为传承中华玉文明而传播玉文化。

第三节

翡翠与玉的关系

中国是爱玉之国。产于新疆的和田玉,更是因其质地细腻、温润光洁、坚实致密而久负盛名,为历代帝王将相、达官贵人、文人雅士所钟爱,被视为圣洁之物。

中国是世界上最早使用玉的国家,加上中国人对玉的功能的独特理解,以至于玉对中华民族的文化都造成了深刻的影响。中国人将一切美丽的石头都称作"玉",但翡翠是"他乡之石",相对于中国约8000年的玉文化,翡翠是后来者。那么翡翠与玉是什么关系呢?

根据出土古玉和传世工艺品鉴定结果,可以认为中国从古至今通称的玉,包括了软玉、岫玉、独山玉等。红山文化遗址中的玉器基本上以软玉为主,因为我国新疆产优质软玉。这种情况一直延续到明清之交缅甸出产的翡翠陆续输入中国为止。

那么,翡翠时尚又是如何在如此短的时间内便取代了在中国流行了数千年的白玉时尚的呢?当时翡翠时尚的形成,表面看来是由于慈禧太后对翡翠的偏爱,是翡翠娇艳的颜色、晶莹剔透的质地吸引了含蓄、内敛的中华民族。从本质上来看,白玉时尚之所以在中国能够延续几千年,是因为在中国所产的玉石中,白玉晶莹剔透、质地细腻,符合中华民族含蓄、内敛的性格。而翡翠除了具备白玉的很多优点外,还多了千变万化的颜色,因而格外受人们的喜爱。

翡翠迅速成为中华民族玉文化的重要传承者,不仅在中国受到广泛的欢迎,海外华人都对它倍加喜爱。近年来,随着中国经济的高速增长和人民生活水平的大幅度提高,在国内形成了一股翡翠消费和收藏热。翡翠饰品的市场需求骤增,而缅甸翡翠原料的供应已严重不足,特别是高档翡翠原料已近枯竭。巨大的市场需求和供给不足的矛盾已经日益突显。这一供求矛盾的出现,再加上消费者复古和返璞归真的消费心理,白玉消费近年来持续升温。特别是2008年北京奥运会的成功举办,为弘扬中华民族文化提供了一个巨大的平台。所以未来的中国玉器市场将进入一个白玉饰品与翡翠饰品并存的时代。

第四节

玉文化在翡翠营销中的意义

中华民族早在远古时代就开创了玉器制作和使用的历史,在生活实践和与大自然作斗争中创造了极具中国特色的玉文化。举世无双的中国玉器代表着中国灿烂辉煌的玉石文明,也是中华文明不可分割的重要组成部分。自古以来,中华子民以玉祭祀天地,以玉喻人,以玉比德,以玉寄托思想、直抒情怀,身上佩玉,掌上玩玉,家中藏玉,赋予玉极高的地位。玉文化产生于科学技术和人类文明不发达的远古时代，并随着社会的进步而不断发展和完善。在当今社会，我们重提玉文化，它的意义何在呢？

翡翠是玉石的一种，只不过同其他玉石相比，它更有特色罢了。不管是何种玉石的营销，如果离开了文化，玉石对消费者的吸引力就会大大降低。中国人对翡翠注入了太多的文化内涵，对翡翠产生购买欲望的人大都心存美好的愿望：要么是吉祥纳福，要么是保佑平安，要么是追求复古，要么是迎合时尚，要么是以稀世珍宝收藏，使之流传百世，要么是用以保值增值，造福于子孙万代。所以说，翡翠的营销实际上是玉文化的营销，只有在翡翠饰品中加入文化的内涵，才能激发人们拥有翡翠的欲望，翡翠才有更为广阔的市场。

很多中国人都很喜欢翡翠，这是因为购买与收藏翡翠的好处实在太多了。大家选购翡翠的目的虽有不同，但最看重的往往是它的保值性。翡翠的投资价值高，增值快。从近年来国际拍卖机构的翡翠拍卖记录来看，高档翡翠的拍卖价越来越高。高档翡翠产量少，而需要高档翡翠的人却越来越多，供求关系将更加紧张，价格还将不断攀升。还有就是它的装饰性。爱美是人的天性，佩戴翡翠饰品可以达到装饰自己、增加美感的目的。但投资也好，装饰也罢，都不是人们购买翡翠唯一的原因。而作为一个翡翠经营者，我们必须学会从中国深厚玉文化中去提炼翡翠的“卖点”。

一、从玉所代表的民族性格中提炼“卖点”

中国人大多性格含蓄、内秀，有坚忍不拔的意志，这与玉的特性相吻合。自古以来，中国人都爱佩玉，佩玉也是对中华民族文化的一种传承。民族的才是世界的，民族的才是最美的。我们从事翡翠营销，决不能单纯地把它看成是一种买卖，而要从传承民族文化的高度让消费者体验购买翡翠首饰的乐趣。

二、从寓意文化或情感表达方面提炼“卖点”

在翡翠作品中，雕琢的题材大多包含一种美好的祝愿或寓意。购买翡翠已成为表达感情的一种方式，购买翡翠馈赠亲朋好友是最好不过的选择，如夫妻之间用“天长地久”来表达深情，父母用“竹报平安”来表达对孩子的爱，孩子用寿桃来祝福父母健康长寿，朋友用“年年有余”来表达美好的祝愿……

如今的翡翠消费者大多相信，将一尊小小的观世音（观音）或佛等神像挂在胸前，能辟邪护身或保佑出入平安。也有消费者相信，大肚能容天下难容之事的佛像能包容自己的错误；肚子上带有绿色色团的佛像（谐音“福禄”）是能为自己带来福运或财运的，而肚子上带红色色团的佛像象征着洪福齐天。

作为一个翡翠经营者，我们要对翡翠的各种题材进行研究，熟悉其代表的美好寓意，只有这样，才能在进货中据此选择各种题材的饰品，在销售中根据目标顾客的喜好和需求有针对性地推销。

三、从保值增值的角度提炼“卖点”

翡翠具有保值增值功能，是一种稀缺资源。在目前所发现的翡翠资源中，缅甸是最重要的宝石级翡翠的产地。缅甸翡翠矿床经过近400年的开采，目前资源已近枯竭，特别是高档翡翠的产量越来越小。20世纪初，所谓的帝王绿、祖母绿色级的翡翠在市场上尚可见到，近年来已经罕见，只能在拍卖会或收藏家手上见到了。长期从事翡翠贸易的摩太先生认为，从20世纪80年代至今，高档翡翠的价格上涨了1000倍以上。20世纪80年代行情几乎每年都有变化，90年代行情是三个月变化一次，而翡翠市场发展到今天，市场行情可以用日新月异来形容。任何一个对翡翠市场有所关注的人都不会怀疑翡翠的保值增值功能。但值得注意的是，如果投资，一定要购买中高档的翡翠，要从颜色、种水、尺寸、工艺等几个方面全面评价。

四、从赏玩文化中提炼“卖点”

将玉握在手中，轻轻地抚摸，会有温润、光滑之感，仿佛它是有生命的。佩戴着一块玉，也常常被认为是在养玉。在体温和汗水的滋润下，玉慢慢变得油润起来，绿色仿佛在不断地生长、变鲜艳。

作为中国人，拥有一块玉，在精神上、心理上可以获得很大的满足。在赏玉、盘玉、藏玉、佩玉的过程中，不仅可以陶冶情操，也领略了玉的魅力。

翡翠的宝石学特征

翡翠之名由来已久，最早是指岭南地区的一种鸟。《说文解字》中就有记载："翡，赤羽雀也；翠，青羽雀也"，即翡是指羽毛呈鲜红色的翠鸟，翠是指羽毛呈艳绿色的翠鸟。班固的《西都赋》曰："翡翠火齐，含耀流英"。由于自然界产出的翡翠多为绿色和红色，渐渐"翡翠"这一名词就成为玉石的名称了。鲜艳欲滴的绿色，宛如烟霞的紫色，晶莹剔透的白色，热情似火的红色，无不体现了翡翠的魅力。

北宋欧阳修《归田录》卷二载："余家有一玉罂，形制甚古而精巧。始得之，梅圣俞以为碧玉。在颍州时，尝以示僚属。坐有兵马钤辖邓保吉者，真宗朝老内臣也，识之，曰：'此宝器也，谓之翡翠。'云：'禁中宝物皆藏宜圣库，库中有翡翠盏一只，所以识也。'其后予偶以金环于罂腹信手磨之，金屑纷纷而落，如研中磨墨，始知翡翠之能屑金也。"不过，由于检测技术的限制，明末以前关于"翡翠"的描述可能是针对碧玉、蓝闪石等类似于翡翠的绿色玉石。

如前所述，翡翠传入中国并在云南腾冲得到广泛使用的文字记录见于徐霞客所著的《徐霞客游记》中。他在《徐霞客游记》中留下了对翡翠最早的记录，这是翡翠作为玉石第一次正式在中国古代文献中隆重登场，也是当时腾冲玉器产业繁荣的见证。乡土志中也记载了腾冲"玉工上千，户户琢玉"的盛况。清代，华侨大规模地经营玉石厂，腾冲的雕琢业因而更加繁荣，涌现出了毛应德、寸尊福、张宝廷等多位"翡翠大王"，诞生过绮罗玉、段家玉、正坤玉、王家玉、寸家玉和官四玉等美玉、名玉。这说明腾冲是举世公认的当时中国最大的翡翠解玉之乡、最早的翡翠贸易集散地和翡翠成品加工地。清朝中期至民国初期，腾冲翡翠加工经营达到鼎盛。清朝之后，翡翠开始大规模使用，经过300多年的发展，中国人对翡翠有了浓厚的情结，每一件翡翠首饰无不融入了炎黄子孙的情感，翡翠是中国玉文化发展史上极其重要的一部分。翡翠在华人心目中有着独特的地位，与祖母绿一起被列为五月生辰石，象征着幸福、幸运、长久。

对翡翠的系统研究是近百年的事情，相关研究主要集中在翡翠的宝石学特征和翡翠矿床的成因上。由于宝石级的翡翠主要产于缅甸的密支那地区，相关研究也主要集中在缅甸翡翠上。虽然近年来陆续在危地马拉、俄罗斯等地发现少量宝石级翡翠，但本章仍主要介绍缅甸翡翠的宝石学特征。

第一节

翡翠的种类及矿物组成

多年以来，人们习惯把“硬玉”与“翡翠”等同起来，认为硬玉即为翡翠，翡翠即为硬玉。其实硬玉是一种矿物，翡翠是达到了玉石品质要求的硬玉岩，是多晶质矿物集合体。因此，早期对翡翠的定义是具有一定工艺价值的以硬玉矿物为主要成分的多晶质集合体，硬玉是其主要组成成分（一般含量为95%以上）。近年来，翡翠的概念在不断拓展，这主要是因为：第一，以辉石族矿物为主的翡翠资源在不断减少，高档翡翠资源甚至近于枯竭，已经远远不能满足市场需求；第二，以绿辉石或钠铬辉石为主要矿物成分的多晶质或微晶集合体具有与以辉石族矿物为主的翡翠相似的宝石学特征和工艺价值。因此，现代学术界将翡翠定义为具有一定工艺价值的以硬玉或绿辉石、钠铬辉石为主要矿物成分的多晶质或微晶矿物集合体。2010年国家标准《珠宝玉石　鉴定》（GB/T 16553—2010）对翡翠的定义进行了修订，将其矿物（岩石）名称定义为主要由硬玉或由硬玉及其他钠质、钠钙质辉石（如钠铬辉石、绿辉石）组成，可含少量角闪石、长石、铬铁矿等矿物。现在市场上所销售的翡翠已不再是专指以硬玉为主的翡翠，以绿辉石或钠铬辉石为主要矿物成分的多晶质或微晶集合体也归为翡翠。

一、翡翠的矿物组成

翡翠以硬玉为主要成分，它的次要矿物有绿辉石、钠铬辉石、钠长石、角闪石、透闪石、透辉石、霓石、霓辉石、沸石以及铬铁矿、磁铁矿、赤铁矿和褐铁矿等，其中绿辉石在有些情况下会成为主要组成矿物。每种矿物的颜色及含量的多少对翡翠颜色及外观均有一定的影响。翡翠的矿物组成不同，其化学成分亦有较大的变化。

1. 硬玉

硬玉是翡翠的主要矿物成分，硬玉的理想化学式是 $NaAlSi_2O_6$，其中各种化学成分的含量如下：Na_2O 为 15.4%，Al_2O_3 为 25.2%，SiO_2 为 59.4%。硬玉化学成分纯净时为无色或白色，化学组成接近上述的理想化学式，但实际上，硬玉中常常含有多种杂质元素，可使其形成各种颜色。硬玉中常含有 Cr、Fe、Ca、Mg、Mn、V、Ti 等杂质元素或固溶体成分，含量较高的常见的杂质元素是 Ca、Mg、Fe 和 Cr，其中 Ca、Fe 和 Mg 可以看作是绿辉石(Ca,Na)(Mg,Fe^{2+},Fe^{3+},Al)Si_2O_6 的化学成分，Cr 可以看作是钠铬辉石 $NaCrSi_2O_6$ 的化学成分。Cr 含量高的硬玉，可以看作是钠铬辉石与硬玉形成的固溶体；Ca、Mg、Fe 含量高的硬玉则可以看作是绿辉石与硬玉的固溶体。硬玉、绿辉石以及钠铬辉石三种矿物可以形成连续的固溶体，所以，硬玉的化学成分特点也可以用硬玉、绿辉石和钠铬辉石的三元图解来说明。图 3-1 清晰地表示了硬玉化学成分的变化以及不同的亚种和名称。

研究普遍认为，如果硬玉中的绿辉石或钠铬辉石成分少于20%，则为硬玉。硬玉又可以根据Cr_2O_3的含量划分为纯硬玉、含铬硬玉和铬硬玉，含铬硬玉中Cr_2O_3含量为0.2%～1%，铬硬玉中Cr_2O_3含量为1%～3%。如果硬玉中的绿辉石或钠铬辉石成分在20%～50%之间，则将其定义为绿辉石质硬玉或钠铬辉石质硬玉；若绿辉石或钠铬辉石中含有20%～50%的硬玉成分，则将其定义为硬玉质绿辉石或硬玉质钠铬辉石；当硬玉成分少于20%时，则为绿辉石或钠铬辉石。

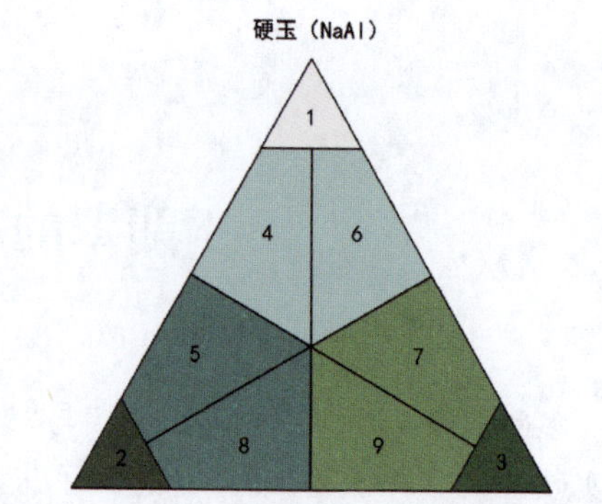

1.硬玉；2.绿辉石；3.钠铬辉石；4.绿辉石质硬玉；5.硬玉质绿辉石；6.钠铬辉石质硬玉；7.硬玉质钠铬辉石；8.钠铬辉石质绿辉石；9.绿辉石质钠铬辉石。

图3－1　硬玉矿物成分的三元图解（袁心强，2009）

在上述硬玉所有的杂质元素中，Cr、Fe及Mn元素是非常重要的，其中Cr元素最为重要，它不仅与硬玉绿色的色调和浓度有关，对硬玉的透明度也会有一定的影响。Cr通常以Cr^{3+}的形式替代硬玉中的Al^{3+}，并使硬玉呈现绿色。Cr^{3+}的含量则直接影响硬玉的颜色和透明度：当Cr_2O_3的含量较低，为0.4%～0.7%时，硬玉是透明的绿色，可以形成翠绿色的优质翡翠；当硬玉中Cr_2O_3的含量高于1%时，硬玉仍为翠绿色，但是透明度会较差。如翡翠中的铁龙生品种就是由Cr含量较高的硬玉所组成的，此品种翡翠透明度差，行业内也称它水头短。

除Cr元素对翡翠的颜色影响非常大外，以往研究认为，Fe元素对翡翠颜色的影响也很大，但近年的研究表明，Fe对翡翠颜色的影响并不大。硬玉中的Fe^{3+}可类质同象替代硬玉中的Al^{3+}，造成437nm的吸收峰。研究发现，几乎所有的白色翡翠样品中都含有少量的Fe^{3+}，并可见明显程度不同的437nm处的吸收峰，但是它与翡翠颜色的深浅却没有关系，由此可见Fe^{3+}对翡翠的颜色基本没有影响。但是当Fe以Fe^{2+}的形式进入硬玉的晶格时，会产生蓝绿色色调。

陈炳辉等(1999)认为当Fe以Fe^{2+}和Fe^{3+}两种价态共存的形式进入化学成分纯净的硬玉晶格中时，会使硬玉呈现粉紫色或蓝紫色，但这一观点不能解释带紫色调翡翠颜色的饱和度与437nm吸收峰的强度无关以及缺乏Fe^{2+}吸收谱带等特征，目前这一观点还需进一步验证。另一种观点认为，Mn^{2+}是紫色翡翠的致色因素，但此观点与紫色翡翠（图3－2）没有410nm典型吸收峰存在矛盾。袁心强等(2003)认为Mn^{3+}致色的假设可以更好地解释紫色翡翠的紫外—可见—近红外光谱特征和其他的相关特征，但是Mn^{3+}只有在FeO和Cr_2O_3等其他杂质含量很低时才能发生作用，当硬玉中的FeO含量低于1%，Cr_2O_3的含量更低，

图3－2　紫色翡翠

MnO 含量较高，达到 0.05%～0.2%时，才能出现粉紫色。而蓝紫色硬玉的颜色成因争议则更大，有学者认为，在 Mn^{3+} 含量较高并含有一定量的 Cr^{3+} 时，硬玉会呈现蓝紫色，但是据袁心强(2009)对翡翠阴极发光的研究，蓝紫色翡翠的发光峰与粉紫色及其他颜色的翡翠均不同，这指示蓝紫色硬玉另有其他致色离子，可能为 Ti^{4+} 。

除了上述三种主要杂质元素外，硬玉中还常含有数量不等的 Ca 和 Mg 元素，Ca^{2+} 和 Mg^{2+} 在硬玉晶格中会替代 Na^{+} 和 Al^{3+} 。当 Ca^{2+} 和 Mg^{2+} 的含量较高时，通常 Fe^{2+} 的含量也较高，意味着硬玉中的绿辉石成分逐渐增多，形成绿辉石质硬玉，并逐渐过渡至绿辉石，具这种成分的翡翠颜色变得更灰、更深、更黑。

硬玉属于辉石族矿物，单斜晶系，硬玉单晶呈柱状晶形，极少见，多以致密块状集合体形式产出，以纤维状、粒状结构最为常见。硬玉具有平行于 c 轴的两组完全解理，解理夹角为 101°或 87°，故在翡翠表面可见到柱状、板状、针状解理面闪光，称为"翠性"。硬玉的相对密度为 3.24～3.43，摩氏硬度为 6.5～7，韧性好，集合体的折射率约 1.66；晶体的不同方向上硬度不同，平行于 c 轴方向的硬度小于垂直于 c 轴方向的硬度。

以硬玉为主的翡翠也就是传统意义上的翡翠。据统计，市场上 2/3 以上的翡翠均为纯的硬玉岩，硬玉含量大于 95%，多为高档翡翠。

2. 钠铬辉石

钠铬辉石是地球上比较少见的矿物，是欧阳秋眉等(2004)在研究缅甸翡翠时首次发现并加以系统研究的。钠铬辉石的化学式是 $NaCrSi_2O_6$，化学成分以贫铝富铬为特征，Cr_2O_3 的含量一般在 14%～20%之间，与硬玉构成完全类质同象系列，常有 Fe、Ca 和 Mg 等杂质成分。钠铬辉石属单斜晶系，具有两组平行柱面的解理，属辉石族单斜辉石亚族，通常形成极小的微晶，呈翠绿色，不透明，是翡翠中少见的次要矿物。钠铬辉石在翡翠中主要以三种形式存在：一是呈黑色小粒状内含物，Cr^{3+} 的含量可达百分之十几；二是与硬玉共生，组成钠铬辉石硬玉岩，整体呈黑绿色，不透明；三是以主要矿物的方式单独成玉，即形成钠铬辉石玉，俗称干青种。

钠铬辉石的平均折射率为 1.74，摩氏硬度为 5.5，相对密度为 3.50，在紫外线下无荧光，查尔斯滤色镜下不变色，具有与翡翠不同的物理性质。

3. 绿辉石

绿辉石的化学组成比较复杂，化学式为 $(Ca,Na)(Mg,Fe^{2+},Fe^{3+},Al)Si_2O_6$，Fe 主要以 Fe^{2+} 的形式存在，绿辉石相较硬玉是一种富钙镁、贫钠铝的矿物，CaO 含量一般为 12%～16%，MgO 含量为 7%～9%，Al_2O_3 含量一般为 7%～13%，Na_2O 含量为 6%～9%，属单斜晶系。在缅甸的翡翠中通常呈纤维状微晶，目前还没有见到较为粗大的晶体。绿辉石常呈暗绿色、灰绿色，有时为绿色，透射光下为特征的菠菜绿色、蓝绿色和灰绿色，其近似折射率为 1.67～1.70，摩氏硬度为 5～6，相对密度为 3.29～3.37。

绿辉石是翡翠中一种重要的次要矿物，常呈不规则的细脉分布在翡翠中，这种翡翠被称为飘蓝花种(图 3-3)。绿辉石也能形成单矿物的微晶集合体，其商业名称为墨翠(图 3-4)，这种墨翠 Fe 含量较高，通常微透明，在反射光下视矿物结晶颗粒的细腻情况可呈灰黑色—

纯黑色，在透射光下结构均匀细腻（图 3-5），为均匀的墨绿色，是黑色翡翠中质量最好的一类。

图 3-3　飘蓝花种翡翠

图 3-4　绿辉石墨翠

图 3-5　绿辉石墨翠结构均匀细腻

4. 角闪石

在缅甸翡翠中角闪石十分常见，角闪石是一种化学成分复杂的镁、铁、钙、钠、铝等的硅酸盐，化学式为 $CaNa(Mg,Fe^{2+})_4(Al,Fe^{3+})[(Si,Al)_4O_{11}]_2(OH)_2$，属单斜晶系，通常为柱状晶体，具有两组平行柱面的完全解理，两组解理夹角为 124°或 56°，摩氏硬度为 5～6，相对密度为 3.1～3.3，常呈墨绿色或黑色。

从翡翠中角闪石产出的特征上看，主要有两种类型的角闪石：一种是原生的角闪石（图 3-6A），通常为黑色，可能是被包裹到翡翠矿脉中的围岩经过变质作用形成的，化学成分上具有 Cr 和 Na 含量较低的特点；另一种是同生的角闪石（图 3-6B、C），通常呈墨绿色，化学成分上具有 Cr 和 Na 含量较高的特点，属于钠碱性长石，种类有镁钠钙闪石、镁钠铁闪石、铝闪石、钠闪石等（崔文元等，1999）。

翡翠中的角闪石可呈脉体穿插在翡翠中（图 3-6A），也可形成粒度不等的晶体呈浸染状分布（图 3-6B、C），是缅甸翡翠中最常见的次要矿物，对翡翠的品质具有不利的影响，最明显的识别特征是黑色或墨绿色的体色、较大的晶体粒度和发育的解理面，且在翡翠中颗粒边界清晰，行业内也把它称为“癣”。

图 3-6 翡翠中的角闪石

5. 钠长石

钠长石的化学式为 $Na[AlSi_3O_8]$，属单斜晶系。与硬玉共生的钠长石的化学成分很纯净，近似折射率为 1.53，相对密度为 2.60～2.63，摩氏硬度为 6～6.5，各种物理性质指标都比硬玉低很多。钠长石也可以单独形成玉石（图 3-7），即钠长石玉，也称为“水沫子”。无色的水沫子常用来仿高冰种翡翠。

图 3-7 钠长石玉（水沫子）

钠长石在缅甸翡翠中比较少见，一般分布在翡翠矿体的边缘，翡翠矿体中的钠长石含量不高，钠长石与翡翠的边界有时相当明显。在缅甸的会卡场区所产的翡翠原石中有翡翠与水沫子相伴生的情况，它们之间呈过渡关系。

6. 沸石

沸石是一组含水的铝硅酸盐的统称，在翡翠中通常以脉状、细脉状或浸染状产出，俗称“水晶路”。现有资料显示，在翡翠中出现的沸石主要是钠沸石和方沸石，它们可能是缅甸翡翠中硬玉受热液蚀变的产物。

钠沸石的化学式为 $Na_2[Al_2Si_3O_{10}] \cdot 2H_2O$，属斜方晶系，折射率为 1.473～1.496，摩氏硬度为 5～5.5，相对密度为 2.2～2.5；方沸石的化学式为 $Na[AlSi_2O_6] \cdot H_2O$，等轴晶系，折射率约为 1.485，摩氏硬度为 5～5.5，相对密度为 2.24～2.29。两类沸石在翡翠中均常为白色或带各种较浅的色调。

7. 铬铁矿

铬铁矿在深绿色的翡翠及钠铬辉石、铬硬玉质的翡翠中产出，其化学式为 $FeCr_2O_4$，常以黑色斑点状或集合体的形式产出。在显微镜下，铬铁矿常常被钠铬辉石交代，形成一种特殊的交代结构。

铬铁矿是形成绿色翡翠的基础，研究表明，随着成矿作用从岩浆作用过渡到变质作用阶段，铬铁矿首先被交代形成钠铬辉石，钠铬辉石再交代形成铬硬玉，铬硬玉则被置换形成含微量铬的硬玉，然后再进一步置换形成不含铬的纯硬玉。这一过程反映了绿色翡翠的形成与铬铁矿之间的密切关系。

8. 次生矿物

次生矿物在翡翠中数量很少，但分布却非常普遍，组成矿物包括氧化铁、含水氧化铁、硅

酸盐胶质和黏土矿物等。它们主要存在于翡翠的各种微细间隙中，颗粒很细小，肉眼和显微镜下都很难看见，造成了翡翠的底色多带有黄色、褐红色、灰褐色和灰绿色等色调，对翡翠的透明度也有不同程度的影响。

二、翡翠的类型

根据矿物组成的差异、化学成分的差异可对翡翠进行分类。关于翡翠类型的讨论，是从我国的一些学者引入岩石学方法研究翡翠而展开的，翡翠类型的划分在20世纪90年代中期开始有较多的讨论。欧阳秋眉(1992)用硬玉—透辉石—钠铬辉石三个矿物端元的形式，根据翡翠中矿物的种类和含量来划分翡翠的种属；1996年，欧阳秋眉又提出依据主要矿物和次要矿物成分划分不同的翡翠种属。崔文元等(1998)研究认为，缅甸玉石包含辉石玉类、闪石玉类和长石玉类，其中辉石玉类根据主要矿物组成成分又可分为硬玉玉、绿辉石玉和钠铬辉石玉。邹天人等(1999)利用组成矿物化学成分的不同来划分翡翠的种属，亓利剑等(1998)则按照辉石岩玉的命名法则，提出了一种新颖的分类方法，即与缅甸翡翠矿区有关的辉石岩玉类型有绿辉石玉、硬玉玉、钠铬铝辉石玉(铁龙生品种)、钠铬辉石玉。亓利剑等还认为，绿辉石玉与硬玉玉、钠铬铝辉石玉与硬玉玉在成因上有联系，可形成类质同象置换，而钠铬辉石玉与硬玉在成因上无关联，可能与铬铁矿有密切的成因关系。上述这些对缅甸翡翠在岩性学上的分类，均是以组成矿物的种类和含量为依据，划分出岩石的组成特征，这是岩石学中常用的岩石分类和命名的方法。

借用岩石分类的原则，可以对翡翠进行分类和命名：当次要矿物的含量小于20%时，可以不参加命名，次要矿物的含量在20%～50%之间时，则必须参加命名，此时，次要矿物作为形容词放在主要矿物名称前面，如含钠长石硬玉玉，也可称为含钠长石翡翠，表示这类翡翠里面硬玉的含量大于50%，钠长石的含量小于50%。

翡翠按矿物成分分类在现在的翡翠商贸中有着积极和重要的意义。目前市场对翡翠的需求一直在扩大，有许多以往没见到的或是以往没有被用作玉石的多种矿物集合体现在被称为玉石，并且还具有相当的经济价值，这些新品种有可能已经偏离了现在定义的较为狭窄的翡翠范围，但如何对这些品种给予适当的命名，对规范和发展市场都非常重要。

根据以上的分类原则，结合学者们以往的研究以及市场的实际情况，我们可以将翡翠大致分为下列三种类型，见表3-1。

表3-1　翡翠的矿物成分及主要类型

翡翠类型	主要组成矿物	次要组成矿物	常见商业品种
硬玉型翡翠	硬玉	角闪石、绿辉石、钠长石	常见翡翠的各种品种
	含铬硬玉	角闪石、铬铁矿、硬玉	铁龙生种
	硬玉	绿辉石	飘蓝花种
绿辉石型翡翠	绿辉石	少量硬玉	墨翠
	绿辉石	硬玉	蓝水种
钠铬辉石型翡翠	钠铬辉石	铬硬玉、角闪石、绿辉石、铬铁矿、钠长石	干青种、墨翠

1. 以硬玉为主要矿物成分的翡翠

以硬玉、含铬硬玉、铬硬玉和绿辉石质硬玉为主要组成矿物，并且可以达到宝石级的集合体都可以称为翡翠。这类翡翠是珠宝市场传统意义上的翡翠，是我们要关注的重点。该类翡翠品种繁多，根据其矿物组成又可以将此类型翡翠分成三个亚类，分别为：含铬硬玉亚型、含绿辉石硬玉亚型和较纯硬玉亚型。

含铬硬玉亚型的翡翠品种，即以铬硬玉为主要组成矿物，又称为铁龙生（图 3－8），具翠绿色的外观，具有中—粗粒柱状变晶结构，整体透明度较差，主要产于缅甸的龙肯地区，与钠铬辉石翡翠的干青品种翡翠非常接近，有时在外观上较难区分。

图 3－8 铁龙生种翡翠原石

亓利剑等(1999)对铁龙生种翡翠的研究表明，优质铁龙生主要是由铬硬玉矿物集合体组成的，含量大于 75％，与之共生或伴生的矿物组合为铬硬玉＋硬玉＋钠铬辉石＋铬铁矿。除主要矿物为铬硬玉外，其他次要矿物的含量因铁龙生的质量级别而异。一般来说，质地相对较差的铁龙生品种中，硬玉、铬硬玉和铬铁矿的含量稍有增加，由于 Cr^{3+} 浓度配比不均，导致绿色、淡绿色及灰白色相间分布，形成该品种翡翠独特的外观特征。

含绿辉石亚型的翡翠品种是指翡翠的组成矿物中明显含有绿辉石的矿物成分，这个品种翡翠中硬玉的含量超过 50％，次要矿物中除含明显的绿辉石矿物成分外，还含有少量的角闪石、绿泥石和钠长石。绿辉石的存在对这一类型翡翠的外观和质量均有十分重要的影响，如最典型的含绿辉石翡翠是飘蓝花翡翠品种，绿辉石呈蓝绿色、灰蓝色或灰绿色以细脉状、丝线状、草丛状或团块状分布在白色或浅灰白色的翡翠中（图 3－9）。

图 3－9 飘蓝花种翡翠玉佛

较纯硬玉亚型翡翠是市场上最为常见的翡翠品种，也是传统意义上的翡翠，这类型翡翠中硬玉含量在 90％以上，品种非常丰富，颜色也多种多样。其中，最典型的纯硬玉翡翠是无色透明的品种及老坑玻璃种翡翠。

硬玉型翡翠颜色丰富，无色透明、白色、紫色以及各种绿色均很常见，具玻璃光泽，摩氏硬度为 6.5～7，相对密度为 3.34 左右，折射率为 1.66。较纯硬玉型翡翠常见白瓷地种、豆绿种、芙蓉种、金丝种、春带彩种、紫罗兰种、皇家绿种、油青种翡翠等。

2. 以绿辉石为主要矿物成分的翡翠

此类型翡翠也称为绿辉石型翡翠、绿辉石玉或绿辉石质玉，其中绿辉石含量大于 50％，颜色从中等深度的墨绿色到深墨绿色，在反射光下呈黑色，在透射光下则呈现墨绿色或蓝绿色，微透明，质地细腻，商业上也称此类翡翠为墨翠（图3-10）。据欧阳秋眉等（2002）的研究，这种商业上被称为墨翠的翡翠品种，是由80%以上的绿辉石组成的，次要矿物为少量的硬玉、钠铬辉石及极少量的黑色物质。墨翠呈玻璃光泽，摩氏硬度为7，相对密度和折射率分别为3.34～3.44和1.67～1.67，略高于翡翠，紫外荧光呈惰性。

墨翠常制成观音或佛像挂件，也有的制成马鞍形、蛋形戒面或手镯等，纯净且质量好的墨翠价值不菲。

绿辉石型翡翠有两个品种，除了上面介绍的颜色呈黑色的墨翠外，还有一种是颜色较浅，呈灰绿色或浅灰蓝色的品种，其质地细腻，颜色均匀，透明度较好，称为绿辉石油青，市场上也称其为蓝水种（图3-11）。在该品种翡翠中，绿辉石的含量在50%以上，次要矿物为硬玉，矿物颗粒极小，一般小于0.02mm，呈纤维状交织变晶结构。

图3-10　墨翠

图3-11　蓝水种翡翠

3. 以钠铬辉石为主要矿物成分的翡翠

以钠铬辉石为主要矿物成分的翡翠也称为钠铬辉石型翡翠，它广泛存在于缅甸翡翠矿区，原生矿石产在度冒矿区，次生的矿石在缅甸市场上也较为常见。

目前，在翡翠市场上该类型翡翠主要有两个品种。第一个品种是干青种翡翠，也称为钠铬辉石干青（图3-12），是十分重要的翡翠品种。颜色通常呈绿色—深绿色，不透明，钠铬辉石呈细粒柱状，常发育不规则的细小裂纹。在矿物组成上，钠铬辉石的含量在30%～60%之间，次为深绿色的铬硬玉。当钠铬辉石较少时，浅色较浅；反之，颜色较深。在干青种翡翠中，还常见少量的铬铁矿颗粒和个别的角闪石，铬铁矿颗粒呈点状分布，粗细不均，显金属光泽，具有被钠铬辉石交代的结构特征。

第二个品种是钠铬辉石墨翠，即以钠铬辉石为主要矿物的外观为墨绿色到黑色的翡翠品种（图3-13）。该品种翡翠不透明，边缘如果透光则为翠绿色。矿物组成上钠铬辉石的含量为65%～90%，粒度很小，呈纤维状微晶，也可含有数量不等的铬铁矿，铬铁矿在钠铬辉石中呈交代残余结构。

上述两个品种除了钠铬辉石的含量有区别外，钠铬辉石的化学组成也有一定的差异。干青种翡翠中的钠铬辉石Cr的含量比钠铬辉石墨翠中的钠铬辉石低，当Cr的含量更低时就成了铬硬玉，同时，这些钠铬辉石中还可以含有一定的绿辉石。钠铬辉石型翡翠的摩氏硬

图 3-12 干青种翡翠

图 3-13 钠铬辉石墨翠

度比硬玉型翡翠低，一般为 5～5.5，含钠铬辉石较多或较纯的深色钠铬辉石型翡翠，其相对密度可达 3.50；而含钠铬辉石较少的该品种翡翠，其相对密度较低。它们折射率为 1.71～1.74，紫外荧光呈惰性。

第二节

翡翠的颜色及成因类型

翡翠的颜色多种多样，常是翡翠价值之所在。优质颜色的翡翠在自然界极其稀少，行业中有“色差一分，价差十倍”的说法。翡翠颜色的多样性，主要取决于其组成矿物的颜色。翡翠常见的颜色有白色、无色、各种不同色调的绿色、红色、黄色、紫色、黑色、灰色等(图 3-14)，按颜色成因的不同分为原生色和次生色。不同成因类型的颜色，分布的特征不同。

图 3-14 各种颜色的翡翠

一、翡翠的原生色

翡翠的原生色是由翡翠的原生矿物形成的颜色，是翡翠的主要颜色类型，也是翡翠成为高档玉石的最主要因素。翡翠的原生色种类很多，主要有白色、绿色、紫色、墨绿色和黑色等(图3-15)，这些颜色主要与其组成矿物的种类(钠铬辉石、含铬硬玉、绿辉石、角闪石等)及其化学成分(Cr、Fe、Mg、Mn等)有关。翡翠的绿色主要与含Cr硬玉有关(图3-15B)，即Cr类质同象替代硬玉中的Al，形成绿色，紫色翡翠与含Mn硬玉有关(图3-15C)，部分灰绿色翡翠与绿辉石有关(图3-15D)，还有一部分灰黑色的翡翠则主要与角闪石有关(图3-15E)。

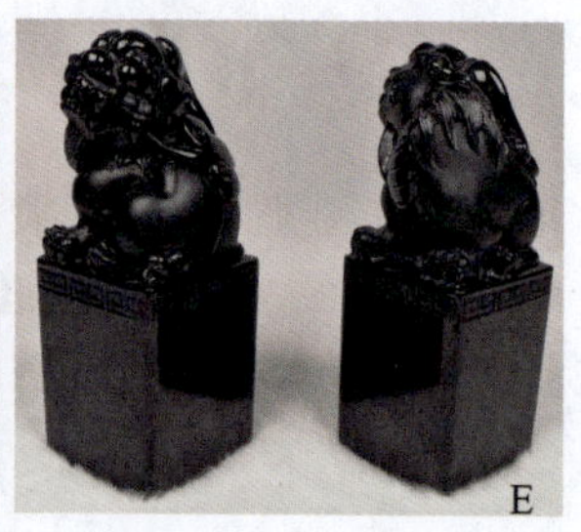

图3-15　翡翠的原生色

1. 无色及白色

无色即无色透明(图3-15A)，这种翡翠由纯的$NaAlSi_2O_6$组成，矿物颗粒细腻，结构紧密，矿物颗粒光性趋于一致，透明度好，如无色玻璃地翡翠。

白色翡翠组成成分单一，由$NaAlSi_2O_6$组成，但结构松散，硬玉矿物颗粒之间有一定的空隙，残留空气或其他物质，降低了透明度，使硬玉岩不透明，呈白色。

2. 绿色

翡翠的绿色有多种色调，如翠绿色、暗绿色、灰绿色、蓝绿色等。翠绿色是由于铬离子(Cr^{3+})替代了硬玉化学成分中的铝离子(Al^{3+})。如果Cr^{3+}含量过低，则呈浅绿色、淡绿色或黄绿色；如果Cr^{3+}的含量过高，则绿色变深，同时会导致透明度降低；如果Cr^{3+}完全类质同象替代Al^{3+}，便形成钠铬辉石干青种翡翠，整体呈翠绿色—深绿色，不透光，只有适量的Cr^{3+}才能形成纯正的翠绿色。另外，Fe^{2+}、Mg^{2+}和Ca^{2+}的增加会使翡翠的绿色变灰、变深、变黑。由于翡翠中除了硬玉矿物外，还有其他杂质矿物，如绿辉石、霓石、霓辉石等，这类矿物本身颜色为蓝绿色，当蓝绿色叠加在翡翠的绿色上时会不同程度影响翡翠颜色的色调，使之呈灰蓝色或蓝绿色(图3-16)。

图3-16　蓝绿色翡翠

3. 紫色

紫色翡翠又称紫罗兰翡翠，翡翠中紫色是除了绿色以外的另一种极具价值的颜色。传统观点认为 Mn^{3+} 替代硬玉中的 Al^{3+} 会导致紫色，也有学者认为是 Fe^{2+} 与 Fe^{3+} 造成的，或与 Ti^{4+} 的存在有关。

紫色翡翠根据色调可分为粉紫色、茄紫色和蓝紫色。紫色在翡翠中的分布比较广，在绿色不多的翡翠中常常可以见到紫色。

4. 灰绿色及墨绿色

翡翠的灰绿色及墨绿色有两种成因：一种是原生色，由绿辉石或角闪石所致；另一种是还原次生色，是含有水岩反应过程中的绿泥石杂质所致。

5. 黑色

黑色属原生色，常见的有以下几种成因。一是以绿辉石为主要组成矿物的墨翠的黑色(图 3-17)，由绿辉石所致。二是以钠铬辉石为主要组成矿物的钠铬辉石墨翠，由钠铬辉石致色。三是含较多铬铁矿或者由铬铁矿残余引起的黑色。铬铁矿残余一般呈黑点状，并且从中心向外绿色逐渐变浅，它是铬铁矿周围深绿色硬玉中铬的来源。这种黑点的形成早于绿色翡翠，并且多呈疏散的星点状分布。四是由翡翠中含有较多的角闪石引起的黑色。五是在反射光和透射光下均呈灰黑色至黑色的翡翠。这种灰黑色或黑色是由含有角闪石、石墨等暗色矿物造成的，看上去很脏，是较为低档的翡翠，市场上也称此类翡翠为乌鸡种翡翠(图 3-18)。

图 3-17 绿辉石墨翠

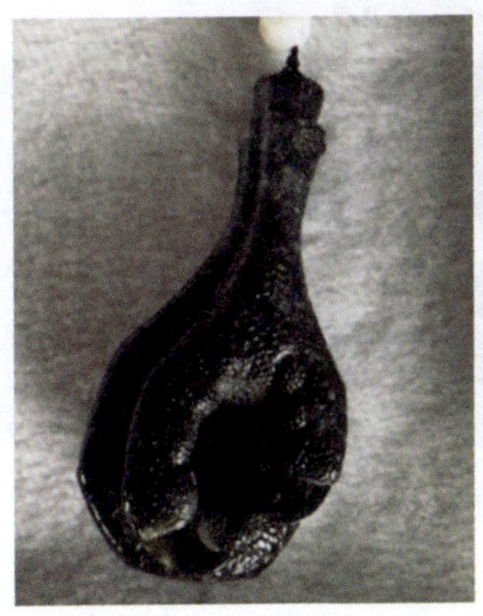

图 3-18 乌鸡种翡翠

二、翡翠的次生色

翡翠的次生色是由次生矿物造成的颜色，即由翡翠在地表或近地表受表生地质作用，组成矿物发生分解或半分解，并且各种大小的裂隙和矿物晶粒之间的微小间隙中充填了氧化物、胶体物质、黏土矿物等而形成的颜色。

次生色主要的颜色类型有土黄色、褐黄色、褐红色，灰绿色及灰黑色等。翡翠的次生色主要包括氧化次生色和还原次生色两种类型。

1. 氧化次生色

氧化次生色主要有土黄色、褐黄色及褐红色。这类翡翠又称为翡，其中土黄色、褐黄色系的翡翠称为黄翡，褐红色系的称为红翡（图 3－19），是由充填在翡翠的裂隙及颗粒间隙中含 Fe^{3+} 的化合物，如针铁矿（$\alpha-FeOOH$）、赤铁矿（$\alpha-Fe_2O_3$）、褐铁矿（$Fe_2O_3 \cdot nH_2O$）等，而形成的颜色。这些铁质矿物是次生氧化作用形成的，赋存在翡翠的皮壳或裂隙周围，是翡翠形成黄色及红色的主要原因。

褐铁矿（$Fe_2O_3 \cdot nH_2O$）是由铁的氢氧化物（包括针铁矿、水针铁矿、纤铁矿、水纤铁矿等）组成的细分散的聚集体，是一种多种矿物的混合物，呈细小粉末状存在于翡翠岩石的风化外皮颗粒间的孔隙中，或经淋滤作用渗入裂隙中。褐铁矿呈棕黄色或黄褐色，它是黄色翡翠的致色矿物。

赤铁矿（$\alpha-Fe_2O_3$）是褐铁矿经脱水作用而形成的，呈棕红色或褐红色细粒粉末状，主要见于翡翠风化皮下部的晶体颗粒的孔隙中，它是红色翡翠的致色矿物。

由于次生氧化作用是由外而内的，翡色主要分布在翡翠籽料的外层，由外皮向内会形成褐黄色/褐红色皮—牛血雾—新鲜玉石的分带（图 3－20），其中牛血雾的颜色往往比皮壳的颜色还要深，这也是天然黄翡、红翡的颜色分布特征。

一般情况下，褐黄色—褐红色系翡翠的结构疏松，透明度差，色彩不够鲜艳，属于中低档翡翠。

图 3－19　褐红色及褐黄色翡翠

图 3－20　红皮—牛血雾—新鲜玉石分带

2. 还原次生色

还原次生色主要有褐绿色、灰绿色和灰黑色，是翡翠在地表浅层受地下水的浸泡，翡翠的小裂隙及矿物的颗粒间隙之间充填了绿泥石微晶和其他非晶质的硅酸盐造成的。这类品种也称为卵水油青或油青种（图 3－21），大多数的油青种翡翠都属于这种成因。

油青色分布在翡翠籽料的次内层，由外皮向内形成黑皮—油青色—新鲜玉石的分带，油青色与新鲜玉石之间具有非常清晰的界线（图 3－22）。油青种翡翠的色彩灰暗不够鲜艳，但透明度常比较好，属于较常见的低档翡翠。

次生色均可以叠加在原生色上，使原生色带上具有各种灰色、褐色、黄色的色调，造成颜色的鲜艳程度下降，业内也把这种情况称为“底脏”。

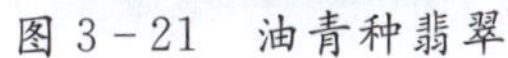

图 3-21 油青种翡翠

图 3-22 翡翠原石外层的还原次生色

三、翡翠的颜色分布特征

翡翠颜色的分布特征也称为色形，不同颜色的翡翠具有各自的颜色分布特征，是认识及鉴别翡翠的重要特征之一。

1. 绿色

各种颜色的翡翠形成的时间顺序可按照翡翠的结构和构造特征进行分析。从切开的翡翠原石上观察，可以发现绿色翡翠是由绿色的硬玉集合体组成的，绿色或浓绿色的翡翠穿插在白色或浅紫色的翡翠之间(图 3-23)，仔细观察，还可发现绿色多不均匀，往往呈脉状分布，与周围的浅色翡翠界线较为截然。

图 3-23 绿色翡翠呈脉状穿插在早期白色翡翠中

从更微观的角度观察，在显微镜下可以发现绿色翡翠的粒度往往比较细，并呈细脉状分布，穿插在早期粗粒的翡翠之中，且有交代粗粒翡翠的现象。

以上这些结构和构造特征均说明了绿色翡翠形成的时期晚于白色及紫色的翡翠，白色和其他浅色的翡翠在后一期次的成矿作用中，含 Cr 的含矿溶液沿早期翡翠矿体的构造裂隙充填结晶，这种含矿溶液易于沿早期翡翠矿体的构造裂隙、微裂隙和粒间间隙活动，经过充填和交代作用形成脉状、网脉状(图 3-24)和浸染状的绿色翡翠，这种脉状分布的形态又被称为色根(图 3-25)。绿色的翡翠矿脉通常具有一定的宽度和长度，与周边无色部分的界线较为分明。

2. 紫色

紫色在翡翠中较为常见，在绿色不多的翡翠上也常常可以见到紫色(图 3-26)，但紫色通常比较浅，呈团块状分布，与白色翡翠的界线模糊。通常我们把同时具有紫色和绿色的翡翠称为春带彩品种。

图 3-24　网脉状绿色翡翠
（经充填和交代作用形成的）

图 3-25　绿色翡翠的脉状色形

从结构上观察，紫色硬玉多为柱状到长柱状的中—粗粒晶体，有些紫色硬玉的晶粒可呈巨粒状，直径可达 10mm 左右。

图 3-26　呈团块状分布的紫色翡翠

在形成时间上，紫色硬玉的结晶时间与同一时代的白色硬玉一致或略晚，都形成于岩浆作用阶段，比翡翠的绿色部分形成得要早，所以我们经常见到豆紫色的品种，有时紫色被绿色穿插。这种豆紫色的品种可以经历动力变质作用，变成糯紫色、冰紫色，但紫色都会变淡。学者普遍认为紫色翡翠是由含 Mn 的紫色硬玉集合体组成的，常呈团块状分布（图 3-27），与白色翡翠没有明显的分界，但在紫色的团块中也常有紫色深浅的变化，紫色呈颗粒状（图 3-28），不具有脉状的特征。

图 3-27　紫色呈团块状分布，
与白色翡翠无明显界线

图 3-28　颗粒状色形的紫色翡翠

3. 褐黄色和褐红色

褐红色与褐黄色均为氧化次生色(图 3－29)，是翡翠砾石在地表的风化作用下，渗透到翡翠中的还原性的充填物受到氧化作用，生成的铁的高价化合物(赤铁矿、褐铁矿等)集中在翡翠组成矿物颗粒的间隙或微小的裂隙中(图 3－30)，形成了类似于树根状的三维网状色形(图 3－31)，与后面优化处理章节中染色处理翡翠的颜色分布特征比较类似。

图 3－29 翡翠的氧化次生色

图 3－30 褐黄色杂质矿物沿着翡翠组成矿物颗粒的间隙和裂隙分布

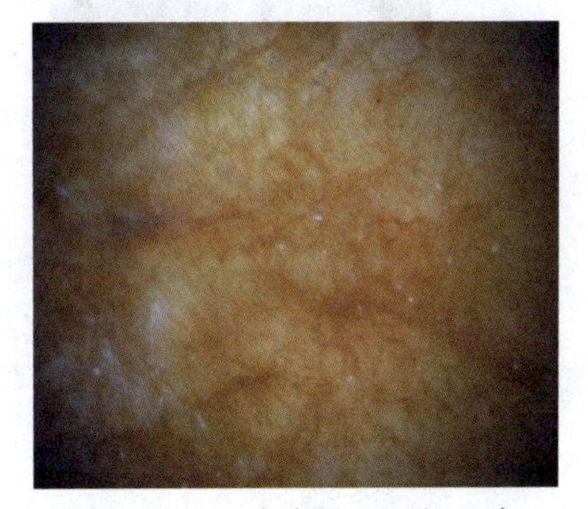

图 3－31 黄翡类似树根状色形

4. 油青色(灰绿色、褐绿色或灰黑色)

翡翠的油青色即为灰绿色、褐绿色或灰黑色(图 3－32)，是一种还原次生色，形成于翡翠的皮化阶段，是由于翡翠砾石浸泡在地下水中，地下水又渗透到翡翠中，经过水岩反应，在翡翠颗粒的间隙和小的裂隙中充填了绿泥石的微晶和其他的非晶质硅酸盐，从而形成了灰绿色、褐绿色等颜色，并在翡翠砾石的近表皮附近和裂隙的两侧分布，整体观察颜色较为均匀，仔细观察，这类颜色具有和翡色相同的色形，即为典型的类似树根状的三维网状色形。

值得注意的是，这里所指的油青色，与前文中所述的由绿辉石造成的灰绿色的分布特征完全不同，由绿辉石造成的灰绿色常以微晶集合体的形式组成不规则的丝状、草丛状脉体分布在白色的翡翠中(图 3-33),这些灰绿色的团块形态不规则,与白色部分有相当清晰的分界线,属原生色;由绿辉石微晶集合体形成的墨翠及蓝水料(图 3-34),颜色的色形均为均匀状,亦均属于原生色。

图 3-32　翡翠的还原次生色

图 3-33　飘蓝花种翡翠

图 3-34　均匀状色形的绿辉石墨翠及蓝水料

第三节

翡翠的外观特征及物理性质

翡翠外观特征是识别翡翠的一项重要的也是最基本的内容。翡翠的外观非常多变,影响其外观变化的因素繁多,且每一个影响因素本身也很复杂。例如颜色,翡翠的颜色多种多样,同一颜色的色调变化也很多,如绿色,有翠绿色、阳绿色、黄绿色、艳绿色、灰绿色、菠菜绿色等,前面章节中对翡翠的颜色成因及颜色分布特征的描述,对于翡翠颜色的识别有着非常重要的作用。除去颜色,翡翠特有的结构、光泽、透明度、抛光面特征以及内含物等外观特点都可以帮助我们有效地识别翡翠。

一、翡翠的结构特征

翡翠的结构是指翡翠组成矿物的结晶程度、矿物颗粒大小、矿物自形程度和矿物之间的关系。通常，翡翠中矿物颗粒越粗、颗粒间结合越松散，则翡翠质地就越松散，透明度和光泽也越差；相反，矿物颗粒越细、结合越紧密，则翡翠质地越细腻致密、透明度越好、光泽也越强。所以，结晶颗粒的大小是评价结构的主要因素。翡翠的结构决定了翡翠的质地、透明度和光泽。

翡翠是在极其复杂的地质环境中形成的岩石。在其形成过程中，组成矿物经历了结晶生长、破碎变形、熔蚀交代、多期次生长等复杂的过程。从微观层面来看，复杂的地质作用不仅使翡翠的化学成分发生了变化（如致色元素的进入），也对组成翡翠的矿物结晶颗粒的大小、形状、晶粒之间的接触关系等结构特征产生影响，进而影响翡翠的结构。从不同的角度可将翡翠的结构分为不同的类型：如按矿物颗粒的碎裂程度，翡翠的结构可分为碎裂结构、碎斑结构和糜棱结构；按组成翡翠矿物的结晶程度和晶体形态，翡翠的结构可分为柱状变晶结构、粒状变晶结构和纤维状变晶结构；按组成矿物间的相互关系，翡翠的结构可分为镶嵌变晶结构、交织变晶结构和平行变晶结构；按照矿物颗粒的均匀程度，翡翠的结构可分为等粒结构、不等粒结构和斑状结构；按照组成矿物晶体的绝对大小，翡翠的结构分为显微变晶结构（显微镜下看不到矿物晶体者为隐晶质结构）、细粒变晶结构、中粒变晶结构和粗粒变晶结构。不同粒度的翡翠的结构特征见表 3－2。

表 3－2　不同粒度的翡翠的结构特征

粒度类型	粒度大小	特征描述
粗粒变晶结构	结晶颗粒大于 2mm	肉眼明显可见矿物颗粒和解理面的苍蝇翅闪光
中粒变晶结构	结晶颗粒在 1～2mm 之间	肉眼可见矿物颗粒和解理面的苍蝇翅闪光
细粒变晶结构	结晶颗粒在 0.2～1mm 之间	10×放大镜下可见到矿物颗粒和解理面的砂星
显微变晶结构	结晶颗粒小于 0.2mm	显微镜下可见或不可见矿物颗粒，看不到解理面闪光

纤维交织结构者韧性好，而粒状结构者韧性差。当然，翡翠的质地和透明度还与结晶颗粒的变形程度或结晶颗粒间的熔蚀程度有关。翡翠的透明度取决于组成它的硬玉矿物颗粒和其间胶结物的透明度，矿物颗粒越粗，颗粒与颗粒之间充填的胶结物越多，就会影响翡翠的透明度（图 3－35）。但在复杂的变质作用过程中，硬玉矿物颗粒产生塑性变形而紧密地结合在一起，且矿物颗粒之间的边界因熔蚀作用而变得不清晰时，会提高翡翠的透明度和韧性。

同一块翡翠，其组成矿物的颗粒大小可能会有很大的变化，也称为不等粒结构。如果组成翡翠的矿物颗粒粒度较大，而且明显，传统上称这种现象称为豆性，颗粒较粗大的称为粗豆。

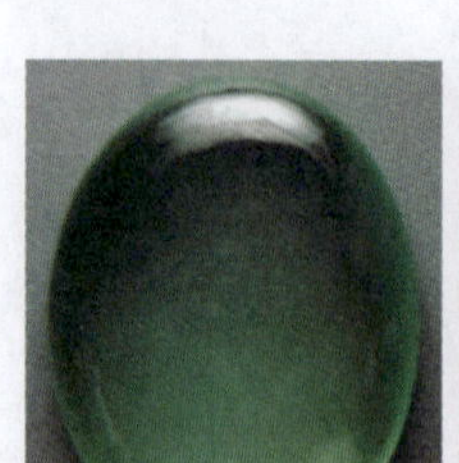
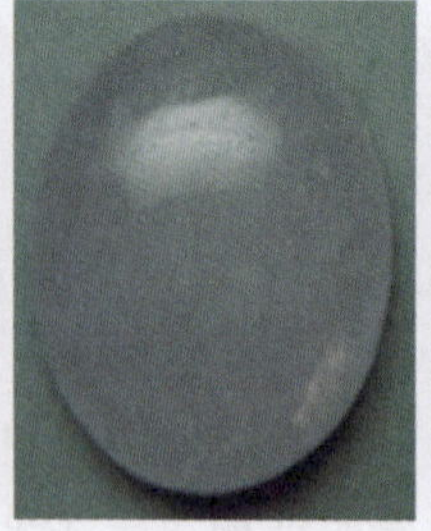

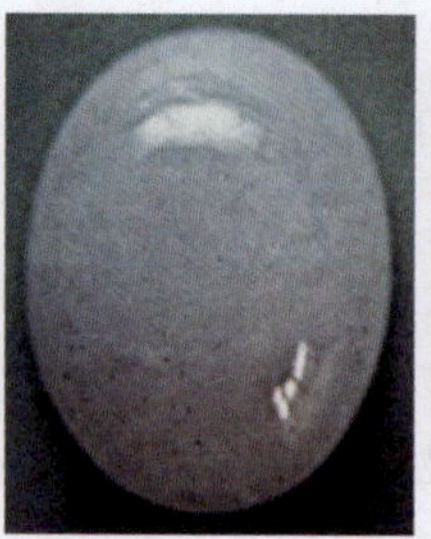

图 3－35　结晶颗粒大小不同的翡翠

放大检查，翡翠具有纤维交织结构至粒状纤维结构，这种结构使翡翠具有很好的韧性。“豆”即表示粗大的粒度，是识别翡翠的重要特征。高档翡翠具有细粒、微粒纤维状交织结构，豆性不明显。

二、翡翠的透明度

透明度是指物体透过可见光的能力。翡翠的透明度变化很大，从接近于玻璃般的透明程度到不透明。透明度的不同对翡翠的外观有直接的影响。透明度好的翡翠，具有温润柔和的美感，透明度差的翡翠，则显得质干、呆板（图 3－36）。传统上把翡翠的透明度称为水头，并用水头长短来衡量翡翠的透明度，水头长则说明翡翠的透明度好，水头短则说明透明度差。

图 3－36　不同透明度的翡翠

实际上，水头是评价翡翠原料透明度的一个专门术语，也就是将强光源紧贴翡翠原石，如图 3－37 所示，使光线垂直射向原石内部，从侧面看，由于矿物颗粒对光的折射、散射作用，会在光源周围形成一个较亮的光晕（图 3－38），以光晕的宽度（注意：光晕的宽度是指光源周围较亮的晕圈的宽度）描述水头的长短。光晕越宽水头越长。一般以几分水来加以描述，即以 3mm 为 1 分水，光晕的宽度每增加 3mm 即增加 1 分水，最高可达 10 分水。“水头”一词也被借用来评价翡翠成品的透明度，是指翡翠在自然光下能透过光的厚度，同样用“几分水”来描述。如翡翠能透过 3mm 的光即为 1 分水，能透过 6mm 的光即为 2 分水，最高可达3分水。很显然，以水头评价翡翠原料或翡翠成品的透明度都是不科学的，因为光有强弱之分，不同强度的光照条件下在翡翠原石上形成的光晕的宽度或翡翠成品的透光程度都是不同的，但长期沿用已成为习惯，在评价成品时只能是根据经验判断水头的长与短，所以水头的长短在实战中是一个争议很大的问题。翡翠成品水头与透明度的对应关系见表3-3。

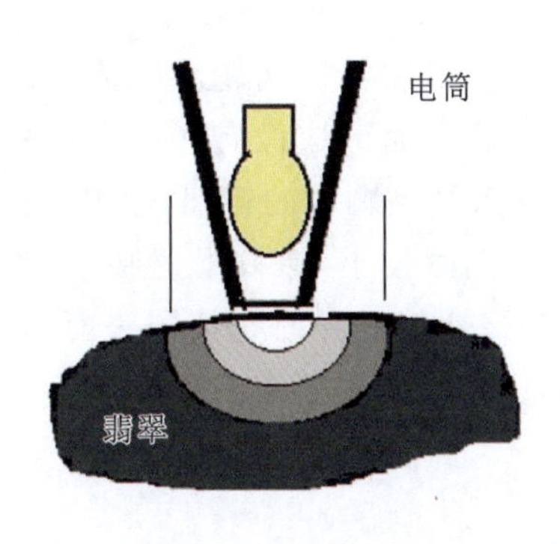

图3-37 观察翡翠水头的方法

图3-38 观察翡翠原石的水头

表3-3 翡翠成品的水头与透明度对应关系表

水头	透明度	自然光渗入的厚度	特征
3分水	透明	≥9mm	似玻璃，透过翡翠字迹可见
2分水～3分水	亚透明	6～9mm	透过翡翠字迹呈现模糊状
1分水～2分水	半透明	3～6mm	透过翡翠看不清字迹
不足1分水	微透明	0.5～3mm	边缘薄处透光
基本没水	不透明	≤0.5mm	如石膏

翡翠行内用这样的数字描述翡翠的水头，看似非常简单，但是在实际的应用中却远比文字描述的复杂得多。相差1分水，价格有可能差10倍。对于初学者来说，翡翠的水头必须掌握得非常透彻，必须用心体会。因为水头不仅受光的强弱的影响，还受翡翠成品的厚度和颜色深浅的影响。如果用强光源或接近中午时的日光观察，翡翠的水头就显得好，相反，如果光源弱或阴天，翡翠的水头就显得差；相应地，翡翠成品如果很薄，就显得水头好，太厚就显得水头差；翡翠颜色过浅显得水头好，太深显得水头差。掌握了这些影响因素，才能根据具体情况，正确地判断翡翠的水头。

透明度对于翡翠来说，不仅对玉质可以起到滋润作用，同时也可将颜色衬托得更为完美。合适的透明度可以使颜色不均匀的翡翠的色斑因光线的传播而扩散到色斑范围之外，行业中将这一现象称为照映。对翡翠的照映作用最为有利的是半透明的质地，在半透明的翡翠中，通过色斑的光线经选择性吸收后成为绿光，不直接射出翡翠，而是被翡翠矿物颗粒折射或反射，就会把颜色带到无色或浅色的区域，使翡翠的色斑看上去像扩大了一样。在现实生活中，常常会听到人们说，翡翠的色根会变长，其实并不是翡翠的色根真的长了，而是翡翠经人佩戴后吸收了人体的汗液、油脂等物质而使翡翠更加透润，因照映的作用而使色根看起来更长、色块更大了。如果翡翠不透明，就不会产生照映，翡翠近于透明也不利于照映。

三、翡翠的翠性

实际上，我们在探讨翡翠的结构特征时已经提到了翡翠的翠性问题。所谓翠性就是由于接近表面的硬玉的解理面对光线的镜面反射，在翡翠近表面形成像有些昆虫翅膀的闪光（图 3-39）。翠性的明显程度取决于两个因素。一是硬玉结晶颗粒的粗细，硬玉颗粒越粗则翠性越明显，微粒的翡翠看不到翠性。粒度小的翡翠闪光面较小，像蚊子翅膀，传统上又称为砂星；粗粒翡翠的闪光面较大，像苍蝇翅膀，也称为苍蝇翅闪光。二是翡翠表面抛光情况，抛光较好的表面因光的反射作用而使硬玉颗粒表面的反光不是很明显。翠性是多数玉石不具备的特征，是识别翡翠的重要标志。

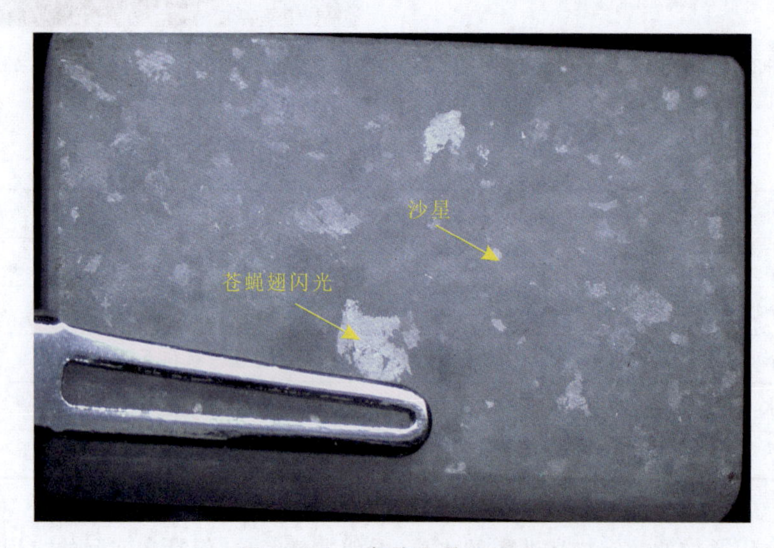

图 3-39　翡翠的翠性闪光

四、翡翠的橘皮效应

翡翠的抛光表面常像橘皮似的起伏不平，这种现象被称为橘皮效应（图 3-40），橘皮效应也是识别翡翠的重要特征。

产生橘皮效应的根本原因在于组成翡翠的硬玉颗粒的性质和结构，即硬玉颗粒的排列方式及差异硬度。翡翠中硬玉颗粒的排列方式不一致，导致在表面上出露的硬玉颗粒方向不同，有的硬玉颗粒柱面平行表面，有的斜交，有的垂直。垂直于柱面方向出露的硬玉颗粒硬度最大，平行于柱面出露的颗粒硬度最小，斜交柱面方向的硬度介于这两者之间，所以当用传统的抛光技术进行抛光时，较软的颗粒会被磨蚀得更多，形成下凹的表面（图 3-41）。值得注意的是，橘皮的凹坑仅略微下凹，凹面的光泽与周围凸起部分的光泽一致，且凹面与凸面是光滑过渡的。

图 3-40 翡翠抛光表面的橘皮效应

图 3-41 橘皮效应中小的下凹表面

橘皮效应明显与否主要取决于两个因素：一是翡翠结构的致密程度，即组成翡翠的硬玉颗粒粒度越细小，结合越紧密，橘皮效应就越不明显；二是翡翠抛光的方法和质量，软盘抛光的橘皮效应明显，硬盘抛光则相反，采用的抛光粉硬度越高，橘皮效应越不明显。

橘皮效应须在反射光下观察，当橘皮效应很明显时，可用肉眼直接观察翡翠抛光表面，对橘皮效应不明显的翡翠，可借助 10×放大镜或显微镜观察。

五、翡翠的内含物特征

翡翠中常见的、对翡翠的识别有一定意义的内含物主要分为四种类型。

1. 白色絮状物

白色絮状物通常也称为石花，是翡翠中团块状的白色絮状物(图 3-42)。从宝石学的角度上看，石花可能是翡翠中的内含物，即可能不是硬玉，而是其他的矿物，也可能是愈合裂

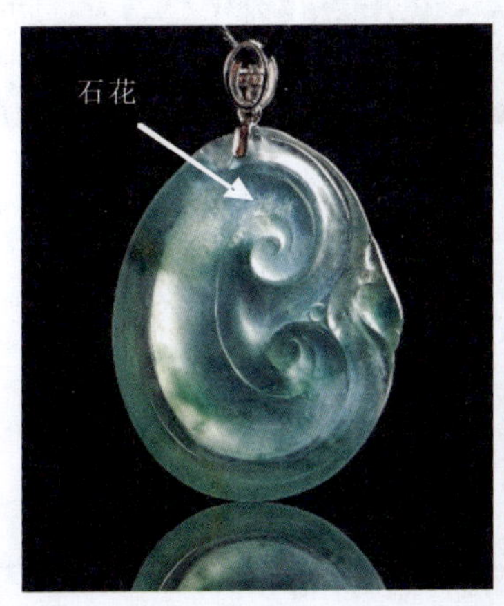

图 3-42 翡翠中的白色絮状物

隙。但是由于这些石花，或多或少与后期的充填和交代作用有关，同时与翡翠的颗粒大小也有关系，所以也可以把它看成结构特征。

2. 黑点

点状的黑色为不透明的铬铁矿，铬铁矿被交代产生了鲜艳的绿色，故铬铁矿边缘多呈松散云雾状的绿色，在强的透射光下这些黑点往往呈绿色，反射光下通常呈黑色。黑点一般呈零星状分布。

3. 黑块

黑块为反射光下黑色、但透射光灰褐色的色斑。翡翠中的黑块多是由角闪石或绿辉石造成的(图 3-43)。

图 3-43　翡翠中的角闪石黑块

4. 石纹及裂纹

石纹是指在翡翠内部的没有到达表面的愈合裂隙(图 3-44)，在反射光下观察翡翠表面没有裂缝痕迹(图 3-44B)，对翡翠制品的耐久性没有影响，但对翡翠的外观可产生不同程度的影响。裂纹与石纹不同，裂纹是未经愈合的裂隙，利用反射光在翡翠表面观察可见裂缝，有些裂缝在抛光表面上用指甲可刮到。裂纹中经常会充填有后期的褐灰色和褐黄色的杂质。

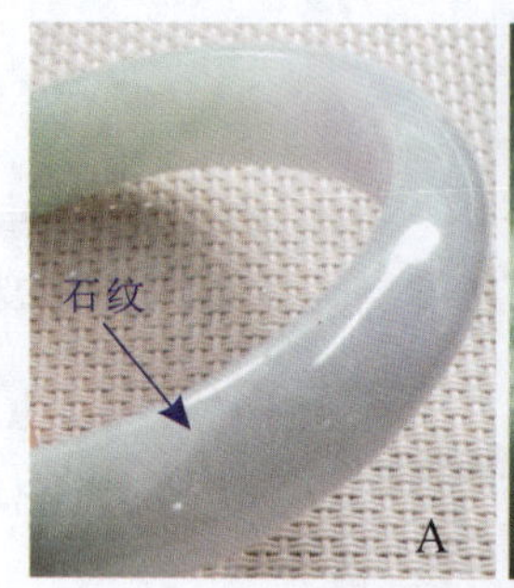

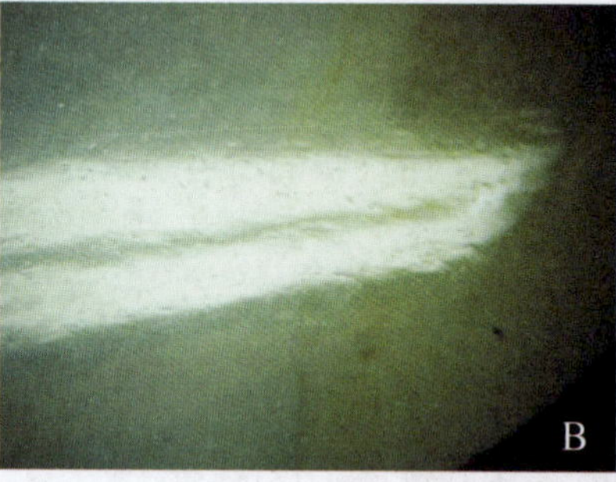

图 3-44　翡翠中的石纹和裂纹

六、翡翠的其他物理性质

1. 折射率

点测法测到翡翠的近似折射率常为 1.66。

2. 摩氏硬度

翡翠的摩氏硬度常为 6.5～7，并且坚韧、耐磨。

3. 相对密度

翡翠的相对密度常为 3.34。用手掂,翡翠较重,有“压手”的感觉。

4. 紫外荧光

天然翡翠绝大多数都没有荧光,尤其是翠绿色、绿色、墨绿色、黑色和褐红色翡翠,在长波及短波紫外线下均不发荧光。只有部分白色的翡翠,在长波紫外线下有弱的白色或黄色荧光。翡翠经过上蜡以后,会出现弱的蓝白色荧光,如果翡翠结构不够致密,会有较多的蜡浸入到翡翠内部,蓝白色荧光也会随之加强。

5. 光泽

抛光良好、质地致密的翡翠,表面呈玻璃光泽(图 3-45);质地粗疏的翡翠,由于粒间间隙及橘皮效应的影响,光泽较弱,呈亚玻璃光泽到油脂光泽。

图 3-45 翡翠表面的玻璃光泽

6. 吸收光谱

白色—浅绿色品种的翡翠在紫光区常见 437nm 吸收窄带,一般认为该吸收窄带是由 Fe 造成的,这一窄带具有重要的鉴定意义,可作为区分翡翠及其相似玉石的依据。翠绿色翡翠在红光区具有 630nm、660nm 和 690nm 处的三条阶梯状吸收谱带,属典型 Cr^{3+} 的吸收光谱特征(图 3-46);翠绿色的翡翠由于 Cr^{3+} 在蓝紫光区也有很强的吸收,有时 437nm 的吸收线被掩盖而看不到。

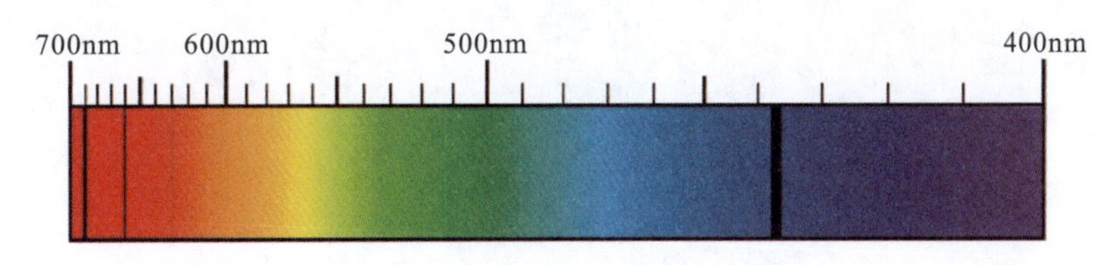

图 3-46 翠绿色翡翠的吸收光谱

以上我们系统地介绍了翡翠的宝石学特征,准确地理解和掌握这些特征是认识翡翠的基础,也是识别优化处理翡翠和与翡翠相似的其他玉石的基础。在翡翠交易过程中,由于不能借助任何仪器,为了不在交易中受骗上当,我们必须准确掌握这些特征,尤其是翡翠的颜色分布特征、结构特征、表面特征等。

第四章 翡翠的设计艺术

在我国8000年玉文化发展的历史长河中，玉器的设计是随着人类对自然的认识、社会的发展、美学思想的形成和完善而进步的。早期的玉器设计局限于如何反映神的旨意，器型千篇一律。当玉器与王权和等级制度联系在一起时，玉器的设计也仅仅是在器型上符合统治者的规范和要求。大概从唐代起，我国的玉器设计便开始讲究“图必有意、意必吉祥”，即以合适的图案表达吉祥的寓意。像“五福临门、福禄寿喜、步步高升、大展宏图、花开富贵、万象更新”等汉字中的美好寓意皆可由能工巧匠通将玉器雕琢成各种图案来形象地表达。随着翡翠市场的发展，设计不仅仅是为了体现吉祥的寓意，而且要根据翡翠原料的特征选择适当的题材，展示翡翠之美，进而体现翡翠的最大价值。这里，我们先探讨一下翡翠设计的原则，然后系统分析一下翡翠饰品的各种题材及表现手法。

第一节 翡翠设计的原则

玉雕是一项非常专业的工作。同一块翡翠原料由不同玉雕师设计会有不同的设计方案，其艺术性和由此产生的价值也是完全不同的。

一、翡翠设计师

一般来说，设计师也是玉雕师。翡翠的雕琢要求集技术和艺术于一身，具体地说，设计师必须具有如下能力。

第一，要有良好的造型和绘画基础。翡翠设计是造型艺术，当设计师面对一块翡翠原料时，必须根据原料的颜色、形状等特征在大脑中构思出成品的样子，并且在雕琢过程中要不断地将设计元素的轮廓用油性笔勾勒在原料上（图4－1）。没有造型和绘画基础是不能胜任设计工作的。

第二，要具备翡翠评价的专业知识。既要看得懂翡翠原料的质量，并能结合翡翠的评价要素评价翡翠的质量，更要懂得如何将原料雕琢出最好的效果。

第三，了解翡翠的市场行情。同一块原料可能有不同的设计方案，对不同设计方案设计的翡翠饰品的市场价格要比较清楚。总之，翡翠设计师既要掌握精湛的雕琢技术，又要有良好的艺术修养和良好的造型能力，还要有丰富的市场经验。

图 4-1 勾勒设计图案

二、翡翠设计的原则

玉雕师拿到一块翡翠原石后，首先要考虑以下问题：这块石头适合做什么，如何才能最大限度地体现翡翠的美，怎样利用原料来体现这块翡翠的最大价值。这一构思过程就是翡翠的设计过程，在雕琢过程中，还需要根据原料的变化不断调整设计方案。这就是翡翠设计的原则：最大限度地发挥翡翠的优势，消除或回避材料的缺陷（杂质或裂纹），最大限度地体现其价值，要将翡翠最美的一面展示给消费者，包括颜色美、造型美、材质美和工艺美。所以，翡翠设计的核心问题还是做到料尽其用，体现翡翠的最大价值。

第二节

翡翠设计的技巧

如前所述，翡翠之美包括颜色美、造型美、材质美和工艺美，翡翠设计的目的就是要最大限度地展示翡翠之美。以下我们围绕如何展示翡翠之美来探讨翡翠的设计技巧。

一、翡翠的颜色与设计

谈到翡翠的颜色，我们首先会想到绿色。的确，世界上几乎没有宝石有翡翠那样艳丽、丰富的绿色。绿色的翡翠充满活力，生机盎然。殊不知，翡翠颜色多样，很多色调、色彩都可能出现在翡翠中。对于一般的消费者来说，他们关注的颜色可能包括绿色、紫色及红（褐红、黄红）色，而玉雕师们几乎关注所有的颜色。

绿色是生命之色，红色是喜庆之色，而紫色是祥瑞之色。消费者对绿色和红色的偏爱较好理解，而紫色为祥瑞之色则有一番来历。汉代人刘向在《列仙传》中写道："老子西游，关令尹喜望见有紫气浮关，而老子果乘青牛而过也。""紫气东来"这个成语就出于此。顾名思义，"紫气东来"就是紫气自东而来，比喻祥瑞降临。正是由于它的美好寓意，所以在中国民间，每年的春节时，家家户户都喜欢把它作为春联的横批。

翡翠设计中对颜色的处理是非常重要的。设计师总是选择合适的题材将翡翠最好的颜色展示出来，它展示的不仅是翡翠的颜色之美，更是翡翠的价值。图 4－2 为翡翠手镯，一段颜色不偏不倚正好设计在手镯的表面，如果这一段颜色偏向一侧或靠近内圈，则手镯的价值就会大大降低。图 4－3 是一块由冰种翡翠原料雕琢而成的布袋佛，仅边缘有一点颜色，为了留住这点颜色，设计师巧妙地将其设计成一个布袋。有了这点颜色，作品不仅更加生动，而且身价大增，这就是设计带来的价值。

图 4－2　翡翠手镯

图 4－3　冰种布袋佛

翡翠设计师对颜色处理的另一个内容是对颜色的改善。如图 4－4 所示，一片小小的树叶却充满设计师的智慧。这块翡翠的原料绿色浓度过大以至于自然光下呈暗绿色，只有将其设计成小树叶，减小厚度才能使成品呈浓艳但不发暗的绿色。相反，图 4－5 为紫色翡翠，如果设计得太薄，紫色就会非常淡，在颜色上就会失去其特有的魅力，只有做成较厚的成品，才能展现出漂亮的紫色。

图 4－4　翡翠树叶

图 4－5　紫色翡翠玉璧

所以，翡翠设计对展示翡翠漂亮的颜色是十分重要的，合适的题材和巧妙的颜色设计会使翡翠的颜色之美发挥得淋漓尽致。同时，通过厚薄的变化可以改变翡翠颜色的深、浅、浓、淡程度。

在翡翠的颜色应用上最能反映设计水平的是翡翠的俏色设计。俏色也称为巧色，顾名思义就是通过匠心独运的设计，巧妙地利用翡翠的颜色，创造出举世无双的作品。图4-6是一块带不规则脉状、斑点状绿色，底色呈灰白色的翡翠原料，材料本身并无特别之处，但由于设计师的巧妙构思，将其设计成一个翡翠西瓜，运用独特的颜色分布使西瓜栩栩如生，颜色仿佛浑然天成。

图4-6 翡翠西瓜

在中国近代玉雕史上，不乏以独到的设计而举世无双的玉雕作品。素有玉雕"怪杰"之称的北京市玉器厂工艺美术大师王树森老先生是从事俏色作品创作的典型代表人物。他一生创作的作品无数，最有影响力的当数号称"四大国宝"的翡翠雕件，《岱岳奇观》(图4-7)便是其中之一。

正面

背面

图4-7 《岱岳奇观》

《岱岳奇观》是以东岳泰山的主要景观为题材雕琢而成的摆件，高80cm，原石重368kg。作品中前山突出了泰山十八盘、玉皇顶、云步桥等名胜奇景；后山突出了乱石沟、避尘桥、天柱峰等孤岭陡崖。前后两面构思完美，琢制技艺精绝。翡翠的颜色浑然天成，正面为鲜绿色和白色，背面为暗绿色，右上角有一块红翡，大师巧妙地将红翡设计成从东侧悬崖上冉冉升起的一轮红日。正面艳阳高照，绿树葱葱，掩映着座座亭台楼阁，间或有走动奔跑的奇珍异兽和翱翔飞舞的仙鹤，它们似乎在迎接那呼唤万物复苏的日出。背面林荫环抱，沟壑纵横。

翡翠上大面积的宝贵绿色和自然的白色，以及悬崖上的褐红色都安排得十分巧妙，自然景观与艺术设计有机地融合在一起，更显示出这座名山的雄伟气魄。

对于颜色不佳的翡翠，通过设计，选择合适的题材，可变废为宝。图4-8的原料是一小块很不起眼的翡翠，一边无色且布满裂纹，另一边是不受欢迎的墨绿色。个头小且有瑕疵，应该说这是一块典型的不成材的料。但经过设计师匠心独运的设计，将其雕琢成一只刚从企鹅蛋中孵出的小企鹅，墨绿色的羽毛、破碎的蛋壳，再加上经磨砂工艺处理的朦胧的眼神，整个作品栩栩如生。一块近乎毫无价值的翡翠原料在设计师手中就变成了一件充满生命气息且能吸引人眼球的俏色把玩作品。

图4-9是玉雕大师杨树明的作品——《风雪夜归人》。据说这是杨大师100元块钱买来的一块翡翠原料，颜色为昏暗的油青色，底色很脏，内部密密麻麻地长满石花。一般设计师的做法，是将石花挖掉，做镂空作品。可是，昏暗的颜色和白色的石花让杨大师想到了风雪交加的傍晚。唐代诗人刘长卿的诗句"日暮苍山远，天寒白屋贫。柴门闻犬吠，风雪夜归人。"浮现在脑海中。有了完美的构思后，杨大师立刻动手雕琢。作品描绘了一个风雪交加的黄昏，一位头戴斗笠、身披蓑衣的老者匆匆走上归途。元素、题材、雕工完美地融入意境中，使这块价值很低的原料身价大增。据说这件作品的价值已达360万元。从100元到360万元，这就是设计的价值。

图4-8　破壳而出的企鹅

图4-9　《风雪夜归人》

翡翠的颜色有正色、杂色、深色、浅色之分。在翡翠设计中用适当的方法对它们进行处理，可体现翡翠的颜色美。

二、翡翠原石的形状与设计

翡翠的设计讲究因料施工、因材施艺，以便使翡翠原料得到最大限度的利用，从而体现出翡翠原料的最大价值。这里，我们仅讨论对翡翠原料的设计。

翡翠设计师拿到一块原料后，首先要考虑它适合做什么、怎么做、做多少等。这是由翡翠原料的形状、颜色特征决定的（当然还要考虑裂纹的发育情况）。多数情况下，形状、大小适合的原料，一定会首先考虑能否加工成手镯（图4－10），因为手镯被认为是玉器中之“大器”。只有那种十分完美的翡翠原料才能用来加工手镯，边角余料再考虑加工成玉扣、戒面、花件等其他产品。满色而又无裂纹的小块原料一定会优先加工成戒面、玉扣等素面的成品，因为在这类饰品上是不允许有裂纹的。只有那些裂纹发育的材料才用来雕琢花件。当然，对原料的分析一定要仔细，若将一块原料加工成手镯后，才发现其中有裂纹，加工的手镯就是废品，造成的经济损失是无法弥补的。

图4－10　适合加工成手镯的翡翠原料

翡翠设计中在考虑原料的形状时，一个总体原则就是“随形就势”，即根据翡翠原料的形状选择题材，使原料得到最大限度的利用。实际上，上面提到的《岱岳奇观》同样体现了“随形就势”的设计原则，选择以泰山为题材除了考虑颜色因素外，也考虑了原料的形状因素。我们在市场上常常会看到椭圆形手镯，也称贵妃镯，它实际上也是受原料的限制。如原料在某一个方向上长度不够，加工成圆形手镯尺寸可能太小，若加工成其他产品，价值又不如手镯高，所以可将其设计成椭圆形手镯。因此，在市场上贵妃镯虽然较少，但其价格比同等质量、同等圈口的圆形手镯要低。

三、翡翠的裂绺与设计

天然产出的翡翠常常有很多缺陷，如原料中明显的裂纹或反差较大的杂质（行内统称为裂绺），它们的存在可能会影响翡翠的造型或对翡翠的外观造成影响。翡翠设计的任务之一就是要通过独到的艺术设计，回避或消除这些缺陷，使翡翠成品的造型完美。图4－11是一尊雕工精细、造型生动的翡翠观音，观音菩萨的头部微微右倾，仿佛失去了传统佛像端庄的形象，殊不知这正是回避裂绺的绝妙佳作。在设计之初这块材料确实是被设计成传统的端庄的观音形象，但出坯后发现材料内部有一条暗裂，如果按照原来的设计方案进行雕琢，暗裂正好在观音菩萨的脸上，这将会严重破坏整体效果。为了回避这一缺陷，设计师临时更改方案，将观世音的头部稍稍右转，避免了裂纹出现在脸部，并在裂纹出露的部位巧妙地设计一发饰将其掩盖起来（图 4－11 右）。一点小小的变化，在外行人看来并无特别之处，却体现了设计师的智慧和创意性思维。

图 4－11　回避裂纹示例

翡翠原料中的缺陷主要是裂纹和杂质、杂色等。当然，设计师可以发挥想象力，将带杂色的原料设计成俏色作品。但多数缺陷还是要去除或将其隐藏起来的。行业内有一种说法叫“挖脏避绺”或“挖脏躲绺”，说的就是处理翡翠缺陷的方法。还有“无绺不雕花”的说法，是指在翡翠雕件中凡是雕花的地方，都可能有缺陷。所谓“大器不琢”，是指完美无瑕的玉器不用过度雕刻。这一点我们也将在后面的章节中具体讨论。

第三节

翡翠设计的题材

中国人与玉器结下了不解之缘，对于中国人来说，玉不单是名贵的饰物，更有独特的文化寓意。古代皇帝的玉玺以玉做成，代表了权力、地位，而普通百姓佩戴的玉器必定包含了人们的某种心理寄托，也蕴含着更多的文化内涵。人们不仅通过翡翠本身也通过翡翠雕琢的题材来表达这种心理寄托或文化内涵。写文章时，有一句话是“标题善，佳作成一半”。同样道理，玉器是否能成为一件成功的作品，是否能体现出翡翠的最大价值，与选择的题材有很大的关系。

一、素身的翡翠饰品

所谓素身的翡翠饰品是指只经过简单的加工而不在其表面进行任何雕琢的一类饰品。这类题材包括手镯、玉扣、心形坠、蛋面等。

1. 手镯

手镯是翡翠首饰中最珍贵的，最自然简约的饰物，也是翡翠设计的首选题材，寓意平安。传统观念里，戴上玉镯可保平安。传统的翡翠手镯外形是圆形的(图4-12左)，镯梗一般也是圆形的。现代的手镯可以是圆形的，也可以是椭圆形的，镯梗一般是扁平的，这种设计可能与节省用料有关。同时，镯梗扁平的手镯的好处也是显而易见的，看起来比圆梗手镯大气，且更加贴近肉体，佩戴起来也比较舒适。图4-12中，两只手镯都是色种俱佳的高档翡翠手镯。手镯的用料十分讲究。设计时要尽量回避裂纹和杂质，如果颜色不均匀，还要将最好的颜色放在手镯外侧最显眼的位置。

图4-12 翡翠手镯

2. 玉扣

玉扣与古代玉璧的式样相似。外观为一圆形，中间有一圆形小孔，有人也称之为玉璧或怀古。类似形状的玉器在古代按中孔与外壁尺寸的比例分为玉璧、玉瑗和玉环。《尔雅·释器》云："肉倍好谓之璧，好倍肉谓之瑗，肉好若一谓之环"。肉，即玉璧之边；好，即玉璧之孔。三者之间的区别现在已经淡化了。玉璧在古代的主要功能是作为礼器，用来祭天地、祖先和祀鬼神。商周时期，玉璧已被广泛使用，其形制逐渐规整，表面平整且装饰有各种纹饰，而现代的玉扣一般为素面(即表面不加以任何装饰纹，图4-13右)，在形制上也没有了过去那么严格的规定。由内孔向外缘截面呈弧面，以弧面自然、饱满为佳。饱满象征富贵，圆形象征无边无际、八方逢源(谐音"圆")，是受消费者欢迎的一类题材。

3. 心形坠

心形坠(又可称为鸡心佩)为心形素面佩饰。鸡心玉佩是汉代常见的一种佩饰。苗岭山

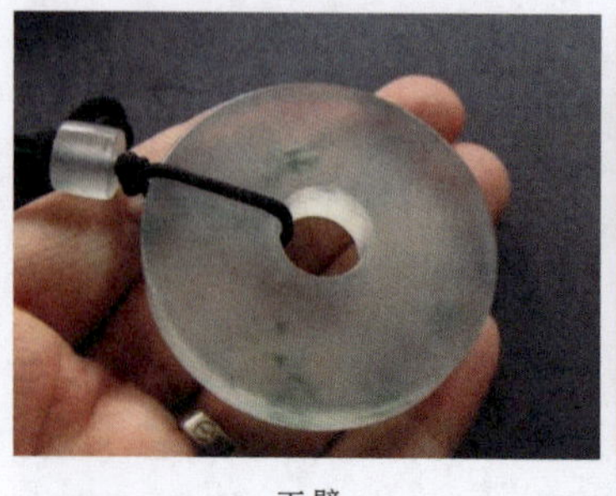
玉璧

玉瑗

玉扣

图 4-13　翡翠玉璧、玉瑗、玉扣

区的苗族，有“分鸡心”的习俗。每逢佳节，主人便把客人请到家。吃饭时，家长或同族中最有威望的老人就会把鸡心或鸭心夹给客人。但客人不能独自享用，必须与在座的老人同享，这样说明你是靠得住的朋友。无疑，用心形玉佩作为礼品，是向对方表明，我们是知心朋友。男女青年互送鸡心玉佩，就说明已把“心”交给对方了。心形坠讲究外形规整、饱满，对称性好(图 4-14)，是工艺要求较为严格的一类饰品。

4. 蛋面

蛋面为弧面型，有多种用途，可以镶嵌起来作各种首饰。蛋面的造型也很丰富，常见的有圆形、椭圆形、心形、水滴形、马眼形、马鞍形等。图 4-15 是由若干个椭圆形蛋面镶嵌而成的首饰套装。蛋面的用料、造型都十分讲究，对颜色也有特别的要求。一般来说，没有明显缺陷且颜色较均匀的小翡翠原料都会设计加工成戒面。戒面也是翡翠饰品价格评估中最难掌握的一类。

图 4-14　翡翠心形坠

图 4-15　翡翠套装首饰

二、护身类的翡翠饰品

消费者佩戴翡翠饰品大多有辟邪、护身的心理寄托，翡翠首饰也大都被赋予辟邪、护身的功能。这里所说的护身类首饰是指带有宗教色彩的、被消费者用来作护身符的翡翠饰品，包括十二生肖、观音、佛像及其他神像。

1. 十二生肖

生肖是中华民族特有的一种文化。关于生肖的来历有很多传说，但总的来说是按子、丑、寅、卯、辰、巳、午、未、申、酉、戌、亥十二地支对应地选择了鼠、牛、虎、兔、龙、蛇、马、羊、猴、鸡、狗、猪十二种兽类作十二属相。每年使用一种动物作为相应的属相。有些人会佩戴相应属相的玉佩作为自己的护身符。十二生肖一般用比较低档的翡翠原料加工而成，如图 4－16 所示。只有少数生肖如龙、马等可能用中高档材料加工。

图 4－16　十二生肖

2. 观音

观音菩萨也称观世音菩萨，是佛教的菩萨之一。对观音菩萨与观世音菩萨的不同称谓，有两种说法：一是全称说，认为观音菩萨是观世音菩萨的简称；二是避讳说，因唐人避“世”字讳，便去掉“世”略称为“观音菩萨”了，也可简称为观音。现代翡翠雕件中常见的有合掌观音、坐莲观音、送子观音等（图 4－17 为一手捧宝瓶的坐莲观音）。他相貌端庄慈祥，常手持净瓶杨柳。人们常用观音作护身符。

3. 佛像

佛像是除观音菩萨之外的另一种具宗教色彩的护身类题材。常见的佛像有弥勒佛、达摩、释迦牟尼等，有立式和坐式两种，以坐式居多。其中笑口常开、大肚能容的弥勒佛最受欢迎，如图 4－18 所示。

图 4－17　坐莲观音

图 4－18　弥勒佛

4. 其他神像

其他神像包括福星、禄星和寿星等。

三、寓意吉祥的翡翠饰品

花件的形态千变万化，题材广及天地万物，不同的题材表达不同的含义。传统的玉器大多雕刻为花鸟鱼虫兽、山水、人物。在对玉器命名时，人们将一些花草树木、神话传说中的人物、动物进行组合，通过谐音表达美好的祝福和愿望。中华民族几千年文化沉淀出的美好传说、典故，为玉器的雕琢提供了丰富的题材。如用松、柏、石、桃、龟等表示长寿，用蝙蝠、佛手等表示多福，用喜鹊、蜘蛛表示喜事降临，用龙、凤、麒麟象征祥瑞，牡丹象征富贵，灵芝象征如意，枣和栗子寓意早生贵子，灵芝与兰花组合称为君子之交……总之，翡翠花件可选用图案、文字、谐音、寓意等各种方式表达自己的愿望、追求、寄托、希望和向往。下面介绍一些常见的题材。

(1)福至心灵(图 4－19)：常为蝙蝠、寿桃、灵芝。桃为寿而其形似心，借灵芝之“灵”字，表示福气的到来。这种题材的另一种寓意为“福寿如意”。

(2)福在眼前：蝙蝠与一枚古钱。古钱是孔方外圆(现多为圆孔)，以“孔”为“眼”，“钱”与“前”同音。亦称“眼前是福”，多用于圆雕动物件及玉牌子(图 4－20)。

(3)福禄寿喜：蝙蝠、鹿、桃和“喜”字。有诗云：福海深深量无边，禄在口中醉如仙，寿达南山不老松，喜在今朝乐淘天。以蝙蝠之“蝠”寓意幸福之“福”，借“鹿”寓意“禄”，寿桃或寿

图 4-19 福至心灵的表现形式

图 4-20 福在眼前的表现形式

带鸟寓意“寿”，加之“喜”字，表示对幸福、财富、长寿和喜庆之向往（图 4-21）。也可将红、绿、紫、白四种颜色的翡翠饰品称为福禄寿喜。

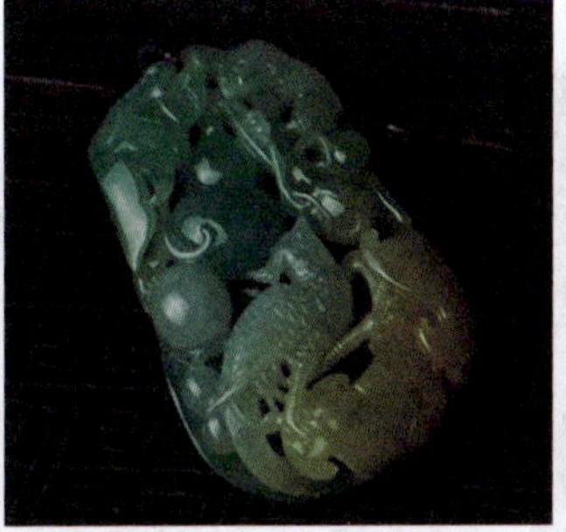

图 4-21 福禄寿喜的表现形式

（4）五福捧寿：所谓五福即五种福运。《尚书·洪范》对五福的解释为“一曰寿，二曰富，三曰康宁，四曰攸好德，五曰考终命”。此图案还可表述为“五福临门”，通常以五只蝙蝠围绕一个“寿”字，组成圆形或方形图案。“蝠”与“福”谐音，其与“寿”字组合，含有“富贵”“长寿”之寓意(图 4-22)。

(5)福寿如意：多以蝙蝠、佛手、桃子、动物(兽)及如意等构成吉祥图案(图 4-23)，亦有以“寿”字代“桃”者，以“灵芝”代“如意”者。“蝠”“佛”均与“福”字谐音；“桃”亦称“寿桃”，象征长寿，合在一起寓意为“福寿如意”。

(6)福从天降：图案以蝙蝠、祥云等纹样构成(图 4-24)，寓意福运临门，也有的称之为“流云百福”。

图 4-22　五福捧寿

图 4-23　福寿如意

图 4-24　福从天降

(7)天官赐福：亦称“受天福禄”。农历正月十五为上元节，民间传说是天官降临，赐福人间，因此将之用作装饰图案，通常由天官和展翅飞翔的蝙蝠构成(图 4-25)，借“蝠”寓“福”。还可以为天官手持字轴的纹样，上书“天官赐福”四字。该题材广泛应用于民间器物、饰品、雕塑及年画。

(8)福禄相连：鹿被视为古代之瑞兽，有“千年为苍鹿，又五百年为白鹿，再五百年化为玄鹿”之说。“鹿”与“禄”谐音，寓意为“官禄”“俸禄”及“禄位”等。“鹿”与“蝙蝠”组成图案(图 4-26)，即谓“福禄相连”。

(9)福寿三多：常为谐音“福寿”的佛手瓜和多子的石榴组成的图案(图 4-27)，或为一只蝙蝠、一个寿桃、一个石榴或莲子等，石榴取其子多之意，莲子乃连生贵子之意。福寿三多即“多子多福多寿”。

图 4-25　天官赐福

图 4-26　福禄相连

图 4-27　福寿三多

(10)福寿双全：福寿双全的表现形式有很多，可以佛手瓜的佛手谐音“福寿”，也可为一只蝙蝠、一个寿桃，还可为蝙蝠与寿星或小动物的组合(图 4-28)。这些图案都代表古代人们祈求幸福、富有和长寿。若图案为几枚寿桃及数只蝙蝠，则寓意“多福多寿”。

(11)福禄寿：福星、禄星和寿星称为三星，图案为三位老神仙，寓意为“三星高照”，象征着幸福、富有和长寿。也可以是一个老寿星、一只鹿、一只蝙蝠的组合，还可由一个葫芦和一个动物组成，“葫芦”谐音“福禄”，动物是兽，谐音“寿”，合称“福禄寿”(图 4-29)，或者是葫芦与寿桃的组合。红色、绿色、紫色的组合也可代表福禄寿。

(12)寿比南山：常用山水松树或海水青山表现(图 4-30)，意为“福如东海长流水，寿比南山不老松”。此语常见于对联。这一图案亦称“寿山福海”，也可用寿星、寿桃来表现。

图 4-28 福寿双全

图 4-29 福禄寿

图 4-30 寿比南山

(13)鹤寿延年：也称“松鹤延年”。唐代诗人王建有诗云：“桃花百叶不成春，鹤寿千年也未神”。松树为不畏严寒、四季常青之树。传说中仙鹤为千岁之禽，常翩跹起舞。“松”“鹤”寓意吉祥长寿。亦称“松鹤同春”“松鹤长春”“鹤寿松龄”，画面由青松、仙鹤构成，如图 4-31 所示。

(14)鹤鹿回春：鹤、鹿与松树。古人称鹿为“仙兽”，神话故事中有寿星骑梅花鹿。“鹿”与“禄”“陆”同音，“鹤”与“合”谐音，故有“六合”同春之意(六合指天、地、东、西、南、北)，亦有富贵长寿之意，如图 4-32 所示。

(15)如意结：如意结是中国传统结艺在翡翠饰品中的运用。以“结”谐音“吉”，取其无穷无尽、生生不息、万事吉祥之意，如图 4-33 所示。

图 4-31 鹤寿延年

图 4-32 鹤鹿回春

图 4-33 如意结

(16)二龙戏珠:两条龙、一颗龙珠。龙珠被认为是一种宝珠,可避水火(图4-34)。二龙戏珠也有“群龙戏珠”“云龙捧寿”的说法,都是表示吉祥安泰和平安长寿之意。

(17)喜上眉梢:两只喜鹊站立在梅花枝头(图4-35)。古人认为鹊能报喜,故称喜鹊,两只喜鹊即“双喜”之意。“梅”与“眉”同音,借喜鹊立在梅花枝头,寓意“喜上眉梢”“双喜临门”“喜报春先”。若图案为一喜鹊一豹子,则被称为“报喜图”。

(18)欢喜图:两獾嬉戏,也可作“合欢”(图4-36)。若图案为一只獾和一只喜鹊,可被称为“欢天喜地”。

图4-34 二龙戏珠

图4-35 喜上眉梢

图4-36 欢喜图

(19)喜报三元:古代科举制度中乡试、会试、殿试的第一名分别为解元、会元、状元,合称“三元”,“三元”是古代文人梦寐以求的。喜鹊是报喜之吉鸟,以三桂圆或三元宝寓意“三元”(图4-37)。此外还有“三元及第”“连中三元”之意。

(20)富甲一方:如图4-38所示,图案为一豆荚,豆被称为“富贵豆”。豆荚中有三粒豆米也可被称为“连中三元”。此外,富甲一方还可以用甲壳虫、蜗牛等带有硬壳的动物来表现。

(21)长命富贵:雄鸡引颈长鸣,牡丹花一枝。雄鸡长鸣之“长鸣”谐音“长命”,牡丹乃富贵之花,比喻富贵(图4-39)。还可有“长命百岁”的文字图案,雄鸡引颈长鸣,旁有禾穗若干。这些图案一般在明清玉牌子上多见。

图4-37 喜报三元

图4-38 富甲一方

图4-39 长命富贵

(22)岁岁平安:以麦穗、玉米穗中的“穗”谐音“岁”,以“瓶”谐音“平”,再取鹌鹑的“鹌”谐音“安”,借以表示平安吉祥的良好愿望。图4-40是以玉米穗和鹌鹑代表“岁岁平安”。还可以在瓶子中插几支麦穗来表达这一含义。

(23)平安如意:可以“瓶”谐音“平”,以鹌鹑的“鹌”谐音“安”,再加一灵芝代表如意,合称“平安如意”。图4-41直接以瓶和如意表示“平安如意”。

(24)年年有余:“鲇”与“年”同音、“鱼”与“余”同音,表示年年有节余,生活富余。图案可为两条鲇鱼首尾相连、童子持莲抱鲇鱼、莲叶和鱼组合在一起。也可以直接是莲花、莲蓬和鱼组成的图案,代表“年年有余”(图4-42)。图案为一磬一鱼、一磬双鱼或一童子击磬一童子持鱼者,皆代表“吉庆有余”。一妇人手提鱼者,被称为“富贵有余”。

图4-40　岁岁平安

图4-41　平安如意

图4-42　年年有余

(25)一路平安:用鹭鸶或鹿、瓶、鹌鹑等元素(图4-43)。以“鹭”或“鹿”谐音“路”,“瓶”谐音“平”、“鹌鹑”寓“安”,有旅途安顺之意。

(26)事事如意:用柿子、如意等元素。“柿”与“事”同音,加上如意,寓意“事事如意”“百事如意”“万事如意”(图4-44)。

(27)龙凤呈祥:龙是中华民族的象征之一,有关龙的传说很多。凤也是人们心中的祥瑞之鸟,所以龙凤组合是祥瑞的象征(图4-45)。

图4-43　一路平安

图4-44　事事如意

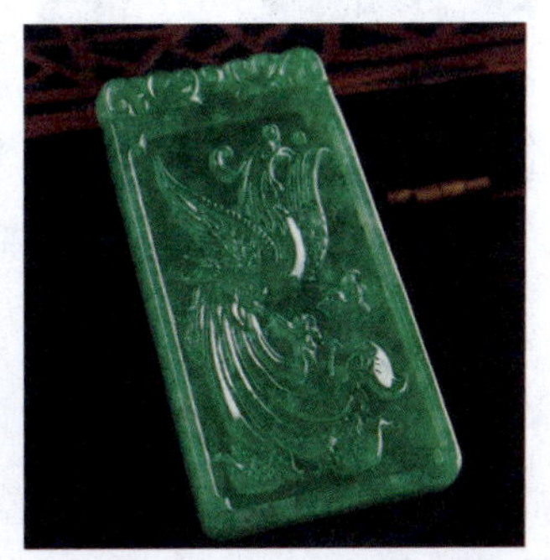

图4-45　龙凤呈祥

(28)诸事遂心:几个柿子、桃或如意(图4-46)。几个柿子寓意“诸事”,桃形如心,表示诸多事情都称心如意。

(29)岁寒三友:松、竹、梅。松、竹,经冬不凋;梅,不惧风雪严寒。松、竹、梅被人们称为岁寒三友(图 4-47),象征着高风亮节。此外,梅花与喜鹊的组合被称为喜上眉(梅)梢(图 4-48)。竹节意为节节高、步步高升(图 4-49)。竹笋更有蒸蒸日上、如日中天的含义。

图 4-46 诸事遂心

图 4-47 岁寒三友

图 4-48 喜上眉梢

(30)八仙过海:八个仙人手持宝器过海(图 4-50)。古代神话传说中的八仙,即铁拐李、汉钟离、张果老、何仙姑、吕洞宾、蓝采和、韩湘子、曹国舅。八仙庆寿、八仙过海的故事流传最广。据说,八仙在庆贺王母娘娘寿辰归途中经过东海,各用自己的法宝护身,相继过海,各显神通。

(31)玉堂富贵:玉兰花、海棠花、牡丹花三种花的组合。海棠花的"棠"与"堂"同音,再加上牡丹花的富贵之意,寓意为玉堂富贵(图 4-51)。

图 4-49 节节高

图 4-50 八仙过海

图 4-51 玉堂富贵

四、其他题材

(1)玉玺:玉玺专指皇帝的玉印,是至高权力的象征。古代玉玺,通常由和田玉制成,在现代市场中用翡翠制作玉玺也很普遍,如图 4-52 所示。

(2)麒麟:麒麟是古代传说中的动物,古人称之为"仁兽",其状如鹿,独角,全身鳞甲,尾像牛(图 4－53),多作为吉祥的象征。因麒麟是瑞兽,又用来比喻杰出之人,麒麟送子、麒吐玉书皆有杰出人才降生的寓意。

(3)貔貅:貔貅是中国古代神话传说中的一种猛兽。相传貔貅是一种凶猛瑞兽,在天上负责巡视工作,阻止妖魔鬼怪、瘟疫疾病扰乱天庭。只因貔貅触犯天条,玉皇大帝罚他只以四面八方之财为食,吞万物而不泻,只进不出,神通特异。后来貔貅就被视为招财进宝的祥兽了,很多中国人佩戴貔貅的玉制品也正因如此。貔貅有雄性和雌性,雄性为“貔”,雌性为“貅”。在古代这种瑞兽是分一角或两角的,一角貔貅称为“天禄”,两角貔貅称为“辟邪”,现在貔貅造型多以单角为主(图 4－54)。

图 4－52　玉玺　　图 4－53　麒麟　　图 4－54　貔貅

在翡翠首饰的设计中,设计的图案或题材大多“图必有意、意必吉祥”,以上的组合只是其中的代表。从中我们也可以看出,这些题材的选择及表达的含义都是在中国传统玉文化的基础上发展起来的,对于玉文化的传承具有重要意义,但这种千篇一律的风格缺少创新,这是现代翡翠首饰设计的不足。翡翠艺术要保持旺盛的生命力,必须从设计上加以创新,造型应简单,注意传统与现代艺术的结合,展现独特的个性与时代的潮流,这是当代首饰设计发展的趋势。翡翠首饰的设计如果不与现代首饰潮流结合起来,就会落后于时尚。

第五章 翡翠的优化处理及肉眼识别

天然宝玉石集稀少、美丽、耐久于一身，长久以来深受人们的喜爱。世界范围内人们对优质天然宝玉石的需求增长幅度较大，然而，优质的天然宝玉石产量却越来越少，造成了宝玉石市场供不应求、价格上涨。解决这一供求矛盾比较有效的途径就是对某些存在缺陷的、质量较差的天然宝玉石进行优化处理。这项工作不仅可以大大增加优质天然宝玉石的产量，而且可以使质量较差的宝玉石增值，产生较高的经济效益。

优化处理是指除切磨和抛光以外，用于改善宝玉石外观(颜色、净度或特殊光学效应)、耐久性或可用性的所有方法。人们通过各种人工处理手段，弥补天然宝玉石的不足和缺陷，使其更完美，更接近天然的优质品，从而提高宝玉石的实用价值和经济价值。优化处理分为优化和处理两类。优化是指传统的、被人们广泛接受的、使珠宝玉石潜在的美显示出来的优化处理方法，常见方法有热处理、漂白、浸蜡、浸无色油、染色(玉髓、玛瑙类)等。用这类方法改善的宝玉石可直接使用其宝石学名称且在鉴定证书中可不附注说明。处理则是指非传统的、尚不被人们接受的优化处理方法，如充填、染色、覆膜、辐照、扩散、高温高压处理等。对于翡翠来说，属于优化类型的工艺有上蜡以及热处理，经过优化处理的翡翠等同于天然翡翠；属于处理类型的工艺有漂白充填处理、染色处理、拼合处理和覆膜处理等。

翡翠诱人的利润和一般买家识别翡翠能力有限等原因，导致翡翠的处理十分猖獗，早期仅限于染色翡翠(即所谓的C货翡翠)和以假充真，稍有经验的买家尚能识别。但是，20世纪以来，随着科学技术的飞速发展，翡翠优化处理方法也越来越多，识别也越来越困难，尤其是20世纪80年代出现的漂白充填处理翡翠，即所谓的B货翡翠(图5-1)，给翡翠行业带来了巨大的恐慌，不论是消费者还是经销商，都会谈“B”色变，因为在市场上，有时很难通过肉眼把天然翡翠(俗称A货翡翠)与B货翡翠区分开。翡翠商家在进货时一旦将B货以A货的价格买入，损失可能是无法估量的。我们并不是说B货翡翠就不能进入市场，问题是B货翡翠与同等外观的A货翡翠价格相差数

图5-1　漂白充填处理翡翠(B货翡翠)

倍至数百倍。一旦不法商人以“B”充“A”，而在市场上又没有有效的识别手段的情况下，将会给翡翠经销商以及消费者造成巨大的打击，这种打击不仅是经济的损失，更是信心的打击。珠宝玉石鉴定的国家标准实施以后，各地质量监督部门加大了对市场的监督力度，翡翠市场以假充真的现象得到了有效的抑制，但不法商人以“B”充“A”的现象仍时有发生。

何为翡翠的A货、B货、C货？简单地说，A货翡翠就是天然产出的未经任何优化处理的翡翠。B货翡翠也是天然产出的翡翠，但质地较差，常有灰色、黄色、褐色等底色，经强酸浸泡后，底色变得很干净，结构变得非常疏松，再以树脂胶进行充填固结。经过漂白充填处理后，B货翡翠的外观(颜色、透明度等)会有很大的变化。C货翡翠是对无色或浅色的天然翡翠进行染色处理。一般认为，B货翡翠饰品佩戴一段时间后会发黄、出现微裂，C货翡翠饰品在几个月之内就会褪色。

早期的B货翡翠做工粗糙，相对来说比较容易识别，经过十多年的发展，欺骗性越来越强，有些手法甚至可以骗过专家的眼睛。主要是因为：充填的胶的质量越来越好；有些B货翡翠处理得较轻，还保持着诸如A货翡翠特有的翠性、石花等，粗略看上去似未经处理；还有一些以前不能做成B货的材料也被漂白充填处理。甚至有少数翡翠饰品仅局部进行了漂白充填处理，稍不留心，就容易上当受骗。

当然，在实验室里，区分优化处理翡翠已经不是一件困难的事情了。运用现代测试技术，如利用红外光谱仪可以快速确定翡翠是否为B货，但问题是翡翠经营者采购时，在不具备任何测试条件的情况下如何避免上当受骗呢？为了有效地解决这一问题，使翡翠经营者在采购时尽可能不上当或少上当，我们在强调积累市场经验的基础上，具体介绍一下在不借助任何仪器或仅有10×放大镜的情况下识别翡翠优化处理品的基本方法。

第一节 翡翠的染色处理及鉴别

染色处理就是将原来无色或浅色的翡翠进行染色，使翡翠呈现不同浓度的绿色、紫色、灰绿色和褐红色等，以仿冒品质更好的翡翠。染色的翡翠也称为C货翡翠，用于染色的翡翠要有一定的孔隙，也就是颗粒较粗者比较适合进行染色处理。

一、染色翡翠的处理工艺

染色的方法有很多，但基本上大同小异。选料时，并不是所有的翡翠都适合染色，结构过于致密的翡翠，由于颗粒间的孔隙度小，染料不易进入颗粒间的孔隙，不适合染色。要挑选结构疏松、孔隙度大的翡翠作为原料。将原料切磨成半成品后，用稀酸洗去表面的油污及杂质，再经清洗、干燥后放入准备好的染料(如氨基染料、铬酸盐等)溶液中，辅以一定温度的加热以加快染料溶液进入翡翠中的速度。翡翠在染料中一般要浸泡一至数周，浸泡的时间视翡翠的大小和质地而定，将浸泡染色后的翡翠再进行烘干，染料便沉淀在翡翠颗粒间的孔隙中，使翡翠产生颜色。染色的翡翠还需要上蜡，上蜡一方面使染料不易再被水溶解，另一方面是为了增加透明度、掩盖裂隙及提高翡翠的光泽。

染色翡翠的耐久性较差。因为着色剂没有进入晶格，而是存在于翡翠颗粒之间的孔隙中。染色翡翠受光线的长期照射、酸碱溶液的侵蚀，受热，在空气中发生氧化作用时，原本鲜艳的颜色会褪去，甚至变为无色。

二、染色翡翠的识别特征

染色翡翠通常具有以下特征。

1. 颜色

染色翡翠的颜色通常比较鲜艳，颜色分布往往比较均匀，在同一块翡翠上色调基本一致，没有变化。早期翡翠主要被染成鲜艳的绿色、紫色来冒充高品质翡翠。近年来染色翡翠的色调和种类已经有了很大的改进，比如翡翠会被染成黄绿色、蓝绿色、灰绿色、褐红色、浅紫色等颜色，与天然翡翠的颜色更为接近。

2. 放大检查

利用10×放大镜或显微镜观察染色翡翠的颜色分布特征，由于染料是沿着翡翠颗粒间的孔隙或裂隙进入到翡翠内部的，因此可以观察到染色的颜色呈丝网状分布（图5-2），也可以用树根状来形容这种颜色分布特征，即染料的分布犹如从大的树根生出小的树根，再从小的树根生出更细的树根一样。而天然的原生色翡翠的裂隙和颗粒间的微孔隙都是没有颜色的。染色翡翠的表面也常可以见到表面网纹，这种现象主要与C货翡翠原料一般为孔隙度大的翡翠材料有关。

图5-2　染色翡翠的颜色呈丝网状分布

3. 吸收光谱

染绿色翡翠的呈色机理与天然绿色翡翠的呈色机理完全不同。天然绿色翡翠是由于硬玉含铬，含铬硬玉对可见光产生特征的吸收线，与绿色染料对可见光的吸收特征完全不同。在分光镜下观察，染绿色翡翠在红光区常出现一条较宽的强吸收带（图5-3），而天然绿色翡翠则是在红光区有三条阶梯状的吸收谱带（图5-4），绿色越浓艳，谱带就越清晰。

4. 查尔斯滤色镜下特征

早期的染绿色翡翠在查尔斯滤色镜下常常会呈橙红色调。但是现在很多染绿色翡翠在查尔斯滤色镜下不变色，主要是因为染色剂种类不同。染绿色翡翠在查尔斯滤色镜下的反应不同，既可以无变化也可以变红。可以这样归纳，在查尔斯滤色镜下变红的绿色翡翠一定

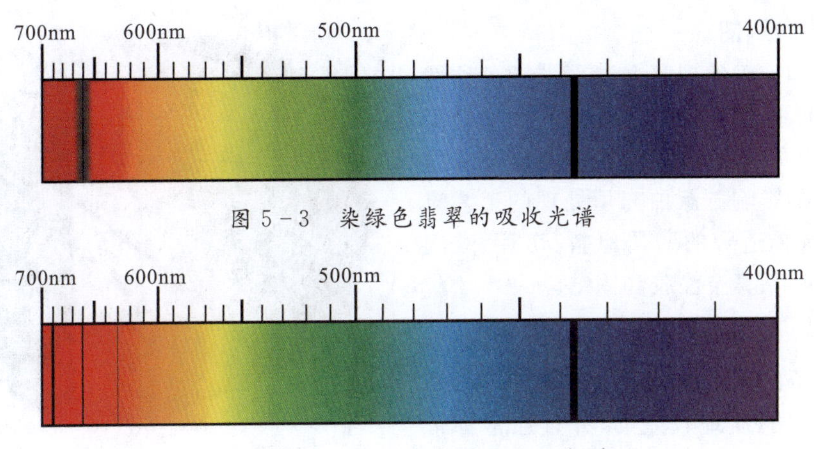

图 5-3　染绿色翡翠的吸收光谱

图 5-4　天然绿色翡翠的吸收光谱

是染色处理的翡翠，但是在查尔斯滤色镜下不变色的不一定就是天然的绿色翡翠。

5. 紫外荧光

大多数染绿色翡翠的紫外荧光与天然翡翠相似，没有明显的荧光，但是也可以有弱的蓝白色荧光，这种荧光可能是由最后的上蜡工序中带入的蜡引起的。近年来市场上出现了很多红光区没有强吸收带的染绿色翡翠，但是，这类翡翠具有很强的紫外荧光。因此，可以认为，翡翠的有色部分发出反常的强荧光，可以作为染色的标志。对于染紫色翡翠来讲，大多数染紫色翡翠有粉红色荧光，而天然的紫色翡翠没有荧光或因含蜡而发微弱的蓝白色荧光，当荧光较弱，不易分辨时，这只能作为指示性的特征。

第二节 翡翠的漂白充填处理及鉴别

20 世纪 80 年代，一种新型的处理翡翠出现在香港市场上，行家称之为“冲凉货”，即洗过澡的意思，后来称之为“B 货”。这种处理方法是先用各种强酸浸泡翡翠，除去翡翠颗粒间的孔隙中的氧化物和胶体等充填物，再用树脂胶充填并进行固结，从而有效地改善地脏、质差翡翠的透明度、颜色和质地。

一、翡翠的漂白充填处理工艺

漂白充填处理翡翠在行业里面被称为 B 货翡翠。漂白充填是最常见的处理方法。翡翠颗粒间的孔隙中常因存在一些含 Fe、Mn 的氧化物和杂质，从而产生了黄、灰、褐色等杂色调，影响了翡翠的美观程度，降低了翡翠的价值。漂白充填处理的主要目的是除去翡翠中的黄、灰、褐色调使绿色更为鲜艳，同时去除翡翠颗粒间的孔隙中的不透明杂质，提高透明度并掩盖翡翠的裂隙(图 5－5)。

左为翡翠处理前，中为翡翠酸洗后，右为翡翠充胶后。
图 5－5　漂白充填处理翡翠

为了更加准确地理解 B 货翡翠的各种性质和特征，我们有必要先了解一下处理的工艺流程、主要处理环节所起的作用以及对翡翠成品产生的影响。漂白充填处理的工艺流程大致为：选择适合的翡翠原料、切片、酸洗漂白、清洗烘干、真空注胶和固结。

1. 选料

B 货翡翠的原料一般都是结构松散、晶粒粗大、不透明、质地较差的，并且通常都带有明显的黄褐色、灰黑色等次生色，这些次生色严重影响了绿色翡翠的外观。如我们所说的八三玉，被认为是最理想的 B 货翡翠的原料。现在用来漂白充填处理的翡翠原料已经发展到多种类型，比如豆种、花青种等(图 5－6)。

2. 切片

为了使后期的酸洗和充填更为充分和快速，要把大块的翡翠原料根据需要切割成一定厚度的玉片或玉环(图 5－7)。最早的 B 货翡翠是直接对切磨好的成品进行处理的，现在由于漂白充填处理规模的扩大，工艺更规范，用成品进行处理的情况已经很少见了。

图 5－6　选料

图 5－7　切片

3. 酸洗漂白和碱洗增隙

酸洗漂白是制作 B 货翡翠最为重要的环节之一，用各种强酸(如盐酸、硫酸等)浸泡选好的原料，一般要浸泡 2～3 周，也可以稍微加热以加快酸洗的过程(图 5－8)。在浸泡的过程中要频繁更换溶液，酸洗的目的主要是除去黄褐色和灰黑色等杂色(图 5－9)。

翡翠在酸洗过程中，因风化作用等充填在翡翠裂隙、矿物颗粒之间的各种氧化物和杂质会与酸发生化学反应生成可溶性物质，例如铁的氧化物与盐酸反应可以生成氯化铁($FeCl_3$)被溶液带走，起到了除去杂色的作用。裂隙越大，酸性溶液越容易沿着裂缝渗入，酸洗作用

图 5-8 泡酸

图 5-9 酸洗前(左)后(右)的翡翠

也就越强。同时,翡翠中的硬玉颗粒表面上的氧化层也会遭到溶蚀,从而削弱了硬玉颗粒之间的结合力。

强酸除了可以与含铁的氧化物发生反应,还可以与部分硅酸盐发生反应,如翡翠中的钠长石($Na[AlSi_3O_8]$)与硝酸(HNO_3)反应会生成可溶于酸的硝酸钠($NaNO_3$)、硝酸铝($Al[NO_3]_3$)以及不易溶解于酸而沉淀在硬玉颗粒孔隙中的 SiO_2。

酸洗虽然除去了翡翠原料中氧化物类的杂质,但是孔隙度还不够大,不利于后期树脂胶的充填,为此我们要把酸洗漂白过的原料清洗、干燥后再用碱性溶液加热浸泡。碱性溶液对翡翠中的硅酸盐有一定的腐蚀作用,可以溶蚀钠长石与酸反应的产物 SiO_2,SiO_2 可以与 NaOH 发生反应生成 Na_2SiO_3,从而达到溶解 SiO_2 增大孔隙的效果。

碱性溶液浸泡还有另一个目的就是中和酸洗过程中残留的酸。

4. 烘干

将泡酸、泡碱后的翡翠原料用水冲洗数天,再置于烘箱中烘干。烘干后的翡翠往往呈石头渣状,内部具有较大的孔隙,质地很差(图 5-10),有的用手指就能捏碎,完全不能作为玉石原料使用。

5. 抽真空、注胶

漂白处理后翡翠的裂隙和孔隙增多,致密度下降,机械强度和透明度都很差,这个时候必须用树脂胶充填孔隙来提高它的稳定性、耐久性和美观度。常用的树脂胶有聚苯乙烯、邻苯二甲酸和苯氧树脂等,要求是无色透明或是淡绿色透明,流动性好,固结后有较大强度的树脂胶。

主要做法是把经过漂白烘干的原料放在密封的容器中抽真空,达到一定的真空度后,在容器中灌入足够多的树脂胶使翡翠原料完全浸没在树脂胶中,然后施以一定的压力,把胶强行地灌入翡翠的内部(图 5-11),使所有孔隙都充填完全。

6. 固结

经过一段时间的充填,在胶还没有完全固结之前,把翡翠原料从黏稠的呈半固结状态的

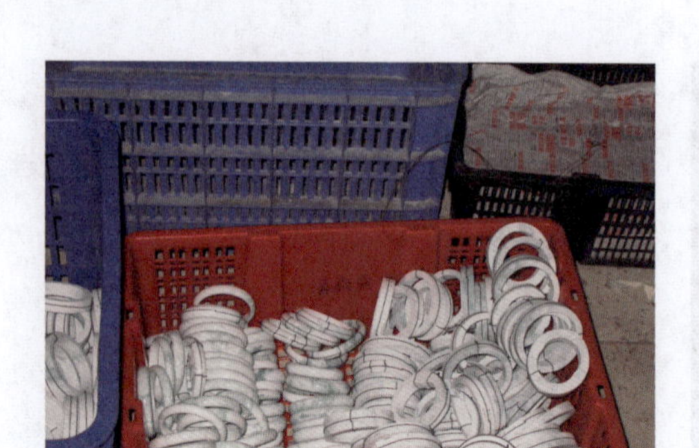

图 5-10 泡酸及泡碱后的翡翠手镯毛坯

图 5-11 处理翡翠的真空加压注胶设备

胶中取出，放入烤箱烘烤，从而使胶体完全固化。B 货翡翠处理前后效果如图 5-12 所示。翡翠处理完成后就可以进行后续的切割、打磨和抛光了，最后就变成我们在市场上看到的种水、颜色俱佳的 B 货翡翠了(图 5-13)。

处理前的翡翠明显带有灰褐色调(左)；酸洗漂白后底色变白、透明度变差(中)；充胶后翡翠透明度明显提高、绿色鲜纯，灰褐色消失(右)。

图 5-12 B 货翡翠处理前后效果比较

透明度好，底色干净，绿色部分无黄、褐色调干扰。

图 5-13 B 货翡翠饰品

二、B 货翡翠的肉眼识别

通过了解 B 货翡翠的制作工艺及过程，我们会发现，翡翠的漂白充填处理实际上是利用酸浸泡，破坏翡翠原料的结构并去除杂质，然后再进行充填的过程。这个处理的过程也为 B 货翡翠的识别提供了依据。因此，应先掌握不同类型的 A 货翡翠的特征，再结合 B 货翡翠处理过程中结构破坏后留下的痕迹，寻找 B 货翡翠的鉴定特征。我们可以将 B 货翡翠最典型的特征归纳为以下几个方面。

1. 结构

粒状结构是翡翠非常重要的鉴定特征。处理后的B货翡翠，晶粒之间充满了透明度高的树脂胶，光线的透射能力增强了，所以在观察B货翡翠的内部结构时，会发现晶粒之间的边界模糊不清。粒度粗的B货翡翠与天然翡翠的差异非常明显。用手电筒照射天然翡翠时，光的传播明显受到硬玉的粒间边界或微裂隙的阻挡，翡翠中的粒状结构非常清晰，而同样粒度的B货翡翠则看不到清晰的晶粒边界（图5-14）。

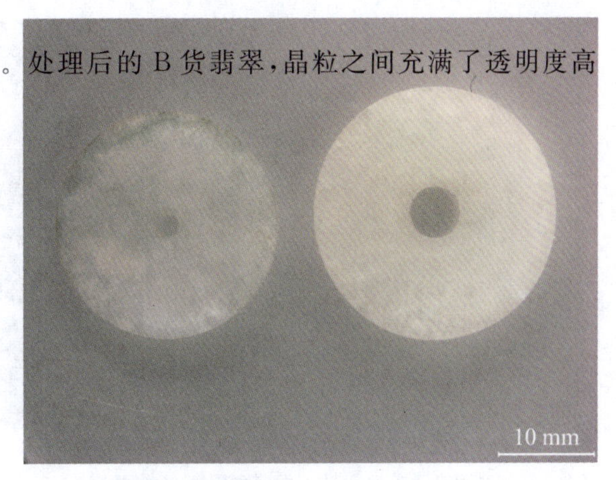

A货翡翠内组成矿物的晶粒之间含有胶结物、次生矿物，晶粒边界呈灰白色、灰黄色（左）；B货翡翠由于晶粒之间胶结物、次生矿物都被酸洗掉了，又充填了透明度高的树脂胶，增强了光线的透射能力，晶粒之间的边界模糊不清，颗粒界线模糊（右）。

图5-14 A货翡翠与B货翡翠的颗粒界线对比

2. 光泽

抛光精良的A货翡翠显示特征的玻璃光泽，而B货翡翠由于低折射率树脂胶的加入，光泽变差而显示蜡状光泽、油脂光泽，也就是很多行家所说的B货翡翠具有的“油脂感”。当然，随着近年来翡翠抛光工艺的改进、选用抛光材料的不同以及树脂胶质量的提高，光泽的强弱已经不能作为某些B货翡翠的识别特征了，但对一些低档翡翠，由于加工工艺的粗糙，仍然可以从光泽的强弱上加以识别。

3. 底色和杂质

A货翡翠或多或少都会含有杂质，如石花，黑色矿物包体，灰、黄、褐色次生色等，特别是在微裂隙中总可以见到各种杂质。漂白充填处理后，翡翠中所含的氧化物和其他易溶的杂质被溶解，黄色等被清除（图5-15）。但翡翠中黑癣即角闪石类矿物仍会存在，主要是因为角闪石性质稳定不易被酸碱溶蚀。

仔细观察翡翠的白色部分，如果是B货则特别白，没有杂色，没有灰、黄、褐色调；仔细观察B货翡翠绿色的部分，也可以发现绿色显得特别纯净，没有灰、黄、褐色底色（图5-16）。观察这一特征时，一定要用白光透射，如对着窗外或者对着日光灯观察。值得注意的是，市场上也有少量酸洗不彻底和用带有黄色调树脂胶充填的B货翡翠，在这些B货翡翠上看不出这一特征。虽然很具有迷惑性，但结合B货翡翠的其他鉴定特征也可以对它们进行识别。

4. 表面特征

翡翠的表面特征是识别B货翡翠的重要依据。

1)酸蚀网纹

酸蚀网纹是因为充填在B货翡翠矿物颗粒间孔隙内的树脂胶硬度较低，在切磨抛光时，低硬度的胶容易被抛磨，形成下凹的沟槽，它们沿着颗粒边界分布，形态上很像干裂土壤的网状裂纹，故又称为龟裂纹（图5-17）。

在10×放大镜下观察B货翡翠时，可以看到B货翡翠表面围绕着每一个矿物颗粒形成

A货翡翠底色明显带有褐黄色调(右),裂隙中有次生的褐黄色杂质矿物;B货翡翠底色干净,无褐黄底色(左)。

图5-15　A货翡翠与B货翡翠的底色对比(1)

A货翡翠底色带有弱黄色调(右);B货翡翠白色部分底色干净,无黄色调,绿色部分很纯净,无黄色调干扰(左)。

图5-16　A货翡翠与B货翡翠的底色对比(2)

的连通的细线状的网纹。如果翡翠被酸洗得过于彻底,或者胶结得不够理想,抛光表面还会出现大量的砂眼(即表面没有被抛光的细小的凹坑,见图5-18),这些砂眼是处理后矿物颗粒之间的结合力被破坏,在切磨和抛光的机械作用下矿物颗粒脱落造成的。

图5-17　B货翡翠表面的酸蚀网纹

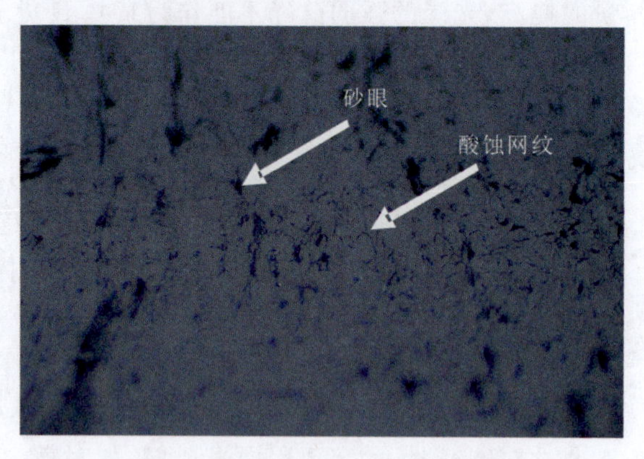

图5-18　B货翡翠表面的砂眼和酸蚀网纹

那么,是不是在所有的B货翡翠表面都很容易看到酸蚀网纹呢?答案是否定的。酸蚀网纹的特征主要与下列几个因素有关。

(1)翡翠的粒度。组成翡翠的矿物颗粒越粗大,酸蚀网纹往往也越明显,粗—中粒结构的B货翡翠的网纹在肉眼和10×放大镜下很容易观察到,而微细粒结构的则必须要在放大倍数更高的宝石显微镜下才能观察到。

(2)翡翠的酸洗溶蚀程度。翡翠被处理得越彻底,充填的树脂胶越多,酸蚀网纹就越清楚,反之则不太清楚。

(3)抛光工艺。用毛毡软盘抛光或者振动抛光机抛光的B货翡翠,酸蚀网纹比较明显;

而用改进的钻石粉抛光工艺加工的B货翡翠，则酸蚀网纹不太明显，甚至观察不到。

(4)酸蚀网纹必须在抛光程度好的部位上观察，抛光不好的表面上，磨痕、砂眼、凹坑、颗粒界线等与酸蚀网纹类似的现象太多，没有经验时很难区分它们。尤其是粗粒、抛光质量较差的天然翡翠，表面常有由颗粒间隙大、裂隙、砂眼等造成的表面粒间网纹(图5-19)，它和酸蚀网纹非常类似(图5-20)，一定要会区分。这类天然翡翠虽然表面会出现类似酸蚀网纹的粒间网纹，但是观察其底色，大部分都具有脏底，且透光观察，颗粒边界都特别清晰(图5-21)，而B货翡翠则底色干净，并且透光观察，颗粒边界模糊不清(图5-22)。

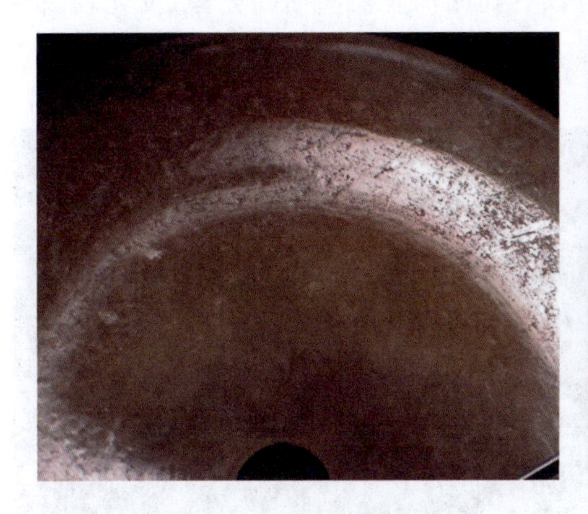

图5-19 粗粒、抛光质量较差的A货翡翠表面的粒间网纹

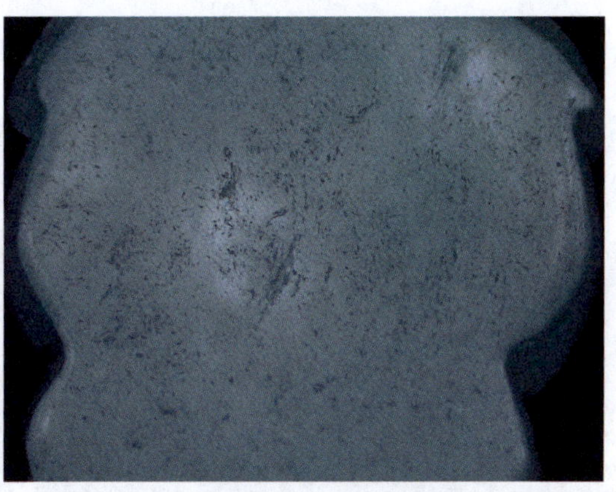

图5-20 B货翡翠表面的酸蚀网纹和细小砂眼

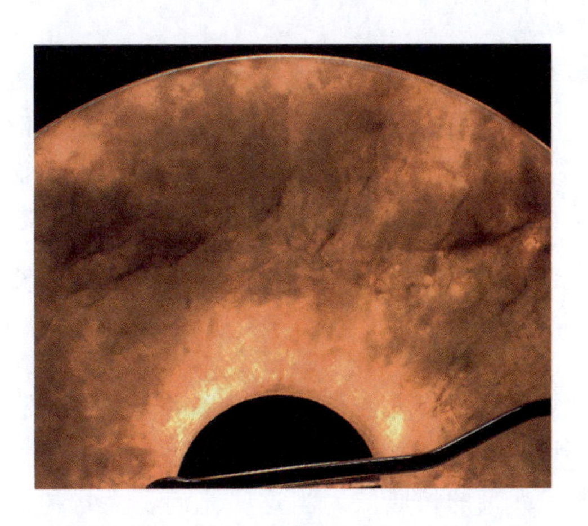

图5-21 粗粒、抛光质量较差的A货翡翠颗粒边界清晰并可见明显的杂色调

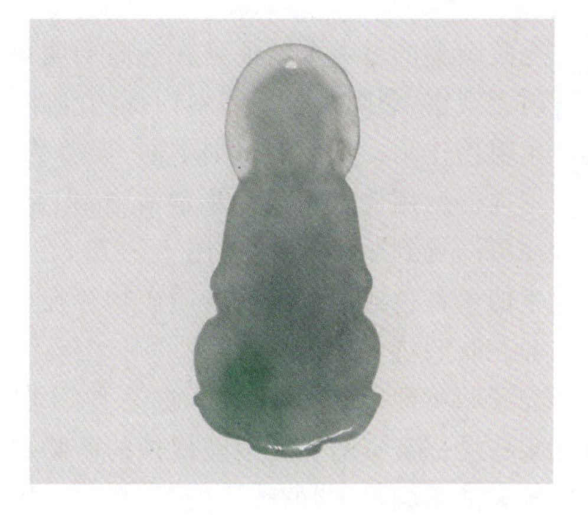

图5-22 B货翡翠颗粒边界不清晰，底色无褐色、黄色等杂色调

(5)酸蚀网纹与翡翠表面的橘皮效应不同。橘皮效应是由翡翠中硬玉颗粒的差异硬度引起的，柱面平行表面的颗粒在抛光过程中会形成下凹的抛光面，周围其他方向排列的颗粒抛光后会形成略凸起的抛光面，凹面与凸面之间是光滑过渡的斜坡。而B货翡翠的酸蚀网

纹则是沿着颗粒边界形成的下凹的小缝隙，缺少光滑过渡的斜坡。值得注意的是，B 货翡翠表面也会有橘皮效应，所以橘皮效应不能作为鉴别 A 货翡翠和 B 货翡翠的证据。

2）充胶裂隙

翡翠中的裂隙是最容易观察到酸洗特征和充填胶体的部位，如果翡翠表面有裂隙存在，应该对其进行重点观察，查找处理证据。

B 货翡翠中较大的裂隙内会充填有较多胶，由于树脂胶与翡翠本身的硬度差异较大，经抛光后会在原生的裂隙处呈现较明显的凹沟，凹沟里面的树脂胶充填物明显低于两边（图 5－23、图 5－24），在反射光下通过放大镜可以看到凹沟表面呈油脂光泽（反光较翡翠弱）（图 5－24）。

图 5－23　B 货翡翠表面的充胶小裂隙

图 5－24　B 货翡翠表面明显的充胶裂隙

充胶裂隙的另一个特征是在表面明明可以看到非常清晰的开放性裂隙（图 5－25），但是用透射光观察，裂隙延伸到翡翠内部的裂隙面却不明显（图 5－26），也不会在光线通过时对其产生阻挡作用。天然翡翠则不同，天然的愈合裂隙正好与充胶裂隙特征相反，愈合裂隙面在翡翠内部运用透射光观察非常清晰，但是在表面却没有痕迹；对于天然翡翠的开放裂隙，在表面可以见到明显的裂缝（图 5－27），在内部也可以清晰地看到裂隙面，裂隙中还经常会有次生的褐黄色或灰黑色的杂质矿物存在（图 5－28）。

3）充胶凹坑

充胶凹坑即充胶的溶蚀坑，也是 B 货翡翠的典型特征。充胶凹坑主要是由于翡翠中含有在某些局部富集的易受酸碱侵蚀的矿物，如铬铁矿、云母、钠长石等，在处理过程中被溶蚀形成较大的空洞，后续的充填处理使空洞中填满了大量的树脂胶。当这些充满了大量树脂胶的空洞被切磨到翡翠表面时，由于树脂胶的硬度比翡翠组成矿物的硬度低很多，在抛光工序中就容易被剥蚀，形成比较深的凹坑（图 5－29）。

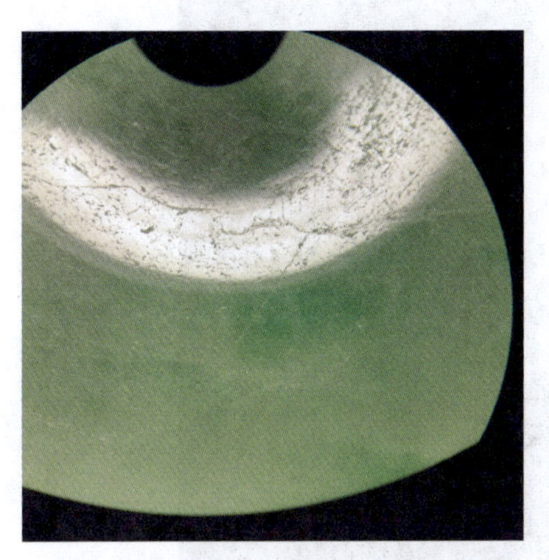

图 5－25　B 货翡翠表面明显的充胶小裂隙

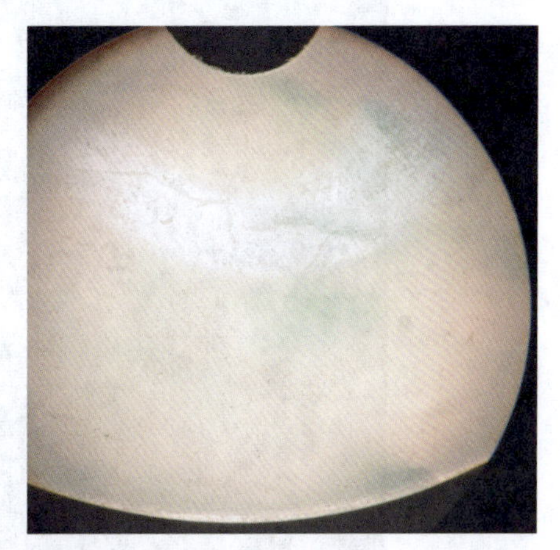

图 5－26　透射光下看不到内部有裂隙

图 5－27　A 货翡翠表面明显的开放裂隙

图 5－28　延伸至内部的裂隙（裂隙中可见明显的次生褐黄色杂质矿物）

充胶凹坑的外观与翡翠的橘皮效应有些类似，但是只要稍加注意，很容易将两者区分开来。两者的主要识别特征是充胶凹坑具有几何形态的规则的边缘，凹坑内为油脂光泽。橘皮效应也是下凹的凹坑，但其下凹的程度比充胶凹坑更浅，凹坑内的光泽为玻璃光泽，与周围没有下凹的部分光泽一致，而充胶凹坑的下凹程度更深且凹坑内的光泽比凹坑外部的光泽弱很多，多为油脂光泽。

5. 荧光特征

天然翡翠很少有紫外荧光，只是部分白色的翡翠可能在长波紫外线下出现微弱的白色或黄色荧光。而 B 货翡翠一般都有弱到强的蓝白色荧光，荧光分布均匀或呈斑杂状。B 货翡翠荧光的强弱及分布状态与充填的树脂胶的种类和数量有关，早期的 B 货翡翠都有很强

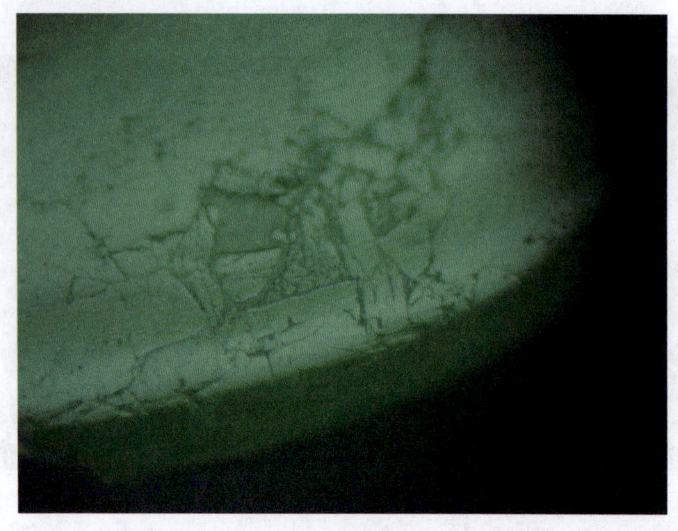

图 5-29　B 货翡翠表面的充胶凹坑

的黄绿色或蓝白色荧光，但近期的 B 货翡翠通常荧光较弱或无荧光。所以在市场上利用紫外荧光鉴别是否为 B 货翡翠时，一定要格外当心，紫外荧光也只能作为辅助性的鉴定方法。

第三节

翡翠的漂白染色充填处理及鉴别

翡翠的漂白染色充填处理常简称为 B+C 处理，也就是翡翠同时经过了漂白充填和染色处理，行业内我们称这种翡翠为 B+C 货翡翠(图 5-30)，它们大约于 20 世纪 90 年代中期开始出现在市场上。染色的颜色种类非常多，早期最常见的是染绿色，随着市场需求的变化，目前市场上出现了很多染成油青色、褐黄色、紫色等颜色的 B+C 货翡翠。

图 5-30　漂白染色充填处理翡翠手镯

一、翡翠的漂白染色充填处理工艺

B+C货翡翠的处理方法比单纯的染色处理效果要好且效率更高，主要的处理方法有两种：一种是在漂白充填处理过程中往充填的树脂胶里加入绿色染料，充胶时随胶将颜色带入，这种B+C货翡翠的底色变为淡绿色；另一种是在B货处理泡酸过程后的坯料表面用毛笔涂上颜色（图5-31），可以根据需要涂成多种不同的颜色，也可以在浅绿色翡翠上加色使颜色更明显，然后再进行后续的充胶处理，充胶时颜色会被带入到翡翠内部，这样制成的B+C货翡翠颜色分布自然（图5-32），更具有欺骗性，同时由于颜色被封闭在树脂胶中，更不易褪色，延长了B+C货翡翠的使用寿命。

图5-31　经过局部表面涂色的B+C货翡翠手镯毛坯

经过局部染色充胶后的手镯毛坯（左），酸洗漂白后局部涂色的手镯毛坯（中），抛光好的漂白染色充胶手镯（右）。

图5-32　B+C货翡翠手镯毛坯及成品

二、B+C货翡翠的肉眼识别

B+C货翡翠除了具有典型的B货翡翠的鉴定特征外，同时也具有C货翡翠的鉴定特征，一般情况下是比较容易鉴别的。以绿色B+C货翡翠为例，它除了具有B货翡翠处理的识别特征外，如底色干净，颗粒边界不清晰，表面可见酸蚀网纹、充胶裂隙、充胶凹坑等，在颜色分布上具有的主要识别特征如下。

1. 丝瓜瓤状结构

翡翠经过酸洗漂白以后，组成翡翠的矿物颗粒之间会形成比较大的孔隙，染料进入后便会沉淀在这些矿物颗粒的表面上，形成三维的网状结构，类似干枯的丝瓜瓤（图5-33），我们也把它称为丝瓜瓤状结构。这一特征要借助侧光或透射光

图5-33　B+C货翡翠的丝瓜瓤状结构

进行观察。

2. 颜色呈细丝状分布

由于染料只能附着在翡翠组成矿物颗粒的表面，并且染料附着的厚度很薄，所以在垂直于染料薄层的方向上观察，颜色是呈细丝状分布的。有时，染料也会渗入翡翠内硬玉颗粒的解理缝隙中，形成平行的彩色细丝(图 5－34)。

图 5－34　B＋C 货翡翠中的绿色呈细丝状分布

3. 色带边界模糊

为了模仿天然翡翠中绿色不均匀的形态，经常把绿色 B＋C 货翡翠颜色染成不均匀状，但是绿色 B＋C 货翡翠的绿色色斑边界比较模糊(图 5－35)，就像“漂浮”在翡翠表面一样，与周围无色的翡翠没有清晰的边界，绿色没有色根，而天然绿色翡翠的色形通常为脉状(有色根)(图 5－36)、团块状、均匀状等，与绿色 B＋C 货翡翠完全不同。

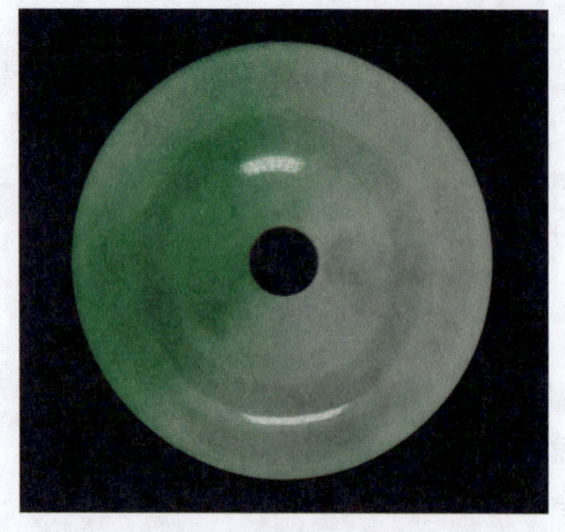

图 5－35　B＋C 货翡翠的绿色色带边界模糊，绿色像“漂浮”在翡翠表面

图 5－36　A 货翡翠的绿色色带边界清晰

总的来说，B+C货翡翠是比较容易识别的，通常可以根据经验进行判断。但是对于在树脂胶中加入颜色并随着充胶工序着色的B+C货翡翠，整个底色变为淡绿色，翡翠原有的颜色也会加深，这种翡翠具有B货翡翠的特征，但染色特征并不明显，对于颜色的鉴别可能会有一定的难度，但是既然已经识别出B货翡翠的特征了，判断加色与否也就没有实质意义了。而在表面涂色的B+C货翡翠虽然具有欺骗性，但肉眼很容易识别，它的颜色没有色根，颜色像“漂浮”在翡翠表面，仔细观察，颜色的色形是丝状或丝瓜瓤状，与天然翡翠的色形完全不同，细心观察同样很容易识别。

三、如何看待B货、C货翡翠

其实，造假处理并不是翡翠行业的专利。名画有赝品，古玉有仿品。有些名画的赝品连画家本人也难辨真伪，是收藏家心头永远的痛。之所以有B货和C货翡翠，应该说都是绿色惹的祸。颜色是大自然赋予翡翠的精华，是翡翠之魂，也是翡翠价值之所在。尽管一些B货、C货翡翠的颜色看上去比一些A货翡翠的颜色还要艳丽（图5-37），但是人工注入的绿和大自然赋予的绿在人文意蕴和审美上是不可比拟的。很多人一掷千金去购买翡翠，追求的就是自然之绿。附加在翡翠上的人工之绿，注定是没有生命力的。

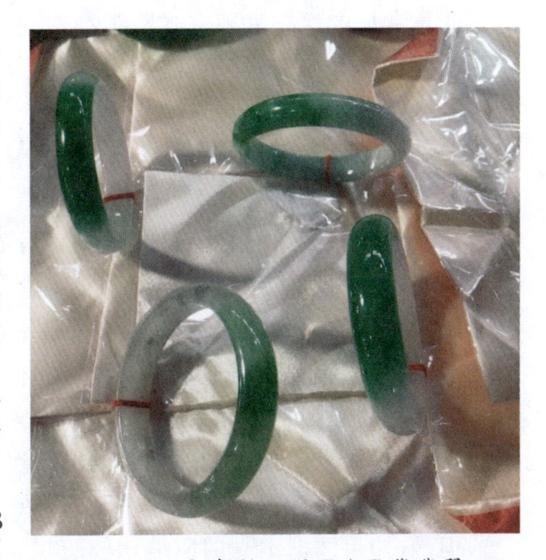

图5-37 颜色艳丽的B+C货翡翠

对于一个专门经营A货翡翠的玉商来说，B货、C货翡翠是令人深恶痛绝的，它们是造成玉器市场混乱的主要根源。B货翡翠外观要比同等价格的A货翡翠漂亮得多，外观相似的A货、B货翡翠之间价格相差数十倍甚至数百倍，A货翡翠与B+C货翡翠之间的价格更是可相差数万倍。正因为如此，再加上消费者对翡翠价值的理解和识别能力有限，一些不法玉商为赚取暴利以B货、C货充A货，让消费者深受其害，动摇了消费者购买翡翠的信心，也损害了翡翠经营者的形象。

客观地说，B货、C货翡翠并非毫无价值，从充分利用天然翡翠资源的角度来看，也不失为一件好事。如果不经过漂白充填处理，某些翡翠根本就没有什么美感可言，只会被人们视为无用的石头而被抛弃。经过漂白充填或染色处理后，翡翠外观变得漂亮了，价格也不是很高，为满足一般消费者的装饰需求提供了可行性。但问题是，B货、C货翡翠只能用于装饰，不能用于收藏，更没有升值潜力，B货翡翠美丽的外观最多只能维持几年的时间，而C货翡翠几个月之后便会褪色。不法玉商或为了盲目迎合消费者追求便宜的心理，或为了赚取暴利，对自己经营的处理翡翠不予明示或以B货充A货，欺骗顾客，使消费者深受其害，这种做法严重影响了翡翠市场的健康发展，我们必须坚决杜绝这种对市场、对顾客不负责任的经营方式。

所以，B货、C货翡翠并不是人人喊打的过街老鼠，经营者只要将自己经营的货品标注清楚，B货、C货翡翠也可以同A货翡翠一样出现在玉器市场上。经营不同类型产品的玉商按照自己目标市场的需要寻找相应的货品，不同的产品满足不同类型消费者的需求，只有这样，翡翠市场才能和谐、健康地发展。

第四节 翡翠的其他优化处理

翡翠常见的优化处理方式除了漂白充填、染色、漂白染色充填之外，还有其他的一些优化处理方式，如上蜡与注蜡、热处理、覆膜处理以及拼合处理等。

一、上蜡与注蜡

翡翠上蜡与注蜡的主要目的是掩盖翡翠的裂纹及增加翡翠的透明度。

上蜡是把翡翠成品放在熔化的液体蜡中，保持一段时间，使液体的蜡沿着翡翠表面上的微孔隙或裂隙渗入。在上蜡工艺中，如果翡翠本身的质地比较致密，渗入的蜡则仅附着在翡翠的表层，可以起到增强翡翠表面光泽和稍微改善透明度的作用。

上蜡是翡翠加工过程中常见的工序，轻微的上蜡处理不影响翡翠的结构和稳定性，属于优化，也就是说上蜡处理的翡翠等同于天然翡翠，在珠宝质检站出具的翡翠鉴定证书的中是不用备注说明的。

但是，如果翡翠本身的质地比较疏松，则会导致较多的蜡充填到翡翠的内部，蜡会随着时间的推移，发生老化产生白花，导致翡翠的透明度变差，这种蜡的充填工艺我们也通常称之为浸蜡处理或注蜡处理，根据国家标准《珠宝玉石　名称》(GB/T 16552—2017)中翡翠优化处理定名的相关规定，这种注蜡翡翠也定名为翡翠，但考虑到注蜡翡翠具有异常的荧光以及蜡的充填量较多，在质检站出具的翡翠鉴定证书的备注栏中会给予适当说明。

注蜡处理的翡翠原料多为“新厂玉”或“八三玉”翡翠，这种翡翠的特点是颜色多为浅色系，明度较低，质地较粗，结构疏松，颗粒间隙大，透明度以微透明—不透明为主，微裂隙较发育，并常有黄褐色、灰黑色等杂色相伴，净度多为较纯净—不纯净。注蜡后的翡翠与未注蜡的翡翠相比，主体颜色并未得到改善，杂色也没有减少，但其较粗的结构却得到明显的“改善”，样品中的微裂隙被掩盖，不易观察到内部硬玉颗粒解理面的反光，并且其透明度也有一定程度的提高。注蜡处理翡翠的结构并没有遭到破坏，结晶颗粒也没有遭到侵蚀，因此注蜡翡翠的颗粒边界依旧清晰，但是，由于所注入的蜡在紫外荧光灯长、短波下均具有强的蓝白色荧光，注蜡翡翠在长波下也具有中等强度的蓝白色荧光，有时也会出现较强的蓝白色荧光(图5-38)；在短波下则具有中—弱的蓝白色荧光。而天然翡翠的荧光通常比较微弱，一般呈黄色或白色荧光。另外，在实验室中，通过红外光谱也可以对注蜡或浸蜡的翡翠进行有效的识别，注蜡翡翠在$2925cm^{-1}$、$2854cm^{-1}$的位置具有特征的强吸收峰。

左一、左二为注蜡翡翠，在长波下呈中—强的蓝白色荧光，右一为天然翡翠，在长波下荧光非常微弱。

图 5－38　注蜡翡翠与天然翡翠的紫外荧光对比

二、热处理

翡翠的热处理也就是行业上通常所说的焗色处理，主要的处理对象是黄色、棕黄色、褐黄色等色调的翡翠。即对此类翡翠样品进行加热，使其颜色变成橙红色到红色（图 5－39），这类处理方法归属于优化。

图 5－39　烧红翡翠

具体的处理方法为：先将挑选好的块度相近的灰黄色或褐黄色的翡翠清洗干净后放在预先铺有干净细砂的铁板上，再将铁板放置在火炉上，也可以用恒温烤箱，缓慢加热，要保证样品均匀受热，加热的温度一般在 200℃左右。一边加热一边观察翡翠颜色的变化，当翡翠的颜色转变为猪肝色时，就停止加热，并开始缓慢降温冷却，冷却后翡翠就呈现出红色。加热的时间一般为几十分钟至一小时。为获得较鲜艳的颜色，可以进一步将已加热变成红色的翡翠浸泡在漂白水中数小时，以增加翡翠红色的艳丽程度。

热处理的原理其实很简单，主要是翡翠中的杂质矿物褐铁矿经加热后，脱水造成的。即翡翠的黄色、棕黄色、褐黄色色调主要是由充填在翡翠里的硬玉颗粒孔隙中次生的含水氧化物褐铁矿（$Fe_2O_3 \cdot nH_2O$）造成的，加热后，含水的褐铁矿会脱水，形成红色的赤铁矿（Fe_2O_3），所以经过加热处理，翡翠转变成为了红色。实际上，天然的红色翡翠也是由赤铁矿造成的，与热处理翡翠形成红色的过程一样，只不过在自然条件下，褐铁矿的脱水过程非常缓慢。

由于在加热处理过程中，没有人为地添加染色剂，而且热处理形成的红色翡翠与天然红色翡翠的呈色机理基本相同，同时它也具有与天然红色翡翠同样的耐久性，所以热处理被看作是一种优化方法，是被行业接受的一种处理工艺。天然与热处理红色翡翠的差异较小，鉴别比较困难，主要的肉眼识别特征有：热处理后的翡翠一般颜色较红，黄色调及褐色调比较弱，且颜色比较单一（图 5-40）。另外，热处理后的红色翡翠通常透明度比较差，具有较多的细小裂隙，经常有"干"的感觉，而天然的红色翡翠透明度通常较好，常为半透明或者更好（图 5-41）。

图 5-40　热处理红色翡翠

图 5-41　天然红色翡翠

经过热处理的翡翠，其基本特征与天然翡翠基本相同，常规方法不易鉴别，当然，一般也不需要特意鉴别，因为热处理本就属于优化，在翡翠鉴定证书中是不需要标注的，等同于天然翡翠。在价值上，除非透明度差异较大，否则天然和热处理红色翡翠的价格差不多，均为中低档翡翠。

三、覆膜处理

覆膜处理翡翠又称为涂膜处理或"穿衣"翡翠（图 5-42），即在无色或浅色的天然翡翠表面涂上一层绿色有机膜，其主要目的是改变翡翠的颜色，用来模仿高档翡翠。覆膜处理翡翠的耐久性较差，薄膜非常容易脱落，所以，在鉴别这类处理翡翠时，一定要细心观察翡翠的表面。通常覆膜处理翡翠主要具有以下特征。

（1）覆膜处理的翡翠颜色分布均匀并且为满色，正面和背面的颜色都一样。一般天然翡翠正面颜色较好，而背面通常颜色不均匀或颜色较差。同时，覆膜处理翡翠缺少天然翡翠的脉状、条带状及斑块状的颜色分布特点。

（2）覆膜处理翡翠的膜层是一种高分子的聚合物，用手摩擦时，会有粘手的感觉；另外膜层与翡翠通常黏结不牢，时间久了容易脱落（图 5-43），用指甲或是小刀便可以划开膜层；覆膜处理翡翠的表面上也经常容易看到毛丝状的小划痕（图 5-44），主要是因为膜层硬度低，容易被硬物划伤。

图 5-42 覆膜处理翡翠

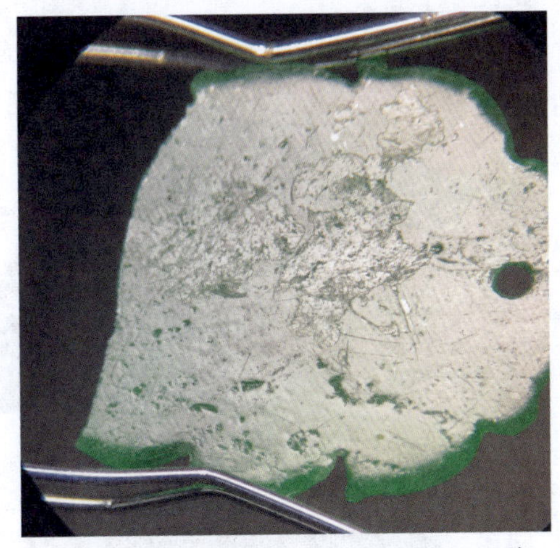

图 5-43 覆膜翡翠表面部分膜层脱落

图 5-44 覆膜翡翠表面常有细小划痕

四、拼合处理

将两块或两块以上的翡翠经过人工拼接，可形成给人以整体印象的拼合翡翠。拼合处理是常见的翡翠原石作假行为。主要的制作过程为：先在没有颜色且质地较差的翡翠原石上切下一个薄片，接着将切下的薄片涂上绿色的颜料或植入绿色的胶块，然后重新粘回去，最后再用胶黏剂将翡翠皮壳粉末、石英砂黏结在原石外部，掩盖拼接的痕迹。拼合处理翡翠原石在市场上非常常见，但是拼合处理的翡翠成品在市场上却出现得较少，近年来，也有一些零散的关于拼合翡翠成品的报道。

2020 年初，国内某珠宝质检站收到两件配镶有较大颗粒钻石的"满绿大蛋面"翡翠吊坠（图 5-45），两件吊坠的翡翠看起来均有种有色，且金属托将翡翠主石镶嵌得非常紧密（图 5-46），无法从侧面观察到翡翠的腰部特征。吊坠底部按照惯例开了窗，但是从窗口观察，仅能看到翡翠的一小部分(图 5 - 47)，这种镶嵌的工艺方式与当前市场上的镶嵌方式相比更加费工费金。从正反面对两件翡翠进行观察，均没有发现异常，但是从侧面打灯观察，会发现侧面的绿色颜色很淡(图 5 - 48)。

图 5 - 45 “满绿大蛋面”翡翠吊坠

图 5 - 46 翡翠主石与周围的金属托连接紧密

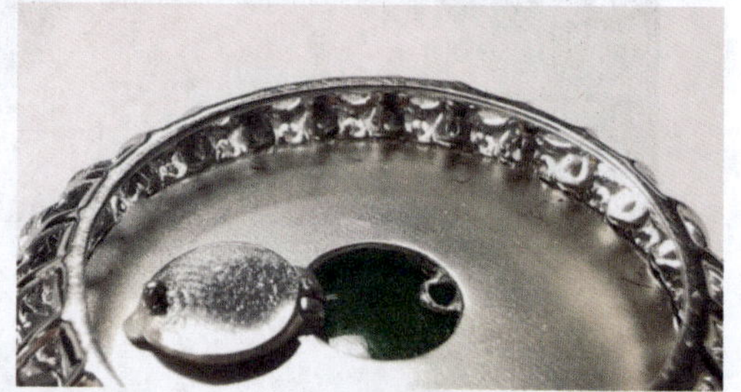

图 5 - 47 翡翠吊坠底部的开窗

在实验室通过红外反射光谱确定这两件翡翠吊坠为天然翡翠，但是在红外透射光谱中可见少量的有机物峰。另外 X 射线荧光光谱仪的化学元素测试结果也疑点重重，颜色如此均匀的翡翠，居然只在背部测到了致色元素 Cr，翡翠的正面未测到 Cr。我们知道，翡翠的绿色主要由 Cr 引起的，那么这两件翡翠正面的绿色是从哪里来的呢？其实这种翡翠就是近两年在市场上出现的新型的拼合翡翠，这种翡翠由三部分拼合而成：底部用有色的翡翠，顶部使用无色翡翠，中间再用树脂胶将两部分黏合起来。这样做的目的主要是底部带色的翡翠能使整件翡翠从顶部看是满绿的，而顶部的无色翡翠能让整件翡翠看起来有足够的水头，两部分再黏合起来，经过精工镶嵌，就变成了一件有种有色的极品翡翠饰品了。

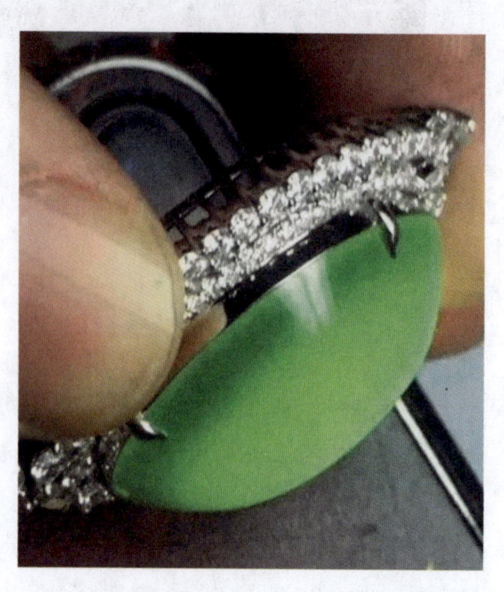

图 5 - 48 从侧面打灯观察翡翠吊坠发现绿色较淡

这种拼合处理后再镶嵌的翡翠，由于拼合缝被金属托完全包住，所以无论是从正面观察还是底面观察，都具有天然翡翠的特征，甚至用仪器检测，也还是天然翡翠，迷惑性很高，一旦上当，后果将不堪设想。但是在实验室通过 X 射线荧光光谱仪对翡翠正反面的组成元素进行检测可以有效地对其进行鉴别。

那么在市场上，我们应该如何识别这类拼合处理的翡翠呢？最保险的就是购买这种镶嵌好的翡翠饰品时向商家索要正规珠宝检验机构出具的鉴定证书。另外也可以借助手电筒帮助识别，遇到这种背后开窗的翡翠饰品，我们可以用手电筒照射打开的窗口。若是拼合处理翡翠，可以看到蛋面底部的颜色饱和度明显比顶部的颜色饱和度更高（图 5－49）。也可以从翡翠的侧面观察，若从正面看翡翠绿色浓郁，那么侧面颜色应该也很浓郁，如果侧面颜色很浅，说明这块翡翠饰品可能是拼合处理翡翠。

利用透射光从翡翠顶部照射拼合处理的翡翠蛋面，底部的颜色饱和度明显高于顶部。

图 5－49 拼合处理翡翠蛋面的颜色特征

翡翠与相似玉石的肉眼识别

翡翠市场的混乱并不仅仅因为有优化处理翡翠的存在，还因为有很多与翡翠外观相似的仿冒品。在翡翠市场上，尤其是在批发市场上，经常可以见到外观与翡翠相似的各种仿冒品，这些仿冒品与翡翠的外观特征比较相似，在翡翠交易中常会有一定的欺骗性。学会区分翡翠及其相似玉石是从事翡翠经营的基础。

市场上较常见且与翡翠外观相似的品种有软玉中的碧玉、独山玉、符山石、钙铝榴石玉、蛇纹石玉、钠长石玉、绿玉髓、天河石、染色石英岩玉、染色大理石、仿翡翠玻璃、半透明祖母绿和东陵石等。一般来说，只要掌握了这些与翡翠相似玉石的外观特征，区分它们并不是一件十分困难的事。

第一节 软玉与翡翠的肉眼识别

中国是软玉的著名产出国之一，也是最早开发和利用软玉资源的国家。在我国，软玉主要产于新疆的昆仑山、天山和阿尔金山三大地区，此外，四川、台湾、辽宁、贵州（罗甸）、广西（大化）以及青海等地均有软玉产出，其中以新疆和田的软玉最为著名，故历史上又称之为和田玉。时至今日，和田玉已成为软玉的商业名称。

软玉按颜色可分为白玉、青玉、青白玉、碧玉、黄玉、墨玉、糖玉、花玉等，其中碧玉与翡翠比较相似。

一、软玉的宝石学特征

软玉是以纤维状的透闪石或是含铁的透闪石、阳起石微晶为主的集合体。软玉内部组成矿物的颗粒细小，并且相互交织成毛毡状结构，使得它的质地非常细腻，而且韧性很大。透闪石是一种含水的钙镁硅酸盐，其化学式为 $Ca_2Mg_5Si_8O_{22}(OH)_2$。透闪石属单斜晶系，具有两组完全解理，在集合体中通常不可见解理。

图 6-1 和田玉中的青玉

图 6-2 和田玉中的鸭蛋青品种

图 6-3 和田玉中的碧玉及糖玉

软玉常见的颜色有白色、灰白色、青色（图 6-1）、灰青色（图 6-2）、绿色、暗绿色、黄色（图 6-3）、褐红色和黑色等。纯净的透闪石是无色的，如果含有少量的 Fe 和 Cr 就会产生不同色调的绿色，Fe 含量越高，绿色越深，主要矿物为铁阳起石的软玉几乎呈黑绿色—黑色。当透闪石中含细微石墨时则为墨玉。黄色与褐红色则是风化作用造成的次生色。软玉可呈油脂光泽、蜡状光泽或玻璃光泽，半透明—不透明，绝大多数为微透明，极少数为半透明。软玉结构细腻，为隐晶质结构，其摩氏硬度为 6～6.5，相对密度为 2.95 左右，折射率约为 1.62，具有参差状断口。

二、软玉与翡翠的区别

多数情况下，软玉与翡翠是很容易区分的，只有少数品种的软玉与翡翠比较相似，如碧玉（图 6-4）常与瓜青种翡翠易混淆。碧玉的产地远比翡翠多，除中国外，还有俄罗斯、澳大利亚、新西兰、美国、加拿大和韩国等。软玉产地多、产量大，价格远比翡翠低。

图 6-4 俄罗斯产的碧玉

碧玉与翡翠的识别是比较容易的，与翡翠的物理指标不同，碧玉的摩氏硬度为6～6.5，折射率为1.62，相对密度为2.95左右，这些参数均小于翡翠，所以，借助仪器很容易将这两种玉石区分开来。此外，碧玉的颜色、内部结构及抛光表面的特征与翡翠的差别也较大：碧玉的结构细腻(图6-5)，为隐晶质结构；且颜色分布均匀，常为暗绿色、深绿色或墨绿色，内部常含有点状或块状黑色磁铁矿包体(图6-6、图6-7)；抛光碧玉表面常呈油脂光泽，看不到翠性及橘皮效应。

图6-5　碧玉(颜色分布均匀，内部结构细腻)

图6-6　俄罗斯碧玉中的黑色杂质

图6-7　青海碧玉中的黑色杂质

还有一类有着翠绿色条带或团块的白玉、青白玉或烟紫玉，市场上称之为翠青玉(图6-8)。翠青玉绿色鲜艳，产量较小，价格较高，外观与翠绿色翡翠较为相近，其绿色常呈团块状或条带状分布，颜色均匀，没有色根(图6-9)。

图6-8　青海翠青玉

图6-9　翠青玉吊坠(绿色鲜艳)

在结构方面，肉眼观察时，翠青玉具有隐晶质结构，没有翠性，而翡翠多为粒状结构，大部分表面翠性明显。软玉相对密度为2.95左右，同等大小的软玉和翡翠相比，要比翡翠轻很多。

第二节

独山玉与翡翠的肉眼识别

独山玉因产于河南省南阳市市郊的独山而得名，又称为“南阳玉”。独山玉的开发和利用有很悠久的历史，早在6000年以前，古人就已开采独山玉了，在河南安阳殷墟妇好墓出土的玉器中，有不少独山玉的制品。独山玉素以品种多样、颜色丰富而著称(图6－10)。利用同一块独山玉上的颜色变化(图6－11)，巧妙设计制作出的俏色玉雕(图6－12)，深受玉石爱好者的喜爱。高档独山玉的翠绿色品种与绿色翡翠比较相似，20世纪50年代苏联的地质学家就误把独山玉归属为翡翠。实际上，独山玉是一种产在辉石岩岩体中的蚀变斜长岩。

图6－10　独山玉雕件《牧童归去横牛背》

图6－11　独山玉雕件《事事如意》

图6－12　独山玉雕件《童趣》

一、独山玉的宝石学特征

独山玉是一种黝帘石化的斜长岩，其矿物组成在所有玉石中最为复杂，主要组成矿物是斜长石(以钙长石为主体，20%～90%)和黝帘石(5%～70%)，其次为翠绿色铬云母、浅绿色透辉石、黄绿色角闪石、褐铁矿、绿帘石、榍石及绢云母等。钙长石化学式为 $CaAl_2Si_2O_8$，黝帘石化学式为 $Ca_2Al_3(SiO_4)_3(OH)$。独山玉的化学组成变化较大，随组成矿物含量的变化而变化。

图6－13　独山玉颜色丰富

独山玉组成矿物的粒度较小，肉眼看不见结晶颗粒，多为细粒或隐晶质结构，质地致密。由于组成矿物种类繁多，因此独山玉的颜色非常丰富(图6－13)，有30

余种色调，主色调包括白色、绿色、粉色、黄色、褐色、黑色等，单一色调的原料及成品较少，同一块玉石中常因不同矿物组合而出现多种颜色并存的现象。

独山玉多为玻璃—油脂光泽，半透明—不透明，极少数优质品种近透明。独山玉的硬度为6～6.5，相对密度为2.73～3.18，一般为2.90，视矿物组合及品种不同而变化；独山玉折射率为1.56或1.70(分别是斜长石和黝帘石集合体的折射率)，折射率大小受组成矿物的影响，常常因品种和测试位置的不同而变化。

二、独山玉与翡翠的区别

(1)独山玉的颜色和颜色组合可以作为主要的鉴别特征：独山玉常给人颜色杂的感觉，有点类似迷彩服的颜色组合(图6－14)。独山玉的颜色较为丰富，其中较稀少的颜色为绿色，价值最高的同样为绿色(图6－15)。

图6－14　独山玉颜色杂

图6－15　绿色独山玉

独山玉的绿色常呈短线状、短细脉状的分布(图6－16)，绿中带有蓝色调，颜色分布不均匀、不够鲜艳而显沉闷，绿色色脉中常夹杂黑点(图6－17)。而翡翠的绿色色调变化多样，可偏蓝、偏黄、偏灰等，并且绿色的翡翠常有色根(图6－18)，绿色色根中无黑点、黑斑，其颜色分布、形态与独山玉完全不同。除此之外，绿色的独山玉在查尔斯滤色镜下变红，而绿色的翡翠在查尔斯滤色镜下没有反应。

图6－16　独山玉颜色呈细脉状分布

图6－17　绿色独山玉色脉中夹杂黑点

图6－18　翡翠的绿色色根

(2)独山玉为细粒或隐晶质结构,肉眼看不见结晶颗粒。这一点可以与具粒状结构的翡翠和其他玉石品种区分开来。

第三节

蛇纹石玉与翡翠的肉眼识别

蛇纹石玉在自然界分布广泛,因产地不同而有不同的玉石名称,如广东的信宜玉、广西的陆川玉、甘肃的酒泉玉,此外,还有美国的威廉玉、新西兰的鲍温玉和朝鲜的朝鲜玉等。蛇纹石玉在我国产地很多,其中以辽宁省岫岩满族自治县产的质量最好,所以在我国也被称为岫玉,具有非常悠久的使用历史。在红山文化遗址中,发现大量的蛇纹石玉制品,其中有代表性的文物——玉猪龙、玉跪人等,都是用蛇纹石玉制作的。

蛇纹石玉常用来加工手镯、挂件和不同题材的摆件(图6-19)。由于蛇纹石玉质地细腻,晶莹剔透,具有玉石的那种含蓄和温润的感觉,而且价格适中,一般消费者都能买得起,所以深受玉器爱好者的欢迎。

图6-19 蛇纹石玉摆件

一、蛇纹石玉的宝石学特征

蛇纹石玉的组成矿物成分变化非常大,主要组成矿物是蛇纹石,次要矿物有方解石、滑石、磁铁矿、白云石、菱镁矿、绿泥石、透闪石、透辉石、铬铁矿等。次要矿物的含量变化很大,对蛇纹石玉的质量有着明显的影响,个别情况下次要矿物的含量可超过半数而变为主要组成矿物。

图6-20 浅绿色蛇纹石玉

蛇纹石是一种含水的镁硅酸盐,化学式为$(Mg,Fe,Ni)_3Si_2O_5(OH)_4$,Mg可被Mn、Al等置换,有时还可混入Cu和Cr,从而导致不同颜色。蛇纹石属于单斜晶系,呈细粒叶片状或纤维状隐晶质集合体产出。

蛇纹石玉的组成矿物都十分细小,肉眼鉴定时很难分辨它的结晶颗粒,属隐晶质结构。蛇纹石玉常见的颜色有浅绿色、黄绿色、灰黄色、白色、墨绿色和黑色,颜色分布都非常均匀(图6-20);内部有金属光泽的磁铁矿和硫化物以及呈云雾状分布的白色絮状物(图6-21);具有油脂—蜡状光泽,普遍为半透明—不透明;蛇纹石玉的摩氏硬度为4.5～5.5，由于其矿物组成的变化，不同品种蛇纹石玉的硬度会有一定的改变。蛇纹石玉的相对密度为2.44～2.82，折射率为1.56～1.57，无解理，断口呈参差状。

图6－21　蛇纹石玉中的白色絮状物

二、蛇纹石玉与翡翠的区别

蛇纹石玉产量大，产地多，品种多变，颜色多样。其中黄绿色、绿色、墨绿色蛇纹石玉与翡翠相似，但很多特征可以将它们区分开来。

(1)结构和光泽：蛇纹石玉的结构细腻，肉眼看不到结晶颗粒，抛光表面上没有橘皮效应，相当于老坑玻璃种翡翠，但这种质量的翡翠为玻璃光泽(图6－22B、D)，而蛇纹石玉为油脂—蜡状光泽(图6－22A、C)，表面没有翡翠光滑明亮。

图6－22　蛇纹石玉与翡翠的光泽对比

(2)内含物特征：蛇纹石玉常有特征的白色云雾状的团块(图6－23)，各种金属矿物，如黑色的铬铁矿和具有金属光泽的硫化物，而翡翠中，经常会有石纹和石花(图6－24)。

(3)密度及硬度：蛇纹石玉的密度比翡翠小很多，手感较轻。蛇纹石玉的硬度低，一般可被小刀刻动，但岫岩产的蛇纹石玉摩氏硬度可达5.5，与小刀相近。

图 6-23 蛇纹石玉常有特征的白色云雾状团块

图 6-24 翡翠中常会有石纹和石花

第四节

钠长石玉与翡翠的肉眼识别

钠长石玉俗称“水沫子”，因在白色或者灰白色透明的底子上常分布有白色的“棉”“白脑”，形似水中翻起的泡沫而得名。钠长石玉是与翡翠共生的一种玉石，水头很好，透明度高，目前主要产地为缅甸，颜色丰富（图 6-25）。由于钠长石玉与翡翠的外观极为相似，早期有很多玉商无法区分它们。

图 6-25 不同颜色的钠长石玉

一、钠长石玉的宝石学特征

钠长石玉的主要组成矿物是钠长石，次要矿物为镁钠钙闪石、浅闪石、镁红闪石、硬玉、绿辉石、钠铬辉石，还含有少量的副矿物碳酸锶、铬铁矿、赤铁矿等。钠长石的化学成分为

$NaAlSi_3O_8$，属三斜晶系，单晶呈板状或板柱状，为纤维状或粒状变晶结构，具两组完全解理。

钠长石玉常见颜色为白色、无色、灰白色以及灰绿白色、灰绿色等；蜡状—玻璃光泽，透明—半透明，具有纤维或粒状结构，在透明或半透明的底色中常含有白色的粉末状、棒状和砂糖状、絮状石花（图 6-26、图 6-27），钠长石玉中也可见“飘蓝花”品种（图 6-28），其中的蓝绿色呈团块状或脉状分布，钠长石玉中的“蓝花”主要由绿辉石和角闪石造成。钠长石玉折射率为 1.53 左右，比翡翠低很多，相对密度为 2.60～2.63，摩氏硬度为 6～6.5。

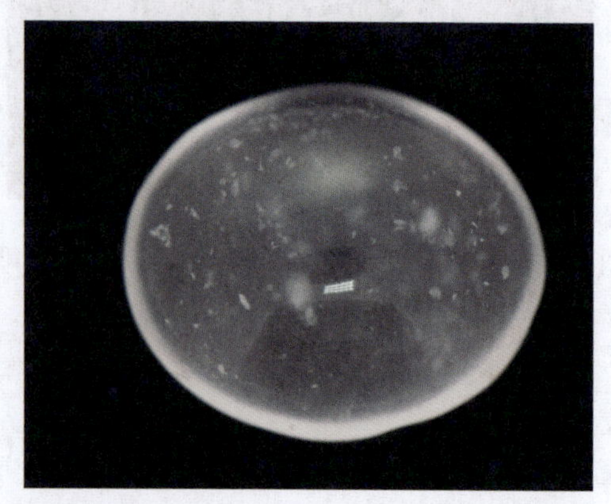

图 6-26　钠长石玉中白色絮状石花

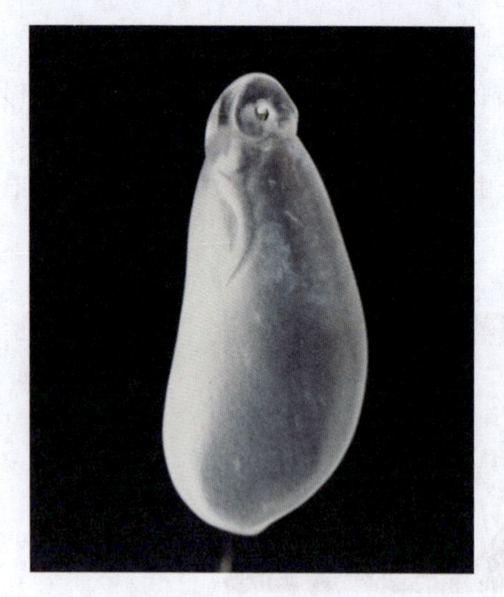

图 6-27　钠长石玉

图 6-28　“飘蓝花”品种的钠长石玉

二、钠长石玉与翡翠的区别

钠长石玉最大的特点是透明度好、多为透明—半透明，相当于翡翠的冰地—藕粉地。无色钠长石玉常用来仿无色玻璃种翡翠，但光泽明显比翡翠差，为蜡状—玻璃光泽，表面不够光滑明亮，没有玻璃种翡翠特有的起莹现象，在放大镜下可见表面常有细小的砂眼，且表面可有橘皮效应。

钠长石玉相对密度较小，与体积相当的翡翠比较，要轻1/4左右；相对于同等透明度的翡翠而言，钠长石玉的敲击声沉闷。

在实验室中，可通过测试折射率快速准确地将两者区分开，钠长石玉的折射率约为1.53，比翡翠的1.66低很多，此外分光镜下缺少翡翠常见的437nm吸收线。

分布有少许绿色细脉或团块的钠长石玉与飘蓝花品种翡翠极为类似，一不小心就有可能与飘蓝花种翡翠相混淆。但是整体观察，钠长石玉中的绿色不够鲜艳，不均匀，常呈草丛状、丝状或青苔状的蓝绿色或墨绿色，少见翠绿色，没有翡翠绿色特有的色根，且类似大小的钠长石玉比翡翠轻很多，光泽也较弱。只要细心观察，是不难同翡翠区别的。

第五节

钙铝榴石玉与翡翠的肉眼识别

钙铝榴石玉是20世纪80年代末开始见于国内珠宝市场上的一种玉石材料，主要产在我国的青海、新疆和贵州等地，在商业上也被称为"青海翠"(图6-29)。钙铝榴石玉产量比较大，在各地的翡翠市场上都可见到，但质量好的半透明的绿色钙铝榴石玉较为少见。

图6-29 绿色的钙铝榴石玉

一、钙铝榴石玉的宝石学特征

钙铝榴石玉的主要组成矿物为钙铝榴石，内部可以含有少量的绢云母，蛇纹石和黝帘石。钙铝榴石的化学式为$Ca_3Al_2Si_3O_{12}$，属等轴晶系，无解理。

钙铝榴石玉具有粗粒结构，通常不透明，部分为半透明，抛光表面多为油脂光泽，钙铝榴石玉的表面也可出现橘皮效应，主要是由于钙铝榴石中含有次要矿物蛇纹石、绢云母等，这些矿物的硬度较钙铝榴石低，导致抛光表面不平整。钙铝榴石玉颜色为浅绿色—绿色(图6-30)，分布不均匀，常常可见四方形的点状色斑，也可见团块状(图6-31)和不规则条带状的色带，分布在由白色钙铝榴石组成的基质上。半透明的绿色钙铝榴石玉的色调和质地与翡翠极为相似。

钙铝榴石玉相对密度比翡翠高，为3.60～3.71，折射率为1.74～1.75，摩氏硬度为7～7.5，无紫外荧光。

图 6-30 钙铝榴石玉的绿色分布不均匀

图 6-31 钙铝榴石玉的绿色团块状色斑

二、褐黄色(含符山石)钙铝榴石玉

褐黄色钙铝榴石玉(图 6-32)主要用来仿黄翡。褐黄色钙铝榴石玉的主要矿物成分为钙铝榴石和符山石,其中钙铝榴石含量较多,为 60%～80%。颜色主要为蜜黄色—褐黄色,颜色分布均匀,微透明—半透明,具显微粒状或隐晶质结构,质地细腻,内部有时可见棉絮状、斑点状包体以及少量黑色铁质斑点。折射率为 1.72～1.73,相对密度为 3.47～3.53,大小类似的褐黄色钙铝榴石玉掂重较翡翠沉很多。

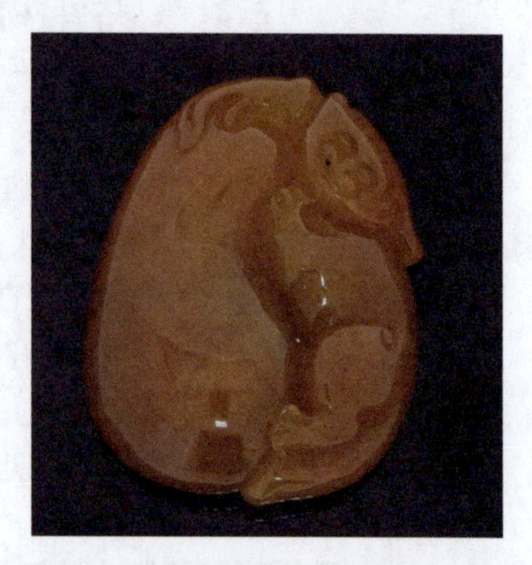

图 6-32 褐黄色钙铝榴石玉

三、钙铝榴石玉与翡翠的区别

钙铝榴石玉与翡翠的区别如下。

(1)钙铝榴石玉的相对密度大于翡翠,同等大小的钙铝榴石和翡翠放在手上,钙铝榴石具有明显的压手感。

(2)绿色钙铝榴石玉中粗大的绿色钙铝榴石斑晶形成的绿色点状色斑,与翡翠的绿色色根色形完全不同,非常容易识别。绿色钙铝榴石玉的绿色部分在查尔斯滤色镜下会变红或橙红,而天然绿色翡翠在查尔斯滤色镜下不变色。

(3)褐黄色钙铝榴石玉的色形与黄翡完全不同。黄翡的颜色为次生色,具有树根状的色形,褐黄色钙铝榴石玉是原生色,为均匀的色形;褐黄色钙铝榴石玉结构细腻,为显微粒状或隐晶质结构,抛光表面光泽强,没有翠性;而黄翡具有粒状结构,豆性明显,抛光表面可见翠性闪光。

第六节

石英质玉与翡翠的肉眼识别

石英在地壳中分布广泛，以石英为主要矿物的玉石品种繁多。按照结晶程度可分为显晶质石英质玉石（石英岩玉、木变石等）和隐晶质石英质玉石（玉髓和玛瑙）。石英质玉石的使用历史悠久，周口店北京人遗址中就发现有用玉髓制作的工具。石英质玉石有很多品种在外观上与翡翠都很相似，包括与绿色翡翠相似的东陵石、绿玉髓、染色石英岩玉等，与红翡相似的红玉髓，与黄翡相似的黄龙玉等。

一、绿玉髓的特征

绿玉髓又称为澳洲玉（图 6 - 33），主要产于澳大利亚昆士兰州罗克汉普顿，是隐晶质的石英微晶集合体。

绿玉髓的主要组成矿物为石英，化学式为 SiO_2，并含有数量不等的黏土矿物。颜色为黄绿色—绿色，分布均匀，缺少翡翠常有的色根、色脉等，玻璃光泽，半透明—微透明，结构细腻，肉眼见不到结晶颗粒，与老坑玻璃种翡翠较为相似，但其颜色没有翡翠那么鲜艳，无翠性，玻璃光泽较翡翠弱。绿玉髓折射率为 1.54～1.55，相对密度比翡翠低很多，为 2.60～2.65，相同大小的成品明显比翡翠轻很多。

图 6 - 33 绿玉髓手镯

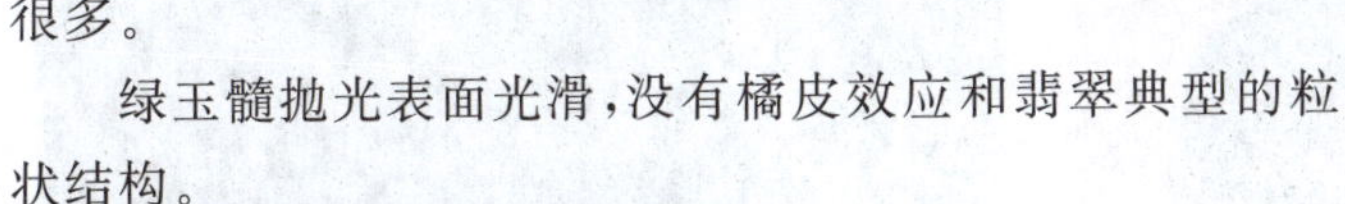

绿玉髓抛光表面光滑，没有橘皮效应和翡翠典型的粒状结构。

图 6 - 34 绿玛瑙手镯

二、绿色玛瑙的特征

玛瑙和玉髓都是隐晶质的石英微晶集合体，两者外表相似，物理化学性质相同，区别在于玛瑙具有环带状纹理（图 6 - 34），而玉髓没有。绿玛瑙与绿玉髓的最大区别是绿色玛瑙是人工染色的，绿玉髓的颜色则是天然的，所以两者的价格相差较大。绿玛瑙与绿色翡翠的区别明显，肉眼易于鉴别。

绿玛瑙颜色比较均匀，有环带状纹理，缺少翡翠常见的色根；其抛光表面光滑，具玻璃光泽，没有橘皮效应，缺少粒状结构，相对密度及折射率均比翡翠要低很多。

三、染色石英岩玉的特征

石英岩玉是显晶质的石英颗粒集合体，粒度一般为 0.01～0.6mm。集合体呈块状，微透明—半透明。石英岩玉的折射率为 1.54～1.55，相对密度与单晶石英相近，为 2.64～2.71。纯净者为无色，若含有细小的其他有色矿物，可呈现出不同的颜色。

染绿色石英岩玉（图 6－35）是较早出现在玉器市场的仿翡翠材料，20 世纪 80 年代末出现在市场上时，数量较少，由于其透明度、颜色均较好，常用来冒充高档翡翠，后来被大多数人认识以后便以“马来玉”的名称大量出现在市场上。最早出现在市场上的染绿色石英岩玉成品多为戒面，其次为玉扣和项链。现在，石英岩玉会被染成各种颜色，如紫色、褐红色、黄色、油青色、浅绿色等。它的作假方式是将有机染料注入无色、透明度较好的石英岩中，染料通过石英岩颗粒的粒间孔隙浸入到石英岩内部，这一作假方式为鉴定它提供了依据。

图 6－35　染绿色石英岩玉

石英岩玉的主要矿物为石英碎屑，石英碎屑化学式为 SiO_2，占 90％以上，其他组成矿物有长石及黏土矿物等。石英岩玉中的石英碎屑为等粒状结构，染色石英岩玉的颜色浓集在颗粒间孔隙造成典型的丝瓜瓤状色形（图 6－36），这也是翡翠与染色石英岩玉最主要的区别。

图 6－36　染绿色石英岩玉的丝瓜瓤状色形

对于染绿色石英岩玉，除了具有典型的丝瓜瓤状颜色分布特征外，其颜色鲜艳，比较均匀，底色较干净，很多时候会过于鲜艳，不自然，且没有翡翠的翠性和色根。抛光后的染色石英岩玉表面看不到橘皮效应。

另外，石英岩玉相对密度远低于翡翠，上手感觉会比较轻。在实验室内，我们还可以根据染绿色石英岩玉较低的折射率和吸收光谱的特征与翡翠进行区别。染绿色石英岩玉在红光区具有以660nm为中心的一条较宽的吸收带(图6-37),与天然绿色翡翠的三条阶梯状吸收窄带完全不同。早期的染绿色石英岩玉在查尔斯滤色镜下变红色,现在大多不变色,但无论是否在滤色镜下变色,都具有相似的可见光吸收光谱,都在红区有较宽的吸收带。

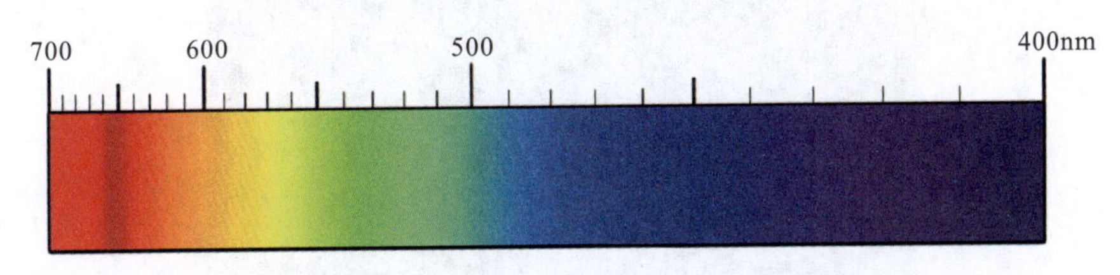

图6-37 染绿色石英岩玉的吸收光谱

四、东陵石的特征

东陵石是一种具砂金效应的显晶质石英质玉石(图6-38),主要组成矿物为含铬云母的石英岩,其中SiO_2的含量可达90%,次为铬云母,含量约10%,最高可达18%。颜色为浅绿色—暗绿色,透明—半透明,玻璃光泽,折射率为1.54~1.55,相对密度为2.63,摩氏硬度为6.5~7。大量的铬云母呈绿色的小片状分布于石英岩中,铬云母的颜色、数量及分布状态直接影响着东陵石的颜色及其他外观特征。

图6-38 东陵石手镯

东陵石中的铬云母为中—粗粒的片状晶体,定向排列,可出现砂金效应,即云母片对入射光的定向镜面反射,有点像翡翠的翠性,但仔细观察与翠性有明显区别。

东陵石的粒状结构非常明显,颜色呈暗绿色,绿色呈小片状分布(图6-39),查尔斯滤色镜下绿色部分变红,相对密度及折射率均比翡翠小,很容易将它与翡翠识别开。

图 6-39 东陵石中的绿色呈片状分布

五、黄龙玉的特征

黄龙玉，又称黄蜡石，是 2004 年在云南省龙陵县小黑山自然保护区的龙江边发现的新玉种，色调为黄色(图 6-40)，还有羊脂白、青白、红、黑、灰、绿色等，有“黄如金、红如血、绿如翠、白如冰、乌如墨”的说法。由于产在龙陵，又以黄色为主，故被称为黄龙玉。

图 6-40 黄龙玉

黄龙玉为二氧化硅的微晶矿物集合体，肉眼看不出粒状结构。颜色丰富，其中黄色、橙色品种常颜色均匀，并具有微细粒结构特征。黄龙玉抛光面具玻璃光泽，亚透明—半透明，摩氏硬度为 6～7，折射率为 1.54～1.55，相对密度约为 2.85，与同体积翡翠相比较轻。

黄龙玉易与黄翡混淆，其鉴别的要点为：黄龙玉结构细腻，具有微细粒结构且黄色颜色分布较均匀，缺少层次；而黄翡的颜色为次生色，具有树根状色形。

六、透明石英岩玉的特征

透明石英岩玉是近几年出现在市场上的，来自于缅甸的无色透明的石英岩玉品种，目前在云南瑞丽和腾冲等珠宝市场中比较常见，主要加工成手镯、挂件、吊坠和戒面，产品光泽强，晶莹剔透，比较受消费者喜爱(图 6-41)。但由于其颜色为无色，且干净透明，与玻璃种翡翠和水沫子十分相似，一般在珠宝市场上都把它混称为“水沫子”，甚至有的人也拿它冒充玻璃种翡翠来销售。

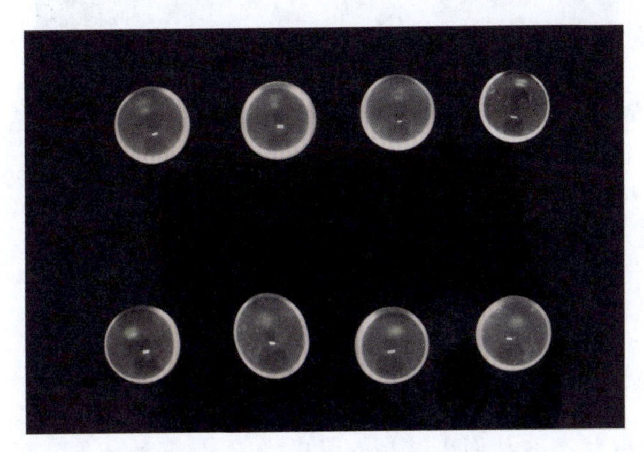

图 6-41　透明石英岩玉戒面

透明石英岩玉的主要组成矿物为石英，石英含量达 95%以上，具有典型的等粒状结构，透明—亚透明，无色。与玻璃种翡翠极为相似，但是它具有较低的折射率(1.54～1.55)和较低的相对密度(约 2.64)，在实验室借助仪器很容易将它与翡翠区分开，此外透明石英岩玉相对于玻璃种翡翠玻璃光泽稍弱(图 6-42)，且抛光表面可见砂眼。在结晶颗粒较粗大的石英岩玉的表面可以观察到典型的比较均匀的网纹(图 6-43)。

图 6-42　玻璃种翡翠(左)及透明石英岩玉(右)光泽对比

图 6-43　结晶颗粒较粗大的石英岩玉表面比较均匀的网纹

第七节

仿翡翠玻璃与翡翠的肉眼识别

玻璃是一种从熔融状态冷却而未结晶的无机物质，是一种较便宜的人造宝石，常用于仿制天然珠宝玉石，如玉髓、水晶、绿柱石（祖母绿和海蓝宝石）、翡翠、软玉和绿松石等。用玻璃仿翡翠制品的现象自古有之，古代的仿翡翠玻璃大至各种器皿，小至戒面、耳坠等，民间家庭的收藏品中很多都是玻璃制品。早期的玻璃制造工艺粗糙，很容易识别。随着工艺的改进，仿制的手法也越来越高明了，给鉴定工作带来了一定的困难，但在实验室鉴定它们同样是一件非常简单的事情。肉眼识别一定要谨慎小心，因为有些仿翡翠的玻璃外观与翡翠非常相似。一般来说，仿翡翠玻璃有如下特征。

（1）仿翡翠玻璃的颜色一般比较均匀，早期的玻璃可能颜色不均匀，可见颜色不均匀形成的旋涡纹（图 6-44）。

（2）仿翡翠玻璃结构均匀，其中常可以观察到浑圆状的气泡，特别是早期的料器，气泡特别明显。现代制作工艺较好的仿翡翠玻璃的气泡虽然比较小，但是用 10× 放大镜配合手电筒也能观察到，在切割的玉石表面，也可能会见到气泡留下的半球形凹穴。

（3）市场上还有一种脱玻化的绿色玻璃。脱玻化玻璃最早是在日本东京的实验室制作出来的，可制成各种颜色，并具有不同程度的脱玻化。此类玻璃内部有放射状或草丛状、镶嵌状的结构。另一种称为“南非玉”的玻璃，放大观察，也可以见到羊齿状的结构（图 6-45）。这种玻璃仿制品具有一定的仿真性，常容易和翡翠混淆。

（4）玻璃的摩氏硬度为 5～6，较翡翠小，表面常可见划痕。玻璃的相对密度小，为 2.5 左右，比翡翠轻很多。玻璃的折射率一般为 1.54 左右，也比翡翠低很多。但是，玻璃的这些物理性质随着化学成分的变化也可发生较大的变化，有的玻璃可达到与翡翠接近的折射率及相对密度值。

图 6-44 玻璃仿翡翠手镯

图 6-45 脱玻化玻璃中的羊齿状结构

第八节

磨西西玉与翡翠的肉眼识别

磨西西玉(maw-sit-sit)主要产自缅甸北部帕敢地区,与翡翠共(伴)生。其色调多呈翠绿色、暗绿色、深蓝绿色或不均匀黄绿色,不透明,质地较好的品种外观似铁龙生种翡翠,多数磨西西玉的外观易与市场上一种俗称为"干青种"的翡翠相混。这种玉石最初由 Gübelin 博士 1965 发现的,并命名为钠长硬玉。

一、磨西西玉的宝石学特征

磨西西玉的主要矿物成分是钠长石,含量高于 70%,同时含有较多的钠铬辉石微晶和高铬硬玉微晶,所含次要矿物有角闪石、铬铁矿和沸石等,为钠铬辉石钠长石玉。磨西西玉通常呈不透明—微透明,翠绿色(图 6-46)主要由钠铬辉石微晶和高铬硬玉微晶所致,颜色通常呈云雾状分布,常杂有黑色斑块,黑色斑块通常由角闪石以及铬铁矿组成,内部常含有透明无色的透镜体。

磨西西玉的折射率约为 1.55,相对密度约为 2.70,比翡翠小很多,摩氏硬度为 6~6.5。具有微细粒状结构(图 6-47),肉眼一般看不出粒状结构,但是,有时会含有较粗大的铬铁矿斑块。

二、磨西西玉与翡翠的区别

磨西西与翡翠的主要识别特征如下。

图 6-46　磨西西玉手镯

图 6-47　磨西西玉饰品结构细腻

(1)磨西西玉的翠绿色十分鲜艳，但其中杂有无色透明的不规则团块和黑色斑块；磨西西玉的绿色色形为云雾状，不具有绿色翡翠的色根。

(2)磨西西玉为微细粒状结构，不具有翡翠的豆性特征。

(3)同等大小的磨西西玉掂重较翡翠轻。

第九节

天河石与翡翠的肉眼识别

图 6-48　天河石原石

天河石是微斜长石的变种，又称“亚马逊石”(amazonite)，常为绿色、浅蓝绿色、蓝绿色块体(图 6-48)，由于含有少量的铷和铯而呈色。天河石目前主要产于印度和巴西，美国的优质天河石曾一度开采于弗吉尼亚州，但现在已采空。北美最重要的产地在科罗拉多州，产于伟晶岩中。另外，加拿大(安大略)、俄罗斯(乌拉尔山脉)、马达加斯加、坦桑尼亚和南非等地均有很好的绿色或蓝绿色的天河石。我国新疆、甘肃、内蒙古、山西、福建、湖北、湖南、广东、广西、云南、四川等地也产天河石。天河石多为微透明，常切磨成弧面型的戒面、吊坠或用于雕刻。绿蓝色的翡翠有时与质地较好的天河石容易混淆。

一、天河石的宝石学特征

天河石的化学式为 $KAlSi_3O_8$，属钾钠长石系列。天河石为单晶质，不具有多晶集合体的结构特征，没有粒状结构。天河石属三斜晶系，具有两组完全解理，夹角近于90°，其解理面常见，并具有闪光，但天河石的解理面很大，方向单一，沿整个宝石某一面分布，与翡翠杂乱的翠性闪光不同。天河石中常见聚片双晶及平行排列的聚片双晶纹（图6-49）。

图6-49　天河石中的白色斑纹及聚片双晶纹

天河石通常为微透明，具玻璃光泽，颜色为绿色、浅蓝绿色或蓝绿色，也可有天蓝色。常有白色或粉白色的钠长石出溶体，在天河石中呈条纹状或斑纹状分布（图6-49）。天河石的摩氏硬度为6，相对密度约为2.56，折射率为1.52～1.54，双折射率为0.008，为二轴晶负光性。天河石无特征吸收光谱，长波紫外线下呈黄绿色荧光，短波下无反应，X射线长时间照射后呈弱绿色。

天河石块体大，裂隙多，一般不能作为饰物，因为在加工过程中易破碎，只有其中优质者可做首饰。市场上大多数天河石饰品均经过充填处理。

二、天河石与翡翠的区别

图6-50　天河石手链饰品

天河石成品与翡翠较易区别，比较明显的特征是天河石具有白色的格子状花斑，其颜色色调与色形也与翡翠明显不同，且不具有豆性特征（图6-50），这是与翡翠颜色相互区别的最根本的特征。此外天河石中常见平行排列的聚片双晶纹，具有方向单一且较大的解理面闪光等特征，通过这些特征都很容易将它与翡翠区分开来。

第十节

祖母绿与翡翠的肉眼识别

祖母绿是绿柱石家族中最重要和名贵的品种，被世人称为“绿色宝石之王”。它与钻石、红宝石、蓝宝石、猫眼被视为大自然赋予人类的“五大珍宝”。纯净无瑕的祖母绿是高档名贵宝石，其售价不低于高档翡翠，一般加工成阶梯形刻面型宝石款式，其颜色、结构等特征与翡翠也不存在相似之处，与翡翠容易相混的是那些含有大量内含物的半透明祖母绿(图6-51)。

图6-51　半透明的祖母绿原石

一、祖母绿的宝石学特征

祖母绿是铍铝硅酸盐矿物，化学式为 $Be_3Al_2(Si_2O_6)_3$，含有 Cr、Fe、Ti、V 等微量元素，Cr 的质量分数为0.3%～1.0%。祖母绿为 Cr 致色的特征的翠绿色，可略带黄色或蓝色色调(图6-52)，其颜色柔和而鲜亮，具丝绒质感。祖母绿具有一组不完全解理，摩氏硬度为7.5～8，相对密度通常为2.72。祖母绿的相对密度大小受碱金属含量大小影响，碱金属含量越高，相对密度越大，因产地不同可稍有差异。

图6-52　祖母绿戒面

祖母绿的抛光表面为玻璃光泽，透明—半透明，折射率常为1.577～1.583(±0.017)，双折射率为0.005～0.009，具有中—强的蓝绿色/黄绿色的多色性，一般无荧光，有时在长波紫外线下，呈无或弱绿色荧光、弱橙红色—带紫的红色荧光，短波紫外线下，少数呈红色荧光。绝大多数的祖母绿在强光照射下，透过查尔斯滤色镜观察，呈红色或粉红色；但也有一些产地的祖母绿因内部含有铁，在查尔斯滤色镜下呈现绿色，如印度和南非产出的祖母绿。

祖母绿中的内含物十分丰富，大致可分为四类：矿物包体，负晶或空洞中的两相或三相包体，愈合或部分愈合裂隙，色带，生长纹。

二、祖母绿与翡翠的区别

(1)颜色分布特征:祖母绿的颜色分布较均匀(图 6-53),没有色根,而翡翠常见颜色浓淡不一,常呈脉状或团块状分布。祖母绿也有颜色不均匀的情况,但它是晶体生长过程中致色元素的变化而产生的色带,与翡翠的颜色不均匀情况完全不同。祖母绿具有中—强的多色性,借助二色镜可以明显观察到祖母绿在不同方向上的颜色差异,这也是翡翠所不具有的特征。

图 6-53 祖母绿饰品颜色分布均匀

(2)祖母绿是单晶材料,抛光表面没有橘皮效应,且看不到结晶颗粒和翡翠所特有的翠性。

(3)祖母绿的相对密度比翡翠小,同等大小的成品比翡翠轻。

(4)半透明的祖母绿常切磨成弧面型,内部常可见黑色杂质、裂隙、生长纹以及矿物包体等内含物。祖母绿的韧性很差,碰撞后容易破碎,并在表面形成贝壳状断口,而翡翠并无这一特征,翡翠的韧性好,不易破碎,即使有断口也是呈粒状的。

以上分别介绍了各种绿色珠宝玉石的外观特征及与翡翠的区别。随着市场经验的增加,翡翠独特的颜色和结构特征很容易通过肉眼加以识别。除绿色外,红色、紫色和黑色翡翠也有相似品种,在此不一一介绍。我们在市场上要多看、多比较,培养自己独特的眼光。识别翡翠及其仿制品并不是一件困难的事,更为重要的是要提高我们对 A 货、B 货、C 货翡翠的识别能力。

第七章 翡翠的质量与价格评估

第一节 概述

民间有一种说法叫作“黄金有价玉无价”。所谓玉无价,我们可以这样理解:一方面,翡翠作为中华民族8000年玉文化的传承者,被赋予了太多的文化内涵,不同的人对玉文化的理解不同,所理解的翡翠价值就不同;另一方面,翡翠价格评估困难,原因在于评估要素太复杂,且每一个要素都没有量化的评价标准,以至于同一件翡翠饰品在不同人的眼中会有不同的价格。

我们知道,钻石的质量评估有“4C”标准,这个业内公认的标准使钻石的质量评估变得相对简单,国际钻石机构定期发布的钻石价格表,使钻石的价格与质量有较好的对应关系。但是,这个标准仅对无色—浅黄色钻石的价格评估有效,对于彩色钻石它仍然是无效的。相对于钻石来说,翡翠的评价要素更多且每个要素都是复杂多变的,这就增加了翡翠质量与价格评估的难度。

尽管如此,国内学者们从来没有停止过对翡翠质量与价格评估的探索,他们对翡翠质量评价提出过许多方法。例如,1992年欧阳秋眉在《翡翠鉴赏》一书中提出的“4C2T1V”评价原则,其中4C为颜色(colour)、雕工(craftsmanship)、瑕疵(clarity)、裂纹(crack);2T为种(transparency)、质(texture);1V为大小(volume)。按照这一观点,翡翠评价的要素达到7个,且每个要素又有很多变化,比如颜色要素从“正、浓、阳、匀”四个方面进行评价。这些要素和每一个要素的组合,使翡翠的质量评价更加复杂,且这种评价方法仅限于质量评价,与价格没有对应关系,因此在翡翠交易中实用性不强。2013年,邱志力等在《贵金属珠宝首饰评估》一书中为翡翠的质量与价格评估建立2C、2T、2S估价模型,即根据颜色、质地、透明度、净度、大小、形制(工艺)判断翡翠饰品质量高低,将翡翠饰品分为首饰类(主要指戒面),手镯、玉扣类,花件类和摆件类四大类,分别建立估价模型,翡翠首饰的价格=基础价×$K1$×$K2$,其中$K1$为影响因素价格系数的乘积,$K2$为其他因素。每次估价,根据市场变化情况确定基准价,同时要根据评估目的及用途来调整有关参数。但基础价、价格系数从何而来？如果对市场行情缺乏足够的了解，这种评价方法也是实用性不强的。2012年云南省珠宝玉石质量监督检验研究院在《翡翠饰品质量等级评价》的基础上完成了《翡翠饰品质量等级评价与克价格》的编写。通过两年多的实践，他们发现在2600件翡翠质量等级评价的基础上进一步扩展推出的《翡翠饰品质量等级评价与克价格》更具有广泛的操作性和实践性，能更清晰地体现出翡翠的自然属性和人文属性。他们对翡翠评估也提出了一个新的方法，即"5+1评价法"，在评价中引入了权重概念，将每个翡翠评价的质量要素进行量化，规范了翡翠评价标准。该方法具备客观性、可操作性。将质量等级的总分值设定为1000分，以颜色（色）、透明度（水）、净度（瑕）、质地（种）、工艺（工）及综合印象6个方面作为基本质量要素，被评价的翡翠饰品总分值由上述六项质量要素的分值相加得到。按总分值由高到低将翡翠划分为上品、珍品、精品、佳品和合格品"五档十二级"。采用千分制的"5+1评分法"，把翡翠归属到具体品质的区间，以分值体现品质。这里，我们重点介绍一下此评价方法。该方法中各评价因子的权重构成见表7-1。

表7-1 翡翠饰品质量等级评价评分权重构成表

项目	颜色（色）	透明度（水）	净度（瑕）	质地（种）	工艺（工）	综合印象	总计
权重/%	40	26	12	6	6	10	100
分值/分	400	260	120	60	60	100	1000

一、颜色评价

（1）颜色评价是根据翡翠饰品颜色的色调、纯正程度、均匀程度、浓淡程度、色泽划分级别。

（2）翡翠饰品的颜色划分为正色、近正色、优良色、较好色、一般色5个等级，由高到低依次表示为S_1、S_2、S_3、S_4、S_5。

（3）颜色的总分值为400分，各级别评价方法见表7-2。

表7-2 翡翠饰品颜色分级及评价方法

级别		划分标准	俗称	评分值/分
S_1	正色	包括深正绿、略带黄色调的正绿	帝王绿、翠绿、艳绿、金丝绿、鹦哥绿、阳绿、黄阳绿、阳俏绿、苹果绿等	400～281
S_2	近正色	包括浅淡正绿、浓深正绿、艳紫	豆青绿、淡绿、浅绿、浅水绿、匀水绿、浅阳绿、绿晴水、艳紫罗兰等	280～101
S_3	优良色	包括偏蓝或偏黄的绿、鲜艳红、艳黄、紫、墨翠（透射光下绿色）、无色、艳翡	菠菜绿、豆苗绿、瓜青绿、瓜皮绿、丝瓜绿、墨绿、油绿、血红、大红、橙黄、金黄、紫罗兰、透绿墨翠、蓝晴水等	100～21

续表 7-2

级别		划分标准	俗称	评分值/分
S_4	较好色	包括淡蓝绿、深蓝绿、灰蓝绿、淡红、淡黄绿、淡黄、淡紫、墨翠(透射光下蓝绿色)、黄绿、褐绿、青绿、白、浅灰绿、灰绿	蓝花、绿油青、油黑、橙红、粉红、浅黄、深黄、浅紫罗兰、瓷白、乳白、雪白、羊脂白等	20～11
S_5	一般色	包括青、浅青、灰、灰白、褐、黑	暗绿、油青、灰白、浅灰白、黑褐、褐、浅褐、深褐、黑、灰黑等	10～0

(4)翡翠饰品颜色不均匀时,根据其所含颜色的种类、分布面积计算颜色得分,以各颜色所处级别的得分乘以其所占面积的百分比,分数相加的总和为该饰品的颜色分数。

(5)白色或其他颜色的翡翠饰品上,若分布有散点状、条带状、斑块状、斑点状正绿色、蓝绿色,评价时视绿色的多少、大小、厚薄或绿色所占饰品面积的百分比来决定是否升降等级。若散点状、条带状、斑块状、斑点状的绿色在饰品上分布均匀美观可以加 10～20 分。

(6)若带绿色的翡翠饰品同时又带有紫色、翡色中的一种或两种颜色时,可根据它们的颜色、分布的形状、整体美观度适当加或减 10～20 分。

二、透明度评价

(1)透明度评价是根据翡翠饰品透明度的变化划分级别。翡翠饰品的透明度划分为透明、亚透明、半透明、微透明和不透明 5 个等级,由高到低依次表示为 M_1、M_2、M_3、M_4、M_5。

(2)透明度的总分值为 260 分,各级别评价方法见表 7-3。

(3)当样品透明度不均匀时,将透明度不同的部位分别进行分级,并以各部分得分乘以其所占面积百分比,最后分数相加的总和为该饰品的透明度分数。

表 7-3 翡翠饰品透明度分级及评价方法

级别		划分标准	俗称	评分值/分
M_1	透明	绝大多数光线可透过样品,样品内部特征清晰,可见样品底部放置的印刷文字,字体较清晰	玻璃地	260～209
M_2	亚透明	大多数光线可透过样品,样品内部特征清晰,样品底部放置的印刷文字,可见模糊字体	冰地、蛋清地	208～79
M_3	半透明	部分光线可透过样品,样品内部特征较清晰,样品底部放置的印刷文字字体不可见	糯化地	78～27
M_4	微透明	少量光线可透过样品,样品内部特征模糊不可辨	米汤地	26～8
M_5	不透明	微量或无光线透过样品,样品内部特征不可见	瓷地或石灰地	7～0

三、净度评价

(1)净度评价是根据翡翠饰品净度的变化划分级别。翡翠饰品的净度划分为极微瑕、微瑕、中瑕、重瑕4个等级,由高到低依次表示为J_1、J_2、J_3、J_4。

(2)净度的总分值为120分,各级别评价方法见表7-4。

表7-4 翡翠饰品净度分级及评价方法

级别		划分标准	评分值/分
J_1	极微瑕	肉眼观察很难见裂纹,明显黑点,可见少量白棉、黑点、黑丝、灰丝等	120~85
J_2	微瑕	肉眼观察不易见小裂纹,少量黑点、白棉和灰黑丝等	84~61
J_3	中瑕	肉眼可见裂纹、黑点、灰黑丝等	60~7
J_4	重瑕	肉眼可见大量或较大的明显裂纹及较多白棉、黑点、灰黑丝等	6~0

四、质地评价

(1)质地评价是根据翡翠饰品质地的变化划分级别。翡翠饰品质地划分为极细粒、细粒、中粒、粗粒4个等级,由高到低依次表示为Z_1、Z_2、Z_3、Z_4。

(2)质地的总分值为60分,各级别评价方法见表7-5。

(3)当翡翠饰品质地不均匀时,将质地不同的部位分别进行分级,并将其得分乘以所占面积百分比,最后分数相加的总和为该饰品的质地分数。

表7-5 翡翠饰品质地分级及评价方法

级别		划分标准	俗称	评分值/分
Z_1	极细粒	结构非常细腻致密,粒度均匀微小。10×放大镜下不可见晶粒大小及复合的原生裂隙、次生矿物充填的裂隙等。粒径小于0.1mm,多为纤维状结构,难见翠性	玻璃地、冰地、蛋清地	60~19
Z_2	细粒	结构致密,粒度细小均匀。10×放大镜下可见极少细小复合原生裂隙和晶粒粒度大小,不可见次生矿物充填裂隙。粒径在0.1~1mm之间,呈纤维状结构、粒状结构,偶见翠性	冰地、蛋清地、芙蓉地、细白地	18~7
Z_3	中粒	结构不够致密,粒度大小不均匀。10×放大镜下局部可见细小裂隙、复合原生裂隙及次生矿物充填裂隙。粒径为1~3mm,呈柱粒状结构,翠性明显	藕粉地、水豆地、砂地	6~3
Z_4	粗粒	结构疏松,粒度大小悬殊。肉眼可见裂隙、复合原生裂隙及次生矿物充填裂隙。粒度大于3mm,呈柱粒状碎裂结构,翠性非常明显	豆地、粗砂地、石地、香灰地、石灰地	2~0

五、工艺评价

(1)工艺评价是根据翡翠饰品工艺的变化划分级别。翡翠饰品工艺级别划分为非常好、很好、好、一般、差5个等级,由高到低依次表示为Q_1、Q_2、Q_3、Q_4、Q_5。

(2)按工艺的复杂程度将翡翠饰品分为素身翡翠饰品和雕花翡翠饰品两类。

①素身翡翠饰品工艺级别评价指标为:轮廓优美;对称性好;比例适当;大小合适;抛光精美,光泽强。

②雕花翡翠饰品工艺级别评价指标为:掩盖了瑕疵;突出美的色彩和质地;造型设计巧妙,层次清晰,和谐美观;线条、弧面、平面要流畅,不呆滞,不断线,抛光要精细到位,能突出饰品光泽温润透亮。

(3)工艺的总分值为60分,各级别评价方法见表7-6。

表7-6 翡翠饰品工艺分级及评价方法

级别		划分标准		评分值/分
		素身翡翠饰品	雕花翡翠饰品	
Q_1	非常好	满足本项①中规定的5项评价指标	满足本项②中规定的4项评价指标	60～49
Q_2	很好	仅满足本项①中规定的5项评价指标中的任意4项评价指标	仅满足本项②中规定的任意3项评价指标	48～23
Q_3	好	仅满足本项①中规定的5项评价指标中的任意3项评价指标	仅满足本项②中规定的任意2项评价指标	22～16
Q_4	一般	仅满足本项①中规定的5项评价指标中的任意2项评价指标	仅满足本项②中规定的任意1项评价指标	15～8
Q_5	差	仅满足本项①中规定的5项评价指标中的1项评价指标	不能满足本项②中规定的4项评价指标中的任意一项	7～0

六、综合印象级别划分

(1)综合印象级别划分,根据翡翠饰品各项质量要素的总分情况,并结合历史文化内涵、制作者、来源、体积、稀有性、创新性等对综合印象进行评价。

(2)翡翠饰品的综合印象级别划分为非常好、很好、好、一般4个等级,由高到低依次表示为H_1、H_2、H_3、H_4。

翡翠饰品综合印象评价指标如下：历史文化内涵深厚；工艺精美或由著名的工艺美术大师雕刻；体积在同类别的饰品中占优势；同类型的翡翠饰品数量稀少；题材造型的创新性。

(3)综合印象的总分值为100分，各级别评价方法见表7-7。

表7-7　翡翠饰品综合印象分级及评价方法

级别		划分标准	评分值/分
S_1	非常好	满足5项评价指标中的4～5项	100～71
S_2	很好	满足5项评价指标中的2～3项	70～41
S_3	好	满足5项评价指标中的任意一项	40～11
S_4	一般	不能满足5项评价指标中的任意一项	10～0

七、质量等级评价

(1)质量级别划分。根据翡翠饰品质量等级划分为上品、珍品、精品、佳品、合格品5个档次。其中上品分为TG_1、TG_2、TG_3，珍品分为T_1、T_2、T_3，精品分为VG_1、VG_2、VG_3，佳品分为G_1、G_2、G_3，合格品不再细分小级。

(2)质量级别评价，质量等级的总分值为1000分，各质量等级评价及表示方法见表7-8。

表7-8　翡翠饰品质量分级及表示方法

评价等级			评分值/分
上品	一级	TG_1	900～1000
	二级	TG_2	800～899
	三级	TG_3	700～799
珍品	一级	T_1	650～699
	二级	T_2	600～649
	三级	T_3	550～599
精品	一级	VG_1	500～549
	二级	VG_2	450～499
	三级	VG_3	400～449
佳品	一级	G_1	350～399
	二级	G_2	300～349
	三级	G_3	250～299
合格品	—	P	<250

这个方法解决了在传统评价中仅靠个人经验，或者只有单项指标评价而没有整体评价结果的问题，实现了翡翠评价领域的重大创新突破，弥补了过去对翡翠的评价只能检验真伪，不能说明品质和档次的缺陷。对不同等级的翡翠的量化数值，尤其是各评价要素所占权重的确定为评估翡翠的价格提供了依据。但是这个方法解决的是质量等级评价问题而没有与价格建立联系。按照此评价方法，两件质量基本相同但大小不同的翡翠在质量等级评价上可能是相同的，但价格却是天壤之别。由于本评价方法中各要素的质量等级是在对翡翠饰品评价的实践中总结出来的，因此，各要素的评分对价格评估是有参考意义的。

基于此，本教程在讨论翡翠的价格评估时，将参照这个方法中对各要素赋予的权重，以此权重作为评估价格的依据。将翡翠价格评估的要素分为颜色、质地、种份、净度（裂绺）、形制（形状、大小、设计和工艺）5个评价要素，单独评估每一个要素中质量与相应价格的关系，结合市场行情，评估每件翡翠的进货价格。所要说明的是，本教程中的评价要素与"5+1评价法"中评价要素的含义并非完全一致。

第二节

翡翠的颜色与价格评估

颜色也称色彩。不论任何色彩，都具备三个基本的重要特性：色相、明度和彩度，一般称为颜色三要素或色彩三属性。色相也叫色名或色调，是色彩的首要特征，是各类色彩的相貌称谓，是区别各种不同色彩最准确的依据。自然界的色相是无限丰富的，如紫红、银灰、橙黄等。明度是人眼对光源和物体表面明暗程度的感觉，主要是由光线强弱决定的一种视觉经验。色彩的明度可以简单理解为颜色的亮度，明度变化有许多种情况，一是不同色相之间的明度变化，如白比黄亮、黄比橙亮、橙比红亮、红比紫亮、紫比黑亮；二是在某种颜色中加白色，亮度就会逐渐提高，加黑色，亮度就会降低；三是相同的颜色，因光照强弱的不同也会产生不同的明暗变化。彩度也称纯度或饱和度，通常是指色彩的鲜艳程度。颜色的鲜艳程度取决于这一色相的单一程度。原色是这一色相中纯度最高的。颜色混合的次数越多，纯度越低，反之，纯度则高。不同的色彩不仅明度不同，彩度也不同，同一色彩深浅浓淡的变化也会引起明度的变化，如绿色中颜色由淡到浓变化时会产生淡绿、浅绿、翠绿等明度变化。

认识了色彩的基本特征，我们再来讨论翡翠的颜色与价格评估问题。

翡翠有多种颜色，如绿、红、紫罗兰、白、黄、蓝、灰、黑等。民间有"36水、72豆、108蓝"之说，这"108蓝"即是指翡翠的颜色丰富。在翡翠商贸中，人们最关注的是翡翠的绿色，因为中国人喜欢翡翠是从喜欢翡翠的绿色开始的，且翡翠的绿色中因混入其他色彩而使绿色也很丰富，对翡翠的价格造成很大影响。除此之外，随着翡翠资源的不断减少，紫色、红（黄）色、白色、黑色翡翠越来越受到重视。因此，本节将分别对这些不同颜色翡翠价格的评估进行探讨。

一、绿色翡翠的价格评估

翡翠的绿色变化最大，对翡翠价格的影响也最大。优质翡翠的颜色要达到“正、浓、阳、匀”的要求。所谓“正”，是指翡翠颜色的色相（色调）要纯正，即为纯正的绿色，若掺杂有其他色调就会使绿色的明度和彩度发生变化，若绿色中掺杂的其他色调较少，形成的绿色叫作偏色，若绿色中掺杂的其他色调较多，形成的颜色叫作邪色。如绿色中掺杂少量的黄色、蓝色、灰色则形成黄绿色、蓝绿色、灰绿色。所谓“浓”，是指翡翠颜色的饱和度（彩度），即颜色的深浅浓淡程度。所谓“阳”，是指颜色的鲜艳程度，若颜色鲜艳则称为阳。很显然，翡翠的颜色“阳”的程度与颜色的“正”和浓度有关。所谓“匀”，是指颜色的均匀程度。必须强调的是，翡翠颜色“浓”与“阳”的程度与翡翠的透明度和厚度有关。我们在这里所谈的翡翠颜色是指在不考虑翡翠的透明度和厚度的情况下在自然光下观察到的颜色。

实际上，翡翠的绿色受蓝色、黄色、褐色和灰黑色四种色调的影响。袁心强（2009）认为，褐色和灰黑色对翡翠颜色产生的影响是一样的，可以看成一个因素。如图 7－1 及图 7－2 所示，翡翠的偏色、邪色是这些颜色在绿色上叠加的结果。黄色叠加绿色形成黄绿色，蓝色叠加绿色形成蓝绿色，灰色和黑色叠加绿色形成墨绿色。叠加在绿色上的色调和浓度不同就产生了不同的颜色类型（表 7－9）。

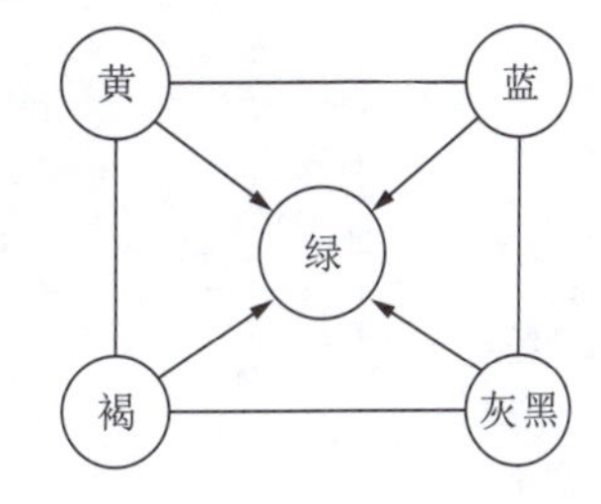

图 7－1 翡翠颜色叠加示意图

（1）正绿色：包括纯正的绿色和微带蓝色调、黄色调的绿色，如传统上所称帝王绿、艳绿、翠绿，因为混入的黄色或绿色很少，如果不放在一起比较，很难看出它们之间的颜色差别。

（2）黄绿色：即带黄色调的绿色（阳绿），如传统上所说的黄阳绿、鹦哥绿、葱心绿、秧苗绿、苹果绿等。黄色调的加入提高了翡翠的明度，使得这种绿色非常明快和悦目，因此，这种颜色的翡翠多数也被看作是正绿色翡翠。

（3）蓝绿色：即带蓝色调的绿色，如传统上所说的祖母绿、辣椒绿、豆青绿、江水绿、菠菜

图 7－2 不同色彩叠加形成的各种翡翠颜色

绿、瓜青绿等。蓝色调的加入降低了翡翠的明度，使得翡翠的颜色变得沉闷，过于沉闷的蓝绿色翡翠被认为是偏色的翡翠。

(4)墨绿色：即灰绿—带灰黑色调的绿色，或者说已经不能用绿色进行描述的颜色，包括黑绿(墨翠)、灰绿、油青绿、透绿墨翠、蓝晴水等。灰色或灰黑色的加入严重影响了翡翠的明度，使翡翠的颜色异常沉闷，这些颜色多数被认为是邪色。

表 7-9　翡翠的颜色特征

颜色	传统称谓	颜色特征描述
正绿色	帝王绿	理想的纯正的绿色，色浓度适中，是翡翠中最高级别的绿色
	艳绿	微带蓝色调的绿色，色浓度适中，如果不比较很难看出与帝王绿的差别
	翠绿	微带黄色调的绿色，色浓度适中，如果不比较很难看出与帝王绿的差别
黄绿色(阳绿)	鹦哥绿	稍带黄色调的绿色，颜色浓艳，像鹦鹉羽毛的颜色
	黄阳绿	稍带黄色调的绿色，色浓度适中，像早春三月杨树刚长出的嫩芽，娇艳欲滴
	葱心绿	稍带黄色调的绿色，色浓度适中，像刚出土的葱，黄色调较黄阳绿更明显
	秧苗绿	稍带黄色调的绿色，色浓度适中，像刚长出的秧苗，同葱心绿相比黄色调更明显
	苹果绿	稍带黄色调的绿色，色浓度偏淡，为偏黄的淡绿色
蓝绿色	祖母绿	微带蓝色调的绿色，色浓度适中，绿色中带的蓝比艳绿色稍明显
	辣椒绿	稍带蓝色调的绿色，颜色浓艳，看起来像成熟的辣椒色
	豆青绿	稍带蓝色调的绿色，颜色明快、均匀，如豌豆苗一样的青绿色
	江水绿	稍带蓝色调的绿色，色浓度偏淡，但颜色较均匀，像江水一样的绿色
	菠菜绿	带较明显蓝色调的绿色，绿色暗而不够鲜艳，类似菠菜叶的绿色
	瓜青绿	带明显蓝色调的绿色，颜色偏蓝而不够明快，像瓜皮一样的绿色
灰黑绿色	黑绿(墨翠)	反射光观察，颜色深到发黑，透射光观察仍为褐黄绿、黄绿、绿色调
	灰绿	带明显灰色调的绿色，颜色灰暗、不鲜艳，俗称“蓝水绿”，价值较低
	油青绿	带油脂感的、浓郁的深灰绿色，颜色发暗、不鲜艳
	墨翠(透绿)	带明显灰黑色调的绿色，有一定的透明度
	蓝晴水	色浓度很淡的浅蓝绿色，但翡翠的透明度较好，看起来像晴天时的一潭碧水

不同色调的绿色翡翠的价格相对高低关系如图 7-3 所示。从图中可以看出，在这些绿色翡翠中，正绿色翡翠的价格最高，偏黄或偏蓝的翡翠价格会随偏色程度的加重而降低，且

蓝色调的变化比黄色调的变化对价格的影响更加明显。另外,需要说明的是,这个示意图只是表示不同色调的绿色翡翠之间价格的相对高低关系,每一级之间的价格倍率也不是绝对的。如正绿色的帝王绿翡翠与稍偏黄的黄阳绿色翡翠,都是翡翠中的精品,但颜色相差一点点,价格可以相差几十倍,且这种颜色差别要用一双敏锐的眼睛去分辨,需要我们在实践中注重培养自己的辨色能力。

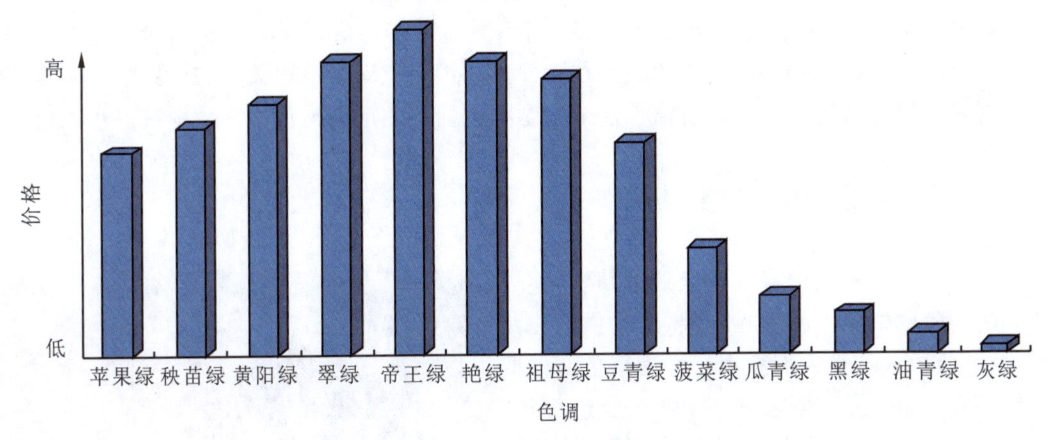

图 7-3 翡翠色调与价格的相对关系

以上我们探讨的是绿色翡翠色调的变化,除此之外,翡翠颜色评价的要素还包括明度和彩度等。正如前所述,不同色调的绿色是不同的色彩与绿色互相叠加的结果,同理,色浓度的变化可以看作是绿色与白色、绿色与绿色、绿色与灰色或黑色叠加的结果,色浓度的变化也会引起彩度的变化。翡翠的色浓度要恰到好处,色浓度过高或过低均会降低翡翠的价值。如果我们将翡翠颜色按色浓度分为墨绿、深绿、浓绿、浅绿、淡绿等几种类型,那么它们之间的价格关系大致如图 7-4 所示。翡翠颜色的色彩、明度和彩度的变化及与价格的关系很难用文字描述清楚,且颜色还与环境的变化有关,如晴天与阴天、不同颜色和不同强度的灯光下,颜色都会有很大的变化,甚至在不同的纬度(如瑞丽与北京)下看同一件翡翠,颜色给人的感受也是不一样的。关于翡翠颜色带来的价格变化,同样需要我们在实践中加以体会和总结。

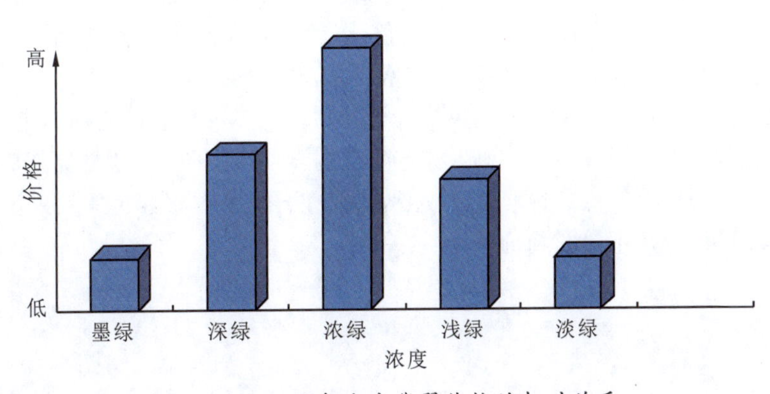

图 7-4 不同色浓度翡翠价格的相对关系

颜色评价的另一个因素就是翡翠颜色的均匀程度，我们可以用目测的方法来确定颜色是否均匀。翡翠颜色不均匀的情况较复杂，有的是颜色深浅不一，有的是颜色绿白相间，或者颜色为丝状、斑状、斑点状等各种色形。对于颜色不均匀的翡翠，要评估绿色在整个饰品中的比例、分布的均匀程度，并在价格评估中要给予一定的折扣。但是，并不是说在其他特征都相同的情况下满绿和半绿之间的价格关系就是 2∶1，它们之间的关系可能是指数关系。

在翡翠饰品颜色不均匀的情况下，颜色的位置也要考虑。并非所有部位的绿色都会提高翡翠的价值，如一只手镯，若颜色在内圈，则不能提高其价值，若偏向一边，价格也要大打折扣；一件翡翠观音，如果不均匀的颜色在脸部且一边有色而另一边无色，观音则成了“阴阳脸”，这时的绿色会降低翡翠的价值。这个问题将在翡翠的形制与价格评估中进一步探讨。

二、紫色翡翠的价格评估

紫色翡翠也称紫翠或紫罗兰翡翠，是指整体色调呈紫色的翡翠。很多年以前，翡翠供应充足时，紫色翡翠并不受人们重视。因为紫色翡翠要么结晶颗粒粗大、透明度不好，要么紫色很淡。但也有质地细腻、透明度好的紫色翡翠，只不过这种翡翠的产量较小而已。如在 2010 年 10 月的缅甸翡翠公盘上，一组紫色原石受到人们的广泛关注。如图 7－5 所示，这组重 6 千克的紫色翡翠原石被切成两部分，冰透的浓紫色，质地细腻（简称“冰紫翡翠”），在灯光下，可见其内有明显的胶质感，是一块难得的紫罗兰翡翠。公盘上标的底价为 580 000 欧元，成交价格在当年引起了巨大的轰动，为近 2 亿元人民币，平均每千克达到 3300 多万元人民币，成交价为底价的近 40 倍，创下缅甸翡翠公盘以来的最高单价。消息传到国内，广州市场上紫色翡翠的价格应声上涨。近年来，随着翡翠资源不断减少，紫色翡翠的价格也不断上扬，虽然其中不乏炒作成分，但紫色翡翠受到重视已是不争的事实。

图 7－5　冰紫翡翠原石

紫色翡翠的价格受色调和色浓度的影响。就色调而论，紫罗兰翡翠的紫色可分为粉紫、茄紫和蓝紫（图 7－6）。粉紫为带粉红色的紫色；蓝紫为偏蓝的紫色；茄紫为介于两者之间的紫色，带些灰色。其中以粉紫的价格最高，茄紫次之，蓝紫的价格最低。

就色浓度而言，在自然光下色浓度越大价格越高。但多数紫色调翡翠颜色非常浅，即色浓度较小，但在黄光下面观察，紫色会显得较深、较明显，若离开黄色光源紫色基本上就会消失，这种紫色翡翠的价值较低。选购时要小心，还要在日光下观察紫色的效果。特别是当底色为淡淡的紫色时，通常不会影响价格。

图 7-6 不同色调的紫色翡翠

三、红(黄)色翡翠的价格评估

红(黄)色翡翠也称为红翡或黄翡,是泛指颜色深浅不一的褐红色、黄色、褐黄色的翡翠(图 7-7)。红翡或黄翡是在氧化环境下翡翠原石遭受风化的过程中,铁的氧化物沿翡翠原石表面的结晶颗粒间渗透而形成的次生色。翡翠原石结晶颗粒的粗细、结构的紧密程度、埋藏在地下时间的长短和氧化作用的强烈程度不同,铁离子渗透的深度也不一样。从这种意义上来说,红翡或黄翡的资源是十分有限的。

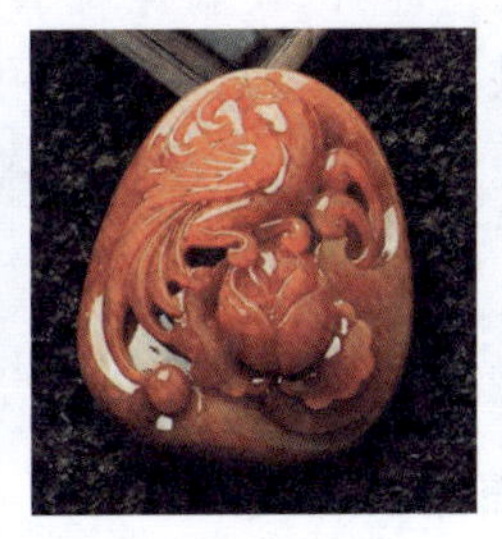

图 7-7 不同色调的红(黄)翡

单从颜色而论(在不考虑透明度和质地的情况下),红(黄)翡的颜色以褐红色最好,其次是蜜蜡黄色,再次是浅褐红色、黄色、褐黄色、浅褐黄色等。红色多呈褐红色、暗红色或橙红色,极少有鲜红色。黄色也多为褐黄色和浅黄褐色等。优质色正的"翡"极为稀少,如行内称谓的鸡冠红、鸡油红。

四、白色翡翠的价格评估

这里所说的白色翡翠主要是指质地为玻璃地、冰地的翡翠(图 7-8)。20 世纪 80 年代以前,在翡翠中白色是价值较低的颜色,80 年代中期,台湾玉商尝试将白色玻璃地、冰地的翡翠加工成各种饰品，他们发现白色翡翠虽然没有绿色翡翠那样生机盎然，但它不华丽、不张扬，既有强烈的玻璃光泽而表现出来的阳刚之气，又有游动于表面泛着灵动、温润的"萤光"，仿佛包含丰富的内涵与无限的生命，拥有让人永远都读不完的深刻内涵，百看不厌、回味无穷。80年代中期以后，白色玻璃种、冰种翡翠的价值逐渐得到了认可，市场价格逐年攀升。仅2000年至2010年，白色冰种、玻璃种翡翠的价格一路暴涨，10年间价格上升了100倍以上。

图7-8　带不同色调的白色翡翠

对于白色冰种、玻璃种翡翠，在其他条件相同的情况下评估其价格就是看白色是否纯正，够不够白，越纯正、越白价格就越高。如图7-8所示，最左边的叶子颜色最白，价格最高。市场上经常见到的偏黄色调的、偏灰色调的或者偏蓝色调的，价格都低于纯白的冰种、玻璃种翡翠。当然，如果白色冰种、玻璃种翡翠中带有阳绿色(一般是较淡的阳绿色)，其价值一定会高于纯白冰种、玻璃种翡翠。在实践中可能存在认识误区，如很多人会把白色冰种、玻璃种中的"飘蓝花"误认为是飘翠，仔细观察可以发现，其中飘着的颜色是墨绿色，为了卖出高价有些商家会故意将其颜色说成是飘翠。实际上"飘蓝花"的玻璃种价值要低于干净的纯白冰种、玻璃种翡翠。

五、墨翠的价格评估

在市场上，墨翠的称谓比较混乱。在讲述翡翠颜色的时候我们已经谈到，翡翠的黑色有多种成因，其中多数黑色翡翠都称为墨翠(包括黑色的乌鸡种翡翠)。这里所说的墨翠是指主要组成矿物为绿辉石的翡翠。晶体颗粒为细至较粗，微透明—不透明。墨翠加工成较厚的玉牌时在反射光下观察为黑色，在强透射光下为墨绿色，如果加工成厚度在2mm以内的薄片状饰品，在反射光下也呈墨绿色。这种墨翠是近年来市场上争相追捧的翡翠品种之一。优质的墨翠稀少而珍贵，肉眼基本上看不到任何明显的杂质。它的组成矿物绿辉石颗粒细小而均匀。反射光下呈现明亮均匀的黑色，透射光下呈漂亮的绿色(图7-9)。

同样是墨翠，价格却有很大的差别。优质的墨翠，用反射光观察，表面光泽强，颜色为黑色，质地细腻、均匀(图7-9、图7-10A)；用透射光观察，为鲜艳的绿色，矿物颗粒细腻、均匀，不含任何杂质。而质量稍差的墨翠，在反射光下，光泽相对较弱，颜色也为黑色，但有一

图 7-9 透射光下的墨翠

种不均匀的感觉，质地不够细腻；在透射光下，为灰绿色、黄灰绿色，矿物颗粒粗细不均匀，内部结构杂乱，有明显的杂质(图 7-10B、C)。优质墨翠的单价可能在 10 万元以上，而质量一般的墨翠价格可能只有数千元。

图 7-10 不同质量和价格的墨翠

六、多色翡翠的价格评估

当红(黄)、绿、紫等色(除白色外)中的任意两种或三种颜色出现在同一件翡翠上时，我们称之为多色翡翠。多色翡翠并不是指颜色不均匀的绿、白相间的翡翠。多色翡翠中不同颜色的组合会按中国的传统文化赋予独特的寓意。如果一块翡翠上同时具有红、绿、紫三种颜色，则被称为“福禄寿”(图 7-11)，寓意为“长寿、升官、发财”；如果一块翡翠的颜色是黄色与绿色的组合，则称为“皇家绿(黄夹绿的谐音)”(图 7-12)；如果紫色的底色上带有淡淡的绿色，则被称为“春带彩”(图 7-13)；如果一件翡翠上同时出现黄、绿、紫、白四种颜色，则被称为“福禄寿喜”。

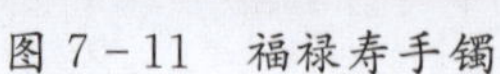
图 7-11　福禄寿手镯

图 7-12　皇家绿手镯

图 7-13　春带彩手镯

各种翡翠颜色的成因不同，导致各种颜色在翡翠原料中出现的位置不一样，如红色、黄色一般出现在翡翠原料的表皮，而绿色、紫色一般在翡翠原料的内部，所以体积较小的翡翠饰品出现两种及以上颜色共存的可能性比较小，这种多色翡翠的价值也相对较高。同时，正因为多色翡翠比较少，价格没有可比性，价格弹性比较大，买卖双方的议价能力对价格的影响比较大。但是，价格的高低还是取决于翡翠的美丽程度和颜色的分布状况。比如说一只福禄寿手镯，如果红、绿、紫三种颜色在手镯上分布得当，即三种颜色各占三分之一，或绿占得比较多，红与紫所占比例相当，则是稀有名贵品种。如果红、绿、紫三色分布如上所述，色彩又很鲜艳，再加上质地好、透明度高，这样的福禄寿翡翠可以说是无价之宝。

谈及翡翠的颜色，我们还要认识另一个概念——地张，因为它对翡翠的主色调——绿色影响很大。地张也称为底障，是一个传统的、用来描述翡翠原石的概念，泛指翡翠原石内部一切不好的特征，如结晶颗粒粗大、有杂质或杂色、有裂纹等。而在现代翡翠宝石学中，地张是指翡翠除绿色以外的底色。常见的翡翠底色有无色、白色、浅黄色、灰褐色、灰色、浅绿色、淡紫色等。当底色的色调与绿色相近或一致时，翡翠的绿色会在底色的衬托下显得更加漂亮，更有生机，无疑会使翡翠的价格倍增。相反，底色不好，会使翡翠的价格大打折扣。地张由好到差的顺序依次是：浅绿色、灰绿色、无色、白色、浅紫色、浅黄色、灰色、褐灰色、褐黄色。另外，底色与体色的色调、底色的浓度、底色在翡翠成品上所占的比例都会对翡翠的价格造成影响。底色的色调与体色越接近越好，如浅绿色的底色会使整个翡翠的绿色得到加强；底色的色调越浅越好，如果地张色太深、反差太大，就会影响翡翠饰品的外观效果，继而影响其价格。如图 7-14 所示的翡翠手镯，底色中充满了次生的褐黄色、褐灰色（我们就称之为地张差），即使手镯为绿色也不会有较高的价值。底色的比例，特别是反差大的地张色在翡翠中所占的比例越小越好。

图 7-14　地张差的翡翠手镯

还需要说明的是，自古以来，翡翠都是“以绿为美、以绿为贵”，这一点在《翡翠饰品质量等级评价》中也得到体现（翡翠的颜色在评价体系中所占的权重达 40%）。绿色是翡翠中最有价值的颜色，这一点为很多收藏者所知。但是，不管什么颜色，如果种份（行内称为“种水”)很差,即使是满绿,也体现不出那种灵动之美,翡翠的价值也不会太高。“外行看色,内行看种”,对于一块好看的翡翠而言,种水是美的基础,色是美的前提。无论多好的颜色,如果种水和地子很差,颜色就不会生动,自然也不会有高的价值。不管是红翡绿翠还是春紫,都要细腻的质地、晶莹剔透水头的配合,只有这样才会使翡翠之美一览无余。

第三节 翡翠的质地与价格评估

这里所说的质地与传统的“地子”较为接近。质地是指翡翠的结构与透明度的组合。关于翡翠的结构和透明度,我们在前面的章节中已经作了系统的介绍。

结构和透明度是决定翡翠质地的两个主要因素。翡翠的结构是指其组成矿物的结晶程度、矿物颗粒大小、矿物自形程度之间的关系。如果将翡翠的结晶颗粒大小分为粗粒和细粒2个级别,按透明程度将透明度由透明—不透明分为5个级别,翡翠的粒度与透明度的组合就可分为10种质地(表7-10):玻璃地、冰地、化地、冰豆地、水粉地、水豆地、粉地、豆地、瓷地、石地(干豆地)。

表7-10 翡翠的质地类型

结构	透明度				
	透明	亚透明	半透明	微透明	不透明
细粒	玻璃地	化地	水粉地	粉地	瓷地
粗粒	冰地	冰豆地	水豆地	豆地	石地

(1)玻璃地:矿物结晶颗粒为微小晶体,甚至在显微镜下都见不到结晶颗粒,硬玉质纯无杂质,质地均匀、细腻,无裂绺,透明度极高,水头达3分水以上,晶莹剔透,外观具有玻璃般的感觉(图7-15)。结构紧密,硬度大,制作的成品(尤其是手镯)敲击起来能发出清脆声音。通过适当的方式加工(行业内称为“调水”),成品表面还会有灵动的莹光(起莹现象)。

(2)冰地:矿物结晶颗粒同样为微小晶体,但比质地为玻璃地的翡翠要粗,显微镜下可以见到结晶颗粒,质地均匀、细腻,有时可见不明显的杂质。透明度很高,水头达3分水以上,晶莹剔透,但观察透明度时总有云雾感(图7-16)。冰地翡翠结构紧密,硬度大,成品敲击起来也会像玻璃地翡翠那样发出清脆的声音。经过加工的冰地翡翠成品表面会产生起莹或起胶现象。

(3)化地:矿物结晶颗粒也为微小晶体,质地细腻、均匀(图7-17),但透明度比玻璃地、冰地差,亚透明水头只有2~3分水,云雾感更重,如果成品较薄则很像冰地,但不会像冰地那样有起莹或起胶现象,可见不明显的杂质。民间所说的蛋清地、鼻涕地就是指此类地子。

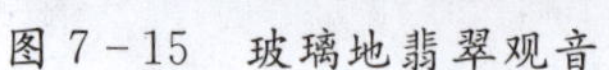

图 7－15 玻璃地翡翠观音　　图 7－16 冰地翡翠手镯　　图 7－17 化地翡翠

(4)冰豆地：矿物结晶颗粒比化地粗，透明度为亚透明，有时也为半透明，水头 2～3 分水，肉眼可见矿物的结晶颗粒但颗粒边界模糊不清，可见明显的白色丝状物或细小的絮状物(图 7－18)。也称为冬瓜地，外观上如同煮熟的冬瓜。

(5)水粉地：肉眼不可见翡翠矿物的结晶颗粒，质地细腻、均匀，透明度比化地差，为半透明，如图 7－19 所示，水头只有 1～2 分水。

(6)水豆地：肉眼可见矿物结晶颗粒，质地较细腻但有明显的颗粒感，结晶颗粒的界限较模糊，是翡翠经过长期的挤压变形和溶蚀作用的结果。透明度为半透明，与水粉地相当，水头只有 1～2 分水。民间所说的稀饭地就是此类(图 7－20)。

图 7－18 冰豆地翡翠手镯　　图 7－19 水粉地翡翠葫芦　　图 7－20 水豆地翡翠玉扣

(7)粉地：肉眼不可见矿物的结晶颗粒，质地细腻、均匀，如图 7－21 所示。透明度为微透明，比水粉地稍差，水头不足 1 分水。

(8)豆地：肉眼可见明显的矿物结晶颗粒，由于翡翠变质作用的程度不同，不同翡翠中矿物粒度的粗细和结晶颗粒的紧密程度也有差异。透明度为微透明，水头不足 1 分水(图 7－22)。

(9)瓷地：也称为马牙地，肉眼不可见矿物的结晶颗粒，质地细腻、均匀(图 7－23)，透明度为近于不透明，外观如瓷器。

(10)石地：肉眼可见明显的矿物结晶颗粒，透明度为近于不透明(图 7－24)，结构也较松散。如果雕琢成花件，极容易崩口，是翡翠中最差的地子。

图 7-21 粉地翡翠佛

图 7-22 豆地翡翠心形坠

图 7-23 瓷地飘蓝花翡翠手镯

图 7-24 石地翡翠玉璧

在传统的翡翠宝石学中，质地是地子的一部分，质地与地子不同的是，地子的含义更广，传统所说的地子还包括了石性和前面所讲的地张。石性是指翡翠中的棉、石花、反差大的杂质和纹理等。石性的问题，我们在翡翠的净度对价格的影响中进一步探讨。不同质地的翡翠相对价格关系如图 7-25 所示。

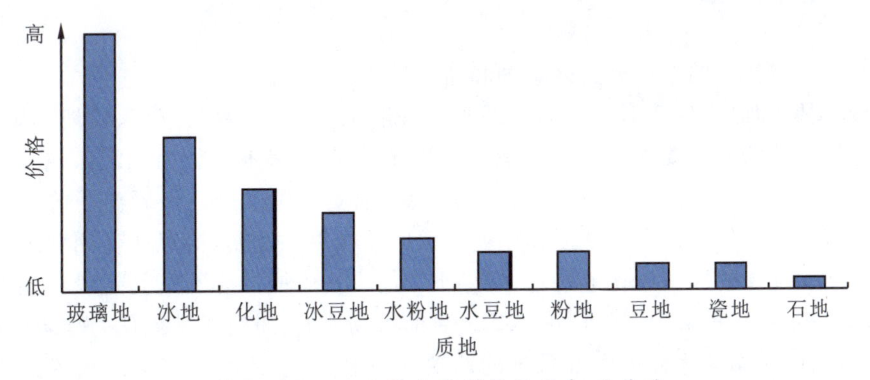

图 7-25 不同质地翡翠价格的相对关系

在翡翠透明度和颜色的关系中，还有一个值得我们关注的概念——照映。照映是指在颜色不均匀的翡翠中，局部的颜色因光线的传播而“扩散”到绿色色斑以外的部位的现象。照映对颜色的影响与亭部具有色斑的刻面型透明宝石通过全反射使整个宝石的颜色看起来较均匀的作用相似。不同的是，透明宝石是通过亭部刻面对进入宝石内部光线进行全反射来实现这一效应的，而翡翠则是通过光线的折射、反射作用来达到这一目的。照映对半透明的翡翠尤为重要，它会将翡翠中色斑的绿色"扩散"到无色或浅色的区域，使翡翠的色斑"扩大"，改善颜色不均匀翡翠的视觉效果。例如，一粒半透明的翡翠戒面中有一块绿色色斑，其实颜色是不均匀的，但若用合适的镶嵌方法看起来整个戒面都是绿色的，这就是照映的作用。而对于透明度好或差的翡翠，照映的作用并不明显。所以，我们在评价这类翡翠时，一定要注意不要被外观迷惑了。

第四节 翡翠的种份与价格评估

种份也称为种或种质。狭义的种份是按翡翠的产状划分翡翠的种类，以次生矿的形式产出的翡翠称为老坑种，原生矿的形式产出的翡翠称为新坑种。因为翡翠的种份与水头关系密切，所以，行业内常以"种水"来描述翡翠。识别翡翠种份的新老是从事翡翠贸易的基础，因为老坑种与新坑种之间的价格差异非常大，并且同样是老坑种翡翠的种份还有相对新老之分，一般可以通过观察光泽、结构的紧密程度或刚性的强弱来判断，多数情况下只能靠经验来识别。广义的翡翠种份还可以根据颜色、质地、产状等特征来判断进行命名，通过种份的名称可以大致了解翡翠的质量。正因为如此，行业中对翡翠种份的认识和命名都比较混乱，商业上更难达到统一。下面我们先从不同的角度描述翡翠种份的类型，再分析不同种份对翡翠质量和价格的影响。

一、根据翡翠的产状命名

根据翡翠的产状，翡翠可分为老坑种和新坑种。

(1)老坑种：即以次生矿形式产出的翡翠。一般来说，它们颜色较好、质地细腻、透明—半透明，是优质翡翠的重要来源。老坑是相对新坑而言的，采玉人认为在河床或其他次生矿床中产出的玉形成的时间更早，它们经历了复杂的地质作用改造。色素离子的进入使它们形成了不同色调的绿色，复杂的变质作用使翡翠的结构更加紧密，而风化作用和地表水的搬运作用，使结构疏松的原石风化成砂粒，残存下来的大小不同的砾石就是抗风化能力强的优质翡翠(图 7－26A)，被称为"老坑种翡翠"。目前市场上，优质翡翠都被认为是老坑种。

(2)新坑种：是指原生矿床中开采出的翡翠。一般来说，新坑种产出的翡翠品质没有老坑种好。虽然原生矿脉中也有带绿色或紫色的翡翠，但由于它们形成的时间可能比较晚，没有经历过复杂的地质作用的改造，结晶颗粒粗、结构松散，透明度差(图 7－26B)，因而被称为新坑种翡翠。

事实上，老坑种翡翠经过几千万年的地质作用的改造，能够保存下来的大多是高质量的翡翠，新坑种翡翠中同样有质量相对好的，但它们一般结构松散、结晶颗粒粗、透明度差，相同或相似外观的新坑种翡翠的价格远远低于老坑种翡翠。由于老坑种翡翠结构致密，加工的成品不论经历多长时间都完美如新，不会有任何改变。但新坑种翡翠就不同了，由于晶体结构疏松，长时间暴露在空气中，表面的矿物质就会发生氧化，成品就会发黄、发黑，颜色会变淡或不那么鲜艳了（行业内叫"变种"）。所以，从事翡翠贸易一定要学会辨别老坑种翡翠与新坑种翡翠，更要认识到老坑种与新坑种对翡翠质量和价格的影响。

图 7-26　老坑种与新坑种翡翠

二、根据质地的特征命名

根据翡翠的结构和透明度的组合，翡翠可分为玻璃地、冰地、化地、冰豆地、水粉地、水豆地、粉地、豆地、瓷地、石地（干豆地）10 种。根据质地的特征可将翡翠种份大致分为玻璃种、冰种、糯种、豆种、马牙种等。

（1）玻璃种：质地为玻璃地。玻璃种翡翠透明度高，玻璃光泽强（刚性强），质地细腻，纯净少棉，晶莹剔透，看起来像玻璃，可以从内部发出一种柔和、灵动的莹光（图 7-27A）。干净少棉也是玻璃种翡翠种老的标志，因为经历了复杂的动力变质作用过程，内部的棉早已被熔蚀掉了，即使有棉也是薄薄的、极细的点状棉或是大颗粒的白色点状棉，如木那场口的雪花棉，这种雪花棉飘得很干净，与玉肉界线很鲜明（图 7-27B），反而被人们认为是种老的标志，成了另外一种美丽的风景。

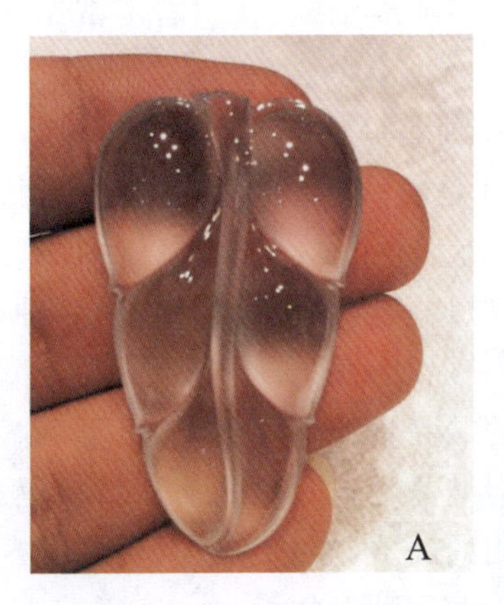

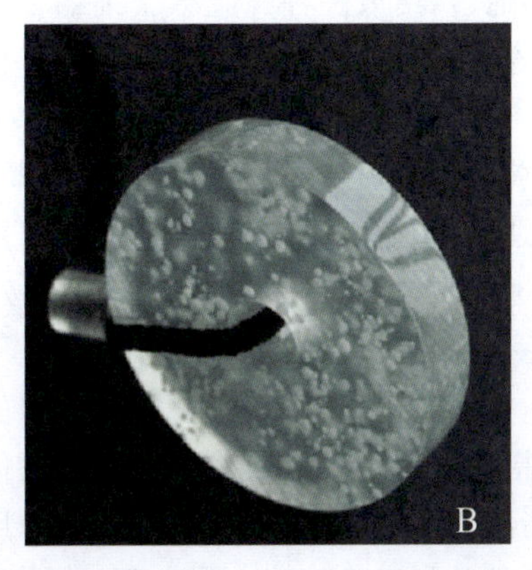

图 7-27　玻璃种翡翠

衡量玻璃种价值的标准是够不够纯、够不够白:越纯(有雪花棉的除外)、越白价格就越高,偏黄色调的、偏蓝色调的、偏灰色调的玻璃种翡翠价格都低于纯白玻璃种翡翠。

(2)冰种:质地常为冰地。冰种翡翠的透明度接近于玻璃种,质地细腻均匀,透明中有一丝冰质感。冰种实质上是无色或淡色玻璃种中质量稍差的一种,虽然透明,但总有一种朦胧感,偶尔可见有少量杂质。质量介于玻璃种与冰种之间的称为高冰种翡翠,它与玻璃种相差无几,经正确定向加工的冰种翡翠有起莹、起胶的现象(图 7-28)。翡翠的起莹、起胶现象是翡翠中矿物微粒有序排列或无序排列而导致的光学现象。当矿物微粒有序排列且被加工成弧面时,进入翡翠内部光线的折射使整块翡翠明暗不均,形成人眼视觉上的反差,这就是我们所看到的起莹现象,莹光越强反差就越明显。而当矿物微粒无序排列时,光的折射方向也会无序,在转动翡翠时,翡翠的弧面表面似乎有一层胶质在流动,这就是我们看到的起胶现象。翡翠的起莹、起胶现象受翡翠本身的形状、观察的角度和弧面弧度的影响,翡翠如果加工成板状,没有任何弧度,那么起莹、起胶现象就几乎不可见。正因为如此,多数冰种翡翠挂件的表面和边缘部位都会雕刻成弧面,以此来突出起莹、起胶效果。

图 7-28　起莹的冰种翡翠

(3)糯种:质地常为化地、水粉地、粉地,是内部朦胧,结构不明显、似透非透的翡翠品种。糯种翡翠具有如下特征:第一,翡翠的质地较细腻,基本看不到结晶颗粒;第二,翡翠的透明度变化较大,可以为亚透明—微透明。所以,糯种给人的印象是浑浊、朦胧,它有冰种那样细腻的质地,但不像冰种翡翠那么透、不起莹,更不像冰种翡翠那样灵动。根据翡翠结晶颗粒的粒度和透明度的变化,糯种可进一步分为糯冰种、糯化种和细糯种(图 7-29)。糯冰种是指透明度为亚透明、质地细腻、看不到结晶颗粒的翡翠,是冰种和糯种之间的过渡品种,透明度比糯种好,但比冰种差,如果加工得很薄,外观很像冰种,但不会像冰种那样有起莹现象。糯化种是指透明度为亚透明—半透明、质地细腻但内部总有模糊的、边界不清楚的絮状物的翡翠,因为不够通透,给人一种朦胧感。细糯种是指质地细腻、基本看不清结晶颗粒边界、透明度可以是半透明—微透明的翡翠。

(4)豆种:质地可为冰豆地、水豆地、豆地。豆种是一个非常形象的称呼,因为豆种翡翠内部的结晶颗粒比较明显,肉眼可见,并且大部分是粒状、短柱状,当这些粒状、短柱状晶体的边界比较清楚时,看起来很就像一粒粒小豆子排列在翡翠内部。豆种翡翠的透明度可以为亚透明—微透明,粒度可以为粗粒—细粒。按照透明度和粒度的组合,豆种可以分为冰豆种、水豆种、糖豆种、粗豆种、细豆种(图 7-30)等。冰豆种翡翠是指质地为冰豆地的翡翠,透明度近于透明,初看起来很像冰种翡翠,但翡翠的结晶颗粒不够细腻,可见明显的结晶颗粒。水豆种翡翠是指质地为水豆地、半透明,有水头但结晶颗粒明显的翡翠。糖豆种翡翠是质地为豆地、半透明的翡翠,但经过了复杂的变质作用的改造,虽然可以看到结晶颗粒,但边界并不十分清楚,内部看起来像糖浆一样黏稠,这也是翡翠种老的标志。

糯冰种

糯化种

细糯种

图 7-29 不同类型的糯种翡翠

冰豆种

水豆种

糖豆种

粗豆种

图 7-30 豆种翡翠的类型

豆种翡翠是市场上最常见的类型,人们常说的“十绿九豆”指的就是豆种翡翠在市场上的广泛性。豆种的透明度、粒度等质地要素变化很大,加上种份的新老、颜色的变化等,使得豆种翡翠的质量和价格也相差很大,优质豆种翡翠同样是价格不菲的。

(5)马牙种:质地为瓷地或马牙地。马牙种翡翠质地虽较细,但不透明,好像瓷器一样。如果有颜色,大都是比较鲜艳的颜色,粗看比较耀眼,但有色无种,仔细看就能发现绿色当中有很细的一丝丝的白色。马牙种虽有一定的颜色,但由于透明度差,行话叫作不够水份或水头差,所以价值不会很高。

三、根据颜色的特征命名

如果考虑颜色尤其是绿色的特征,再加上质地及其变化情况,翡翠的种份可分为老坑玻璃种、豆青种、花青种、飘蓝花种、白底青种、金丝种、瓜青种、油青种、干青种、乌鸡种、芙蓉种、龙石种等。

(1)老坑玻璃种:如果翡翠的颜色为纯正、明亮、浓郁、均匀的翠绿色,结构以微小的粒状、纤维状变晶结构为主,质地细腻,为玻璃地,透明度好,则称为老坑玻璃种。所以,老坑玻璃种翡翠是老坑种,肉眼极难见到翠性,质地细腻,纯净无瑕疵,颜色为纯正的绿色,均匀度好。另外,具有玻璃光泽,即刚性强,是翡翠中的极品(图 7-31)。当然即使都是老坑玻璃种,其质量也有高低之分,有的透明度好一些,有的透明度稍差些,有的颜色正一些,有的颜色稍偏一些。但总体来说，老坑玻璃种是翡翠中极为稀少的品种。

图 7-31　老坑玻璃种翡翠

(2)豆青种：是以质地和颜色的特征命名的翡翠种类。这种翡翠一般具有粒状结构，结晶颗粒的粒度可以为细粒—粗粒，透明度为微透明—半透明，颜色为豆青色且分布较均匀(图 7-32)。豆青种翡翠是绿色翡翠中常见的品种，"十绿九豆"中的"豆"主要是指这种翡翠。不管质地是粗豆地还是细豆地，只要颜色呈均匀的豆青色翡翠均称为豆青种。

(3)花青种：是以颜色的分布特征命名的翡翠种类。花青种翡翠底色可以是绿色、白色，绿色有浅绿、深绿。绿色形状可为丝状、脉状、团块状及不规则状，此外还可有绿色花纹。绿色分布极不规则，这是花青种翡翠最大的特点。实际上，传统上所说的花青种主要是指那些不透明—微透明，底色为白色，不规则的颜色可深可浅、分布时密时疏的翡翠(图 7-33)。现在花青种用来描述所有颜色不均匀的翡翠，包括颜色呈团块状、脉状等很不规则形状展布的。花青种翡翠的质地可以是冰地、化地或豆地，透明度可以从近不透明—微透明，这些翡翠只要颜色分布不规则均可被称为花青种。按质地的不同可进一步分为冰地花青种、糯地花青种、豆地花青种等。豆地花青种(图 7-34)是最常见的类型。

图 7-32　豆青种翡翠

图 7-33　花青种翡翠

图 7-34　豆地花青种翡翠

(4)飘蓝花种：是以颜色特征命名的翡翠种类。所谓飘蓝花是指翡翠底子上分布有灰蓝色、灰绿色等颜色的丝或形状不规则的色斑，蓝花如天上的云彩飘浮不定、变化万千，犹如水墨画一般美丽。飘蓝花种的质地可为玻璃地—豆地，透明度可为透明—不透明，再加上飘花的颜色、分布、形状各不相同，因此飘蓝花的品种十分丰富，是近年来受消费者欢迎的翡翠品种之一。根据质地的不同，飘蓝花种可以大致分为冰地飘蓝花种、糯地飘蓝花种和豆地飘花种。如图 7-35 所示，冰地飘蓝花种是飘蓝花种中质量最好的，尤其是飘花的颜色为灰绿色的品种。它质地晶莹剔透，有些质地甚至可以达到玻璃地。糯地飘蓝花种透明度为不透明—亚透明，质地细腻，飘花的颜色多为灰褐绿色，但因其质地细腻、均匀也颇受欢迎。相比之下，豆地飘蓝花种质地较粗、颜色一般，是飘蓝花种中档次最低的一种。

冰地飘蓝花种

糯地飘蓝花种

豆地飘蓝花种

图 7-35 飘蓝花种翡翠

(5)白底青种:是以颜色和地子命名的翡翠种类。传统上的白底青翡翠是指那种地子干且白,质地细腻但不透明,颜色浓艳、呈团块状分布的翡翠品种,这种白底青翡翠在市场上已非常少见。现在所说的白底青翡翠大多质地细—中等,底子洁白如雪,结构致密,基本不透明,白色的底子上分布着浓淡不一的绿色(图 7-36)。白底青种是缅甸翡翠中较常见的一种,其特征是底色一般较白,有时也会有一些杂质,绿色比较鲜艳,因为底色较白更显得绿白分明,绿色部分大多数以团块状出现,这几方面都是和花青种不同的。白底青种大多数不透明,属于中低档次的品种。

图 7-36 白底青种翡翠

(6)金丝种:是以颜色的分布特征命名的翡翠种类。金丝种翡翠颜色浓艳、呈大致平行排列的丝带状。金丝种的质地一般可从冰地—水豆地,颜色必须具备如下 3 个特征:呈丝线状,浓艳,分布大致均匀、平行排列。只有具备这 3 个特征的翡翠才能称为金丝种翡翠,所以这种翡翠非常稀少,也是翡翠中的名贵品种,价格较高。若翠丝幼细,颜色不够浓艳,大致平行,有一定的方向性,则可被称为顺丝种;若翠丝杂乱或似网状,无明显方向性,则可被称为乱丝种。市场上所见到的颜色呈丝状分布的翡翠大多是顺丝种或乱丝种,真正的金丝种翡翠十分稀少。

(7)瓜青种:是以颜色特征命名的翡翠种类,是指颜色偏蓝、不够鲜艳,呈瓜皮绿的翡翠。对瓜青种翡翠颜色最形象的描述是“蓝色有余而绿色不足”(图 7-37),颜色看起来不够生动,质地通常为化地、豆地或水豆地,也是市场上常见且价格相对较低的翡翠品种。

(8)油青种:是以颜色的特征命名的翡翠种类。常带有灰蓝或褐黄色调,颜色较暗,但透明度较好,质地细腻,表面为似油脂光泽,绿色较暗且掺杂蓝灰色调。它的颜色可以由浅至深,晶体结构往往是细粒状或纤维状,由于它表面光泽似油脂光泽,因此被称为油青种。在反射光下观察油青种翡翠,颜色为灰黑色或深油绿色,在透射光下观察则为灰绿色(图 7-38)。早年在瑞丽市场上经常可以见到这种翡翠,它们常被加工成很薄的戒面并镶嵌在用锡箔纸衬底的铜托上,这样它的颜色就为浓郁的油绿色,再加上均匀、细腻的质地,外观看起来也非常漂亮,但现在市场上已经非常少见了。现在广州翡翠市场上,很多人将那种质地细腻的灰绿色翡翠或水岩反应形成的豆地灰绿色翡翠称为油青种翡翠。所以，关于油青种翡翠的特征，我们可以归纳如下：颜色可以为从深到浅的灰绿色、灰黑色或油绿色，颜色较暗，矿物颗粒可以为微粒—中粒，透明度可以为微透明—近于不透明。多数油青种翡翠价值较低。

(9)干青种：是以质地和颜色命名的翡翠种类。主要成分为钠铬辉石，“干青”很好地概括了干青种翡翠的特征：干即透明度很差，底子很干，矿物颗粒从细粒到粗粒；青即绿色浓郁，深绿色。所以，干青种翡翠主要特点是浓绿色，透明度差(图 7-39)，自然光下基本不透光。当将干青种翡翠制成的佩饰时，往往做得很薄，希望通过此手法降低过浓的绿色，但加工得太薄又可能出现另外一个问题，即容易破碎。正因为如此，干青种翡翠在镶嵌成首饰时，多数情况下会选用 18K 金衬底的工艺，其意图在于底衬可以反光使翡翠看起来有水头，同时对薄的翡翠起到保护作用。

图 7-37　瓜青种翡翠

图 7-38　油青种翡翠

图 7-39　干青种翡翠

(10)乌鸡种：是以翡翠的颜色命名的翡翠品种。乌鸡种翡翠呈灰黑色—黑色(图 7-40A)，多数颜色不均匀，黑白相间(图 7-40B)，部分黑色部分质地为冰地或冰糯地，颜色不均匀，黑色中不同程度地带有灰绿色调，浅色部分的绿色调更加明显(图 7-40C)，宛如任意勾勒的水墨画一般，被人们推崇为“水墨画种”。乌鸡种翡翠的颜色、结构和透明度变化都很大，有的全黑，有的黑白相间，有的黑绿混杂；结构上有的细腻，有的具粒状结构，翠性明显；透明度为微透明—不透明，深色部分为不透明—微透明，浅色部分为不透明—亚透明。此类翡翠为非常坚硬，98%以上为硬玉，黑色是在翡翠的形成过程中碳元素渗入结构的缝隙中形成的，是较为少见的翡翠品种。

A

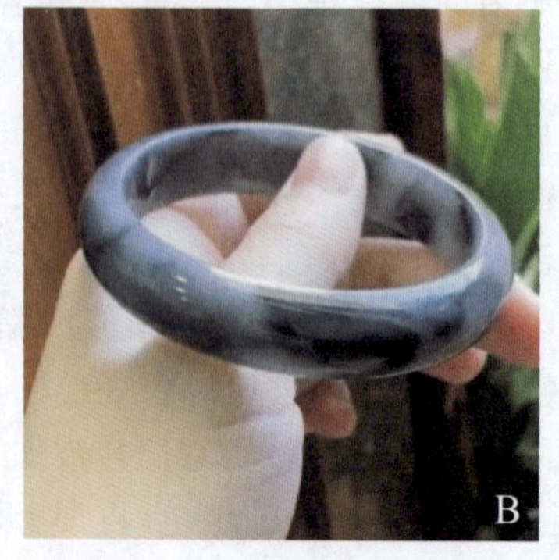

B

C

图 7-40　乌鸡种翡翠

(11)芙蓉种:是以翡翠的颜色和质地特征命名的翡翠种类。颜色一般为带灰色调的淡绿色,虽不够浓,但清新淡雅;质地较细腻,一般能看到结晶颗粒,但又看不到结晶颗粒的界线(图7-41),这是重结晶作用的结果;透明度为微透明—半透明。芙蓉种是市场上很受欢迎的翡翠品种,它宛如出水芙蓉,虽然透明度不高,但质地细腻、均匀,看不到明显的颗粒的界线,看上去温润而淡雅,有一种超凡脱俗之美。相比于同等质地的绿色品种,价格又不高,能为大众所接受。

(12)龙石种:是以翡翠的颜色和质地特征命名的翡翠种类。龙石种又被称为龙种或龙瑞种,是罕见的翡翠种类,它一般被认为是在翡翠原石的"水路"中形成的品种,形成条件十分苛刻。在翡翠原石形成之后,一种特殊的成矿流体在特殊的成矿环境中,沿裂隙充填交代翡翠原石(由于沿裂纹充填形成的翡翠一般比两侧的翡翠水头好,故行业中称为"水路"),这种流体中含有少量的铬离子使翡翠为绿色。在形成翡翠晶体的时候,它的结晶颗粒细小均匀且微晶颗粒有序排列,质地为玻璃地,无棉无杂质,水头很好。加工的成品如丝绸般光滑细腻,转动成品时,仿佛有一层淡绿色的胶质在表面流动(图7-42)。龙石种翡翠是缅甸翡翠中百年罕见的稀有珍品,就像神龙一样难求难遇,所以起名龙石种翡翠,其价值高于老坑玻璃种翡翠。

图7-41 芙蓉种翡翠

图7-42 龙石种翡翠

四、根据发现的时间、成分命名

根据翡翠被发现的时间和成分命名的种份包括八三种和铁龙生种。

(1)八三种:是以翡翠发现的时间命名的翡翠种类,是1983年发现并大量开采的翡翠。八三种翡翠中常带不均匀淡绿色,底色常为白色或淡淡的紫色,矿物成分以硬玉为主,含一定比例的钠长石,以粒状结构为主,质地粗且疏松,不透明。由于八三种翡翠结晶颗粒粗、结构松散,加工成饰品时只能制作成手镯、玉扣等素身饰品。如果用于雕琢,只能雕琢成粗线条的饰品(图7-43),因为精细的雕琢容易崩口。所以,多数八三新翡翠是制作B货翡翠的理想材料。

(2)铁龙生种:是以翡翠的成分命名的翡翠种类,是1996年在缅甸翡翠矿区的龙肯地区发现的新坑种翡翠,颜色为绿—深绿色,粒状结构,不透明(图7-44)。1998年,亚洲金融危机期间,这种满绿的翡翠因不透明而价格低廉,在香港十分畅销,香港玉商戏称它是“天龙降生”,拯救了香港的玉石业。再加上其产状呈岩脉状,矿点名称在缅语中的发音类似“天龙生”,于是将其命名为“天龙生”。后来香港珠宝学院的欧阳秋眉对其进行了系统的研究,发现这种翡翠铁离子的含量比较高,于是改名为“铁龙生”。铁龙生种翡翠因为绿色浓艳,可制作成满绿饰品而备受青睐,但由于总体透明度较差而又受到局限。铁龙生的色调深浅不一,结构疏松,总体来说是一种中低档翡翠。但此品种也有高档品,外观也是十分漂亮的。

图7-43 八三种翡翠

图7-44 铁龙生种翡翠

上文从不同的角度对翡翠进行了分类,多数种份还可按颜色和质地的具体特点进一步细分,所以,在行业内,种份有很多名称,但总体说来都包含在以上类型之中。另外,行业近年来出现了“蓝水、晴水”的说法,实际上,它们都是用来描述透明度高(冰种以上)、水头好但底色不同的翡翠的。蓝水亦称蓝水底,是指种份老,结构致密,质地细腻、均匀,水头好(冰种或玻璃种)、刚性强,底色纯净明亮的浅灰蓝色调的翡翠。晴水亦称晴水底,是指同样具有以上种水特征但底色为淡绿色或无色的翡翠,因为种水好,所以看上去清爽淡雅。蓝水成熟稳重,晴水生动活泼,都是消费者喜欢的品种。

按种份来评价翡翠是市场上最常见的,但也是最复杂的。这一评价过程是要将两个变化多端的评价要素——颜色和质地综合起来考虑,进而评估翡翠的价格。而质地又与种份的新老和透明度有关,于是,种、水、色就成了翡翠质量与价格评估的三个关键要素。有经验的翡翠商人会综合这三个要素并结合自己对行情的掌握,快速地对价格作出判断。但作为初学者,我们还是要对颜色和质地单独进行评价,再考虑其价格。

翡翠的美不仅仅体现在鲜艳浓郁的颜色,清澈纯净的底子也美不胜收。水头好的翡翠透明度高,光线在翡翠内部的反射、折射,使翡翠晶莹透亮,泛起莹光,富有灵动感,充满生机;反之,则死板、呆滞,缺少灵性。颜色几乎相同的翡翠,如果水头差距较大,那么它们的价格可能差几倍,甚至十几倍。比如冰糯种飘蓝花的翡翠手镯,如果水头好、光泽好,肉质细腻,花会散得很好,整个手镯都是生动的,价格要比水头差的飘蓝花手镯可能贵好几倍,甚至十几倍。

种份是评价翡翠好坏的一个重要标志，俗话说“外行看色，内行看种”，行家在挑选翡翠的时候，不怕没有色，就怕没有种，种份的重要性更胜于颜色。所以在挑选翡翠的时候，一定要先考虑种份，再考虑颜色。翡翠的种是翡翠质量的基础，而颜色就像是建立在种的基础上的高层建筑，评价翡翠的时候当然要先考虑基础的好坏，才能进一步地考虑锦上添花的颜色。当然，这样的说法并不是说颜色不重要，而是只有颜色但种份很差的翡翠给人一种干巴巴的感觉，缺少灵性。种分好不仅可以使颜色浅的翡翠显得温润晶莹，还可以使颜色均匀、饱满的翡翠充满灵气。因此，只有具备了好的基础才可以成为真正优质的翡翠，种好才是最基本的。

第五节

翡翠的净度与价格评估

净度即翡翠的干净程度，是指影响到翡翠外观或完美程度的裂纹和杂质，行业中也称之为裂绺。多数裂绺是翡翠中的消极因素，裂绺的存在影响到翡翠成品的完美程度，甚至影响翡翠成品的稳定性，因此，也会对翡翠的价格造成很大影响。当然，在加工过程中对有些缺陷进行处理，可将其对翡翠价格的影响降低到最低程度，甚至可以将缺陷加以利用使消极因素转化为积极因素（如将杂质用于俏色）。在这里，我们只讨论这些消极因素是如何影响翡翠的质量及价格的。

一、常见的裂绺类型

翡翠的裂绺包括翠性、杂色的色斑、石花、黑色杂质、石纹和裂纹等。不同的裂绺对翡翠成品的影响是不同的。

(1)翠性(片状闪光)：是翡翠组成矿物解理面的反光造成的。多数情况下它对翡翠的外观影响较小，且翠性明显的翡翠一般质量较差，所以，我们在这里不探讨它对价格的影响。但有一种情况需要注意：当翡翠为不等粒结构时，个别翡翠的结晶颗粒特别大(称为斑状结构)，此时翠性不仅影响了翡翠的外观，而且斑晶与周围矿物晶粒的反差对翡翠的外观会造成较大的影响。

(2)杂色的色斑：是指除绿色以外的杂色，如黄褐色、灰黑色等，它们与绿色互相穿插，不仅影响绿色的鲜艳程度(图 7-45)，反差过大也影响翡翠外观的美丽。但不能把俏色或多色的组合(如福禄寿)当成杂色。杂色对价格的影响也可按地张对翡翠价格影响的方式处理。

(3)石花：是翡翠中呈丝状、絮状或团块状的白色物质。在透明度较好(糯地以上)的翡翠中，石花反差十分明显(图 7-46)，对翡翠的外观有严重的影响。

(4)黑色杂质：包括内部的黑点、黑丝、黑块等，是翡翠内部的黑色矿物(图 7-47)，如果出露到表面，不管翡翠的透明度如何，都会对外观造成较严重的影响。

图 7-45　翡翠中杂色的色斑

图 7-46　翡翠中的石花

图 7-47　翡翠中的黑色杂质

(5)石纹:是翡翠中的一种愈合裂纹,即在构造运动中形成裂纹,后因热液或重结晶作用裂纹愈合了。石纹对翡翠的稳定性不会造成影响,但会影响翡翠的外观和质量,特别是有些愈合裂纹中充填了反差较大的杂质(图 7-48),对翡翠的外观会造成较大的影响。

(6)裂纹:翡翠中的裂纹有两种类型,一是在翡翠开采或加工过程中形成的裂纹,二是地质作用过程形成的、尚未愈合或未完全愈合的裂纹(图 7-49),会影响翡翠的质量,甚至会影响翡翠的稳定性。石纹与裂纹的不同之处在于:石纹不会影响光线在翡翠中的传播,且不会对翡翠的稳定性造成影响;而裂纹不仅影响光线在翡翠中的传播,还会影响翡翠的稳定性。

图 7-48　翡翠中的石纹

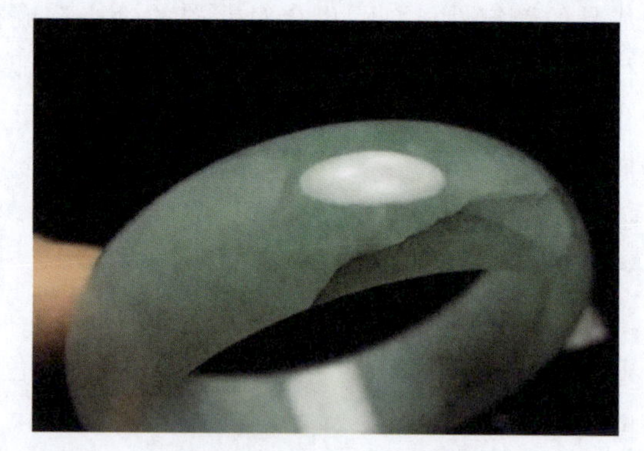

图 7-49　翡翠中的裂纹

二、裂绺对翡翠饰品价格的影响

除俏色作品外,裂绺对翡翠饰品价格的影响无疑都是负面的。影响程度一方面要看裂绺的大小、反差、位置,另一方面还要看它对翡翠稳定性是否有影响。显然,翡翠裂绺对不同饰品的影响程度是不一样的,因此,我们在评价裂绺与翡翠饰品价格的对应关系时,必须按不同的类型单独描述。

1. 裂绺对素身翡翠饰品价格的影响

对于素身翡翠饰品(戒面、手镯、玉扣、心形坠等)来说,内部是不能有裂纹的。如果有裂纹,最好不要买,特别是通裂(即在某个方向上从一头延伸到另一头的裂纹),它对翡翠饰品价格的影响也是致命的，因为消费者是不可能接受有通裂的饰品的，不能达成交易就意味着这件翡翠的价值为零。但是，供应商在配货时常常会在一批货里搭配一些有类似问题的货，在这种情况下经销商若必须买入这批货，评估价格时有通裂的饰品最好按零元计价。其他情况的裂纹视开裂的严重程度决定是否购买并在正常行情价的基础上给予一定的折扣。石纹出现在素身翡翠饰品上时，不管反差如何，都会对其外观有不同程度的影响，反差不明显的尚可接受，反差明显的石纹应视其位置及对外观的影响给予行情价 5～7 折的价格折扣。总之，裂纹对素身饰品价格的影响是很大的，在判断翡翠饰品的质量时一定要认真检查。多数裂纹是很容易发现的，但手镯在纵向上的裂纹不容易被发现，应该在灯光下从不同角度检查。

如果素身饰品上有石花、黑点等瑕疵，应视其位置、反差的大小和在整个饰品上所占的比例给予相应的折扣，如果瑕疵出现在背面（如手镯的内圈、蛋面的底部等，玉扣、心形坠除外）且面积小、反差不大，可以忽略不计或给予少量的折扣，如果出现在正面，石花所占的面积比例不应超过总面积的 5%，黑点不应超过 3%，超过此比例者应回避购买，在此比例范围内的饰品，价格应大幅度低于市场行情。

2. 裂绺对翡翠人物、花件价格的影响

俗话说：无绺不雕花。一块翡翠之所以设计成花件，根本原因就是为了“挖脏避绺”，隐藏裂绺。所以，在购买翡翠人物或花件时，对雕花或勾线的部位一定要仔细观察。一般来说，雕花或勾线的部位下面很可能藏着裂纹。一件造型完美的翡翠花件——年年有余（图 7－50）中，鱼和莲花之间的分界线就是一条裂纹，裂纹经处理雕琢成莲叶的边缘，这是一个“挖脏避绺”的典范。如果不影响花件的稳定性，这种缺陷是可以接受的，但对翡翠的价格会造成一定的影响。

图 7－50　年年有余翡翠花件

雕琢成人物或花件的翡翠挂件或多或少都会有一些裂绺，关键是要看对裂绺的处理是否恰当，裂绺是否会显露出来，不显露出来的裂绺都是能够接受的，但价格必定会受到一定的影响。观音、佛等人物类的题材裂绺相对较少，一般设计在侧面或服饰褶皱的勾线中。花件的裂纹相对较多，同样会以勾线的方式加以隐藏。作为翡翠商人应当善于发现这些裂绺，并根据它们对成品外观的影响程度决定是否购买并做出正确的价格判断。

对于明显出露的裂纹，必须尽量去除。如图 7－51 所示，在这块翡翠片料上有三条明显的裂纹，如果不考虑去除裂纹，可以做一个很大的如意，但是，裂纹的存在必定会影响翡翠的价格。经过慎重考虑，玉雕师最后决定去掉裂纹，加工成一个完美的如意成品。去除了裂纹，使成品变得完美，对销售无疑是有好处的。

对于含石花和黑点等杂质的翡翠，如果杂质影响到翡翠成品的外观，应当尽量不买或根据具体情况考虑其对价格的影响。还有一种情况是翡翠成品虽然看不到裂绺，但是，为了处理裂绺破坏了整体形状和比例，这类情况对价格的影响将在形制因素中加以讨论。

图 7-51　从原料到成品的设计

第六节

翡翠的形制与价格评估

形制因素包括翡翠的形状、大小、工艺 3 个因素。在我们讨论的影响翡翠质量和价格的因素中，前 4 个因素主要是由翡翠原料自身的特点决定的，而形制因素则是人为因素，但它与翡翠的价格有着密切的关系。这里，我们将对翡翠的形制因素对价格的影响进行详细的讨论。

一、翡翠的形状与价格评估

翡翠饰品的形状与设计有关，雕琢设计讲究“因料施工，因材施艺”，力求通过设计使翡翠原料在利用率和成品美感两个方面取得平衡，进而体现翡翠的最大价值。按照设计题材的不同，我们将翡翠饰品分为戒面、手镯、玉扣、人物饰品、花件等类型，分别探讨形状对它们价格的影响。

1. 戒面

常见的戒面包括圆形、椭圆形、心形、梨形、橄榄形、马鞍形等。侧面形状有单凸形、双凸形和凹凸形。除某些心形戒面外，多数戒面为单凸形或底部略带弧面的双凸形，因此，在价格评价时底部的厚度可以忽略。心形戒面若为两面对称的弧面，则看其总厚度。凹凸形戒面的厚度不是看其突起高度，而是看其实际厚度。

评价翡翠戒面的形状与价格的关系主要应考虑两方面：饰品的长、宽、高比例和顶部弧面的对称程度。理想的长、宽、高比例见表 7-13。若在此范围内，则是理想的比例，超出或小于此比例则应给予一定的价格折扣。以椭圆形戒面为例，椭圆形戒面的理想长宽比为 1.2∶1～1.5∶1，在此范围内，则长宽比是理想的，若为 1.1∶1 则长轴偏短，只能按直径为短轴长度的圆形戒面评估其价格；若为 1.8∶1，则长轴偏长，最多只能按 1.5∶1 的大小评估其价格。椭圆形戒面的理想宽厚比为 0.5∶1～0.7∶1，这种比例的戒面很饱满。但对色浓度过深或过浅的翡翠原料来说，设计得稍薄或稍厚会改善其颜色外观，还有些戒面设计过厚的原因可能是为了保留色斑，这些情况应视实际比例给予一定的价格折扣。表 7－11 中的翡翠蛋面长、宽、高比例适中，是难得的翡翠戒面佳品。

表 7－11 翡翠戒面的理想比例

类型	椭圆形	心形	梨形	橄榄形	马鞍形
长宽比	1.2∶1～1.5∶1	0.8∶1～1∶1	1.2∶1～1.7∶1	1.7∶1～2∶1	2.0∶1～3.0∶1
宽厚比	0.5∶1～0.7∶1	0.2∶1～0.3∶1	0.3∶1～0.5∶1	0.5∶1～0.8∶1	2.0∶1～3.0∶1

弧面对称、外形饱满的戒面固然形状理想，但有时为了去除翡翠戒面表面的石花、黑点，或者为了保留色斑、隐藏裂纹，常将戒面加工得不对称，此时应该根据不对称的程度给予一定的价格折扣。我们可以根据不对称的程度将其分为基本对称、稍不对称、明显不对称和极不对称，分别应该给予 5～8 折的价格折扣，有裂纹的按裂绺的情况进行处理。

2. 手镯

手镯的形状评价要素较为复杂，一般要涉及手镯的外形、镯梗(俗称“条子”)的粗细、厚薄及圈口(一般指内径的大小)。

1)外形

手镯的外形有两种：圆形和椭圆形。多数情况下，翡翠被加工成圆形。相比之下，椭圆形手镯是比较稀少的，但这里的稀少并不代表贵重，翡翠手镯之所以被加工成椭圆形，并不是为了制造稀缺，而是因为原料形状和大小的限制，或是为了保留颜色。如果原料的尺寸在一个方向上不够做圆形手镯的尺寸，则可设计成椭圆形；还有些材料如果设计成圆形手镯，则颜色可能出现在手镯的内圈，这时也会设计成椭圆形。所以在评价其价格时，不能考虑其稀缺性。

2)镯梗

手镯的镯梗有圆条和扁条之分，方形条子较为少见。圆条的镯梗直径一般在 10～12mm 之间，少见超过 12mm 和小于 10mm 的。镯梗越细价格越低。扁条手镯是目前市场上最常见的品种，从横断面上看，其外侧为弧形内侧近乎平直。评估扁条手镯价格时要考虑条子的宽度和厚度。一般来说，宽度和厚度是相适应的，即手镯越宽则厚度越大，但并不是成比例地增加或减少。由于涉及两个评价要素的组合，条子与价格的对应关系变得复杂了，只能根据具体情况而论。但并不是说毫无规律可言的，一般来说，条子的宽度在 10～20mm 之间，越宽的手镯价格越高，但通常不会超过 20mm，条子宽度低于 10mm 的也非常少见。条子的厚度一般在 6～10mm 之间，条子的厚度越大价格越高，降低厚度有助于提高翡翠的透明度，但如果条子较宽，降低厚度又会使手镯显得不够饱满，所以，理想的手镯会在宽度和厚度之间取得平衡。

3)圈口

手镯的圈口是指其内径的尺寸，一般在 50～60mm 之间，以 53～57mm 最为常见，更大或更小的圈口只适合特定的消费者。从用料的角度来看，圈口越大无疑用料越多，价格也越高，所以超过60mm的手镯价格会更贵，圈口较小的手镯，价格会适当低一些。一般来说，圈口在53～57mm范围内的手镯不用考虑圈口对价格的影响问题。但我们常说手镯的价格较难掌握，问题也是出在圈口上。如果说一块材料比较完美且尺寸也适合，就可以加工出圈口大小不同的两种规格的手镯，例如，如果内圈加工成内径为53mm、厚度为6mm手镯，外圈还可以加工成内径为59mm的手镯，这样就大大地降低了成本。所以，批量购进手镯时，最好的办法是跟踪一块质量较完美的原料，如果打包购买这块原料制作的所有手镯，往往价格较低。

总之，手镯要结合以上3个方面对价格的影响进行综合评价，忽略任何一个方面都有可能得出错误的结论。

3. 人物

人物饰品主要是指观音、佛等神像，有坐式和立式两种。考察人物类饰品的形状，一方面要看其高宽比例，更要看厚度与宽度的比例。比例适中，饰品才显得饱满，特别是弥勒佛，饱满者才能展现出“容天下能容之事”的风范。弥勒佛的高宽比一般为1∶1左右，厚度要适中，才会显得圆润饱满（图7-52）；观音的高宽比一般为2∶1左右，以坐莲观音为主（图7-53），立式观音、佛的比例相对灵活。

但在市场上我们经常会发现，有些人物类饰品的比例并没有什么问题，但总体看起来并不是那么顺眼，这可能是原材料的形状不好或者是回避裂绺等原因，导致各部位的比例不协调。图7-54是一尊种水极佳、绿色浓艳的翡翠观音，从材料自身来说非常难得，而且雕工也非常精美，但细看各部位我们会发现，这尊观音头部偏大、莲花座过高、身体其他部位偏短，造成整体比例不协调，通过对成品的分析我们发现，在观音颈部与佛光交会部位有一条裂纹，在左侧莲花座与身体交会的凹陷处有一反差很大的黑点，为了隐藏裂纹及去除黑点，在设计时改变了各部位的比例，导致各部位的比例失衡。从销售的角度来讲，这样的缺陷对于这种高档商品是相当不利的，没有哪位顾客愿意花很高的价格去购买一件有缺陷的商品。所以对是否采购这类翡翠饰品我们必须慎之又慎。

图7-52　比例适中的弥勒佛

图7-53　比例适中的观音

图7-54　比例失调的观音

4. 花件

花件是翡翠饰品中一个很大的类别，花件题材、形状变化很大，很难找到一个客观统一的标准来判断其形状与价格之间的关系。但有一点值得注意，雕琢成花件的翡翠饰品大多存在一定的净度缺陷，需要以挖脏避绺的方式设计成花件消除缺陷，或者从最大限度地使用材料的角度考虑，随形就势，体现翡翠的最大价值。也就是说，翡翠花件的设计与原料的形状特征、颜色分布特征和裂绺的发育特征有关系，有时候，为了留住表面的一点颜色，或者为了回避或去除某一缺陷，不得不将其雕琢得奇形怪状，虽然对造型有一定的破坏，但保留了其他优势，使饰品总体得到增值。

图 7－55 所示的满绿瓜果（也可认为是桃，因为比较长，可称之为“长寿桃”），造型近乎完美，无可挑剔，上半部布满藤丝，看起来很自然，其实藤丝下面就是裂纹，突起的藤丝顺裂纹而分布，较好地遮挡了裂纹，如果不对着光线观察，很难发现下面的裂纹。图 7－56 是一件看起来造型十分完美的竹节（节节高），为豆青种翡翠，中间有一横向裂纹，表面分布有很多石花，设计师巧妙地将竹子中间设计成凸起的竹节，竹节上下分别设计了几片竹叶，看起来符合竹子自身的结构要求，实际上很巧妙地遮挡了裂纹，也淡化了石花，同时还增加了题材的生动性。图 7－57 是一件近于素身的福在眼前花件。没有裂绺的翡翠原料一般加工成素身饰品，素身饰品价格也是最高的。这块翡翠玉牌为什么不加工为素身饰品而要在表面雕琢一只蝙蝠和一枚铜钱呢？通过对材料的分析可知，雕琢蝙蝠和铜钱的位置有明显的石花，这样设计是为了遮挡石花。对这些作品的分析，让我们更加能够理解“无绺不雕花”的道理。

设计花件时除了要考虑原料的形状外，更要考虑材料内部的裂绺发育情况。裂绺越少，设计的题材越简单，价值越高。裂绺较少的翡翠原料，如果形状合适，常常用来雕琢观音、佛等人物类题材，因为这类题材的市场需求最大。裂绺越发育，雕花越复杂。所以，在评价花件的形状与价格的对应关系时，最好是与同等大小的观音、佛相比较，按雕花部位的比例来确定相应的价格。雕花复杂并不一定代表工艺复杂或雕工好，可能这种花件价格反而更低。

图 7－55 长寿桃翡翠花件

图 7－56 节节高翡翠花件

图 7－57 福在眼前翡翠花件

二、翡翠的大小与价格评价

图 7-58　大小不同的翡翠蛋面

翡翠的大小包括两层含义:尺寸大小和质量大小。在所有的宝石评价中,尺寸和质量都是重要的影响因素,质量不仅是宝石的计价依据,也是稀有性的重要体现,质量越大价格越高。但宝石的价格评价中,宝石的切磨比率会影响外观的美丽程度,因此尺寸看起来比较大但切磨比率较差的宝石不一定比尺寸比较小而切磨比率标准的宝石价格高。而在翡翠价格评价中有其独特性,如翡翠戒面的长宽厚比例或翡翠手镯的条子宽窄与圈口大小只要在人们的接受范围内,就不会对翡翠的价格有明显的影响。更不用谈质量对价格的影响了,因为在翡翠成品交易中是不按质量计价而是以件数为单位进行计价的。实际上,几乎所有的玉石饰品都不按质量计价。尽管如此,在翡翠交易中,其他品质要素相同或相似的情况下,质量或尺寸越大的翡翠饰品多数情况下价格也越高。图 7-58 中的翡翠蛋面,在种、水、色都大致相同的情况下,较大的蛋面无疑价格更高。但也并不是绝对的,比如说,有些翡翠因为颜色较深,需要加工得比较薄(即挖底将翡翠加工成凹凸形款式)才能表现出漂亮的颜色,有些翡翠因为水头稍差,需要将某些部位挖薄(调水)改善翡翠的透明度,这些都会降低翡翠的质量,这时,质量越大就不一定价格越高。

对于翡翠手镯,当圈口大小,条子的宽度、厚度偏离正常尺寸范围时,圈口越小,条子越窄,厚度越薄价格也越低。

对于观音、佛等人物类挂件,在饱满度和其他品质要素相似的情况下,个头越大,价格越高;在大小和其他品质要素相似的情况下,饱满度越好,价格越高。

图 7-59　雕花复杂的如意挂件

不同的花件饰品很难找到一个大小与价格对应关系的统一标准,但如果其他条件相似,个头较大者价格也较高。如果大小相似,则应考虑形状是否完美、雕花是否复杂、雕花面积大小等。图 7-59 是一块近年来炒得很热的木那场口的如意挂件,种水很好,内部的雪花棉虽然是种老的标志,但太多的棉还是对翡翠的外观有一定的影响,其内部还有较严重的裂绺,所以表面雕花和"挖脏"都十分严重,对其价格有很大的影响。如果同样品质的木那料做成的个头稍小的如意,其雕花面积较少,价格可能还要高于前者。所以,当考虑个头与价格之间的关系时,一定要在其他特征相似的情况下来比较价格。

三、翡翠的工艺与价格评价

古人云:“玉不琢,不成器。”这句话的意思是一块精美的玉石如果不加以精心雕琢,就不会成为受人喜欢的玉器。这句话常常是长辈用来教育晚辈的,人必须像玉一样历经磨砺,才能成为社会的有用之才。唐太宗曾说过:“玉虽有美质,在于石间,不值良工琢磨,与瓦砾不别。”这充分说明了良好的工艺在翡翠饰品中的重要性。

翡翠首饰的美不仅在于它的颜色美、造型美、题材美和质地美,更在于工艺美。前者虽然可以通过适当的设计加以改变,但总体来说是翡翠美的具体体现是设计师独特的设计创意、美学的结晶,工艺美在于人为。没有良好的工艺,翡翠本身的美也不能得到很好的体现。工艺美主要从三方面表现出来:雕琢工艺、抛光工艺和设计工艺。

1. 雕琢工艺

玉雕是中华民族独有的技艺,我国玉器雕琢具有悠久的发展历史和鲜明的时代特征。不同的朝代,玉器有着不同的造型与特色。专门服务于皇室的造办处根据各自的分工专门为宫廷定制玉器制品,逐渐形成了各地独特的雕琢风格。当代中国的玉雕工艺,从大的流派来讲可分为南北两派,北派以北京为代表,涵盖辽宁、天津、河北、河南、新疆等地。北京在20世纪诞生了许多工艺美术大师。南派则包括长江沿岸及以南地区,并分为几个支派,包括以上海为代表的“上海工”,以苏州为代表的“苏州工”,以扬州为代表的“扬州工”,此外还有“广东工”和“福建工”。上海玉雕(即“海派”)以白玉雕刻为主,也有少量的翡翠制作。直到现在,扬州工仍然保持着精雕细琢的特色。

20世纪80年代以后,随着我国工艺美术的整体转型,玉雕大师自由交流,我国翡翠雕琢艺术风格的地方格局被打破,各个翡翠集散地的产品雕琢风格相互融合,但不同翡翠市场经营的产品档次不同导致对工艺要求不同,形成了一些新的地方特色。如揭阳是高档翡翠的集散地,对工艺的要求也比较高,所以,当今市场上以揭阳工最好。

其实,翡翠饰品的雕琢工艺水平并不能严格地按地域进行区别,哪里都有好工,哪里也都有差工。对于翡翠经营者来说,并不是要判断一件翡翠饰品是由哪里的雕琢大师雕琢的,而是要区分出工艺的优劣。一般而言好料必有好工,对于一块普通的材料来说,再好的工也未必能使其价值增加多少。不同题材的翡翠饰品的工艺评价要素不同,比如人物类饰品,首先要考察各个部位的比例,要具有自然的美感:观音要慈眉善目,神态安详,头戴宝冠,一副大慈大悲、救苦救难的模样;弥勒佛要饱满,身穿袈裟,笑颜迎人,双耳垂肩,显露出一副慈祥、有大智慧的神态,观之无不感到亲切、轻松、愉快。人物类饰品尤其要注重神态、形象的刻画,山水花鸟也要遵循自然的形态。无论材料档次的高低,对形象的刻画都要生动。高档材料与低档材料之间工艺的差别在于细节,高档材料雕琢得更细致一些,而为了降低成本,低档材料会雕琢得粗糙一些。高档翡翠饰品的工费一般在1500～5000元之间,而低档饰品工费在20～50元之间,我们应该学会根据材料的档次和工艺的优劣判断其工艺成本。

在科学技术日益发达的今天,一些高科技手段运用到玉器加工中,如超声波技术、自动雕琢技术等。超声波技术在玉雕行业应用较广,早期的超声波穿孔技术曾广泛应用于宝玉石珠链的穿孔;2000年前后,超声波快速成型技术在广东四会的玉器加工中得到了广泛的使用。如图 7－60 所示，只要在超声波工具头上焊接预制的钢模，在高频振动的工具头的冲击下，玉料与钢模之间的碳化硅磨料快速磨削玉料，玉料在很短的时间内就会被压制成型。但这种技术仅限于造型简单的低档产品的加工。近年来，随着 3D 打印技术的发展，自动雕刻技术被广泛应用于平面雕刻(浮雕)中，如图 7－61 所示，只需将设计图纸输入电脑，将玉料固定于自动雕刻机上，启动雕刻机，就会自动雕刻出设计的图案。在人工成本不断攀升的玉雕行业，自动雕刻技术的使用大大降低了加工成本。作为翡翠商人，要注意识别用这种技术雕刻的产品。

图 7－60　超声波压制技术

2. **抛光工艺**

抛光是玉器雕琢的最后一道工序。我们知道，翡翠的光泽是玻璃—油脂光泽，抛光是为了使翡翠表面光滑明亮。在特定的抛光工具上涂上抛光剂，经过粗抛、细抛、精抛和上光等多道工序，翡翠的表面就会表现出应有的光泽。同时，光泽的强弱与翡翠种份的新老和翡翠结晶颗粒的粗细有关，种份越老、结晶颗粒越细的翡翠经抛光后光泽也越好。翡翠的抛光是一个十分精细的工作，雕琢的细致部位(尤其是凹下去的部位)常常是抛光工具很难触及的部位，而突出的部位往往又会因过度抛光而变形。尤其是在四会市场上购买的半成品(即所谓的“毛货”)，未抛光之前轮廓分明，细微部位明晰，可是抛光之后看起来就不那么令人满意了。不同的抛光质量产出的成品差别十分明显，在购买毛货时应充分考虑到这一问题。

图 7－61　自动雕刻机

翡翠雕琢工艺与抛光工艺的优劣常常与翡翠原料的档次有关。对高档翡翠雕琢与抛光时必定会采用好的工艺，为了节省成本，质量较差的翡翠原料便会相应采用差的工艺。多数翡翠商人从节省成本的角度考虑，好料施好工，差料施差工，殊不知，好工可以救差料，差工也会毁好料。其中，观音、佛等人物挂件最为明显，若人物挂件在面相和手势上出现了问题（尤其是面相）将会严重影响商品的销售和价格。所以，高品质的翡翠原料，一定要交给经验丰富、工艺精湛的玉雕大师们，对于相对较差的翡翠原料，也要适当地施以较好的工艺，体现出翡翠应有的价值。

3. 设计工艺

同雕琢工艺和抛光工艺相比，翡翠的设计（创意）更加重要。设计工艺固然取决于设计师、玉雕师的艺术造诣，但是，玉雕工艺讲究因料施工、因材施艺，结合翡翠原料的特征进行设计才能系统地展现翡翠的颜色之美、质地之美、造型之美和题材之美。设计的过程是为翡翠注入灵魂的过程，没有好的创意，翡翠就没有灵魂。

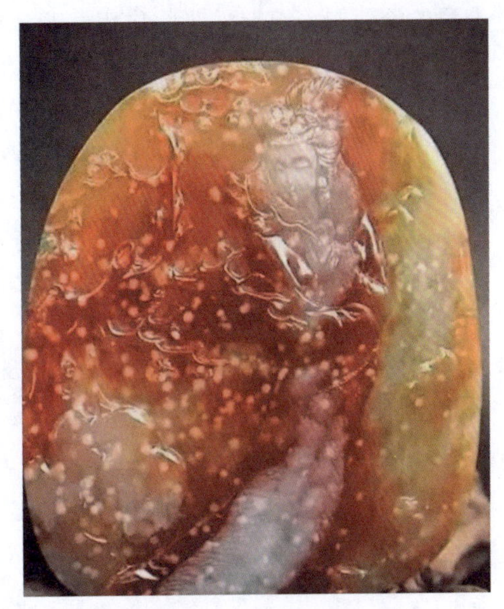

图 7-62 《踏雪寻梅》

翡翠设计首先是题材的选择，一般以传统题材为主，如观音、弥勒佛等小雕件，花件。花件的题材造型多样，常常运用人物、花鸟、走兽、器物和一些吉祥文字等中国传统元素，以民间谚语及神话故事为题材，采用借喻、比拟、双关、象征及谐音等表现手法，构成“一句吉语一幅图案”，表达一种吉祥美好的寓意，反映人们对美好生活的追求和向往。选择何种题材就对设计师的艺术造诣和修为是一种考验。优秀的设计师会结合翡翠材料的特征，以独特的艺术构思设计出玉器精品，而平庸的设计师只会设计出平庸的作品。图 7-62 所示的《踏雪寻梅》是玉雕艺术家李仁平大师的作品。材料本身并没有什么特别之处，从材料的特征来看应该是木那场口原料近表皮的片料，内部布满雪花棉，颜色不够均匀。作品设计的绝妙之处在于题材选择和整体设计构思。作品以梅花为题，上部白色部分设计成仕女的面部，红色部分设计成华贵的服装，一团团雪花棉仿佛寒冬漫天飞舞的雪花，如此，仕女、梅花和雪花构成了一幅完美的画面：在漫天飞雪的冬季，一位穿着华贵的仕女漫步在梅花林中，朵朵梅花傲立雪中，纷纷扬扬的飞雪，或疏或密，错落有致，绵绵柔柔，仿佛一幅天然画卷，展示出了柔美的意境。题材的选择与恰到好处的色彩运用，自然的刻画，再加上雕琢精细的工艺，精心巧妙的设计布局，成就了这件精品。

图 7-63 中的《一路连科》本来是一块不错的翡翠原料，细糯种，质地细腻、均匀，颜色丰富，主体颜色为蛋清白，带有红色和绿色。单纯从雕琢工艺上来看还是不错的，从组成元素上看，以“鹭”谐音“路”、以“莲”谐音“连”也很合理，但白鹭尾部的羽毛是绿色的，莲叶本来应该是绿色的，而设计师却把红色部分设计成莲叶，可见这个设计并不合理。优秀的设计师以其匠心独运的设计使翡翠身价倍增，而平庸的设计师可能无法展现翡翠的价值。

设计工艺是否合适还体现在对题材的选择上面。合适的题材深受多数消费者的欢迎，而有些题材不仅毫无美感可言，也影响销售。比如在市面上曾见到这样的摆件：一只狐狸踩在一只算盘上，取名“老谋深算”；一只公鸡鸡冠上再垒上一层鸡冠，取名“官上加官”；一只佛手上面顶着一片天，取名“只手遮天”。它们不仅牵强或带有贬义，有些甚至听起来让人感到不适。

所以，翡翠的工艺是雕琢工艺、抛光工艺和设计工艺的总和，任何一个方面都不可忽略。一块翡翠价值的高低固然是由翡翠原料是否优质决定的，但工艺对翡翠的价值起着锦上添花的作用。翡翠行业有“一种、二色、三手工”的说法，即翡翠的种、水、色是评价翡翠质量和价值的主要内容，但没有精湛的工艺同样体现不出其应有的价值。翡翠原石深埋于地下，历经复杂的地质作用的改造，成就了自身的特征，但最终价值的体现与其精细的雕琢工艺和巧妙的寓意有着十分重要的关系，只有三者合一，因料施工、因材施艺才能使每一件翡翠成品都变得独一无二。

图 7－63 《一路连科》

翡翠艺术品要求原料优良，做工精细，材料设计要合理新颖，构思要巧妙，还要和谐美观，层次分明，有文化内涵。最重要的是翡翠艺术品不可再造，是独一无二的。就算材料大小、内容相同，其色彩变化也绝不会相同。

第七节

小　结

以上我们对翡翠的质量与价格评估作了简单的介绍，为了便于理解，我们结合颜色、质地、种份、净度和形制五个要素对翡翠评价的各个要素及其对价格的影响进行了深入的分析，并对一些要素提出了价格评估的相对指标和评价方法，对每一个要素的评价是翡翠交易中必须掌握的。这里还需要特别注意以下内容。

(1)翡翠价格的评估必须在掌握市场行情的基础上进行。市场行情是不断变化的，为了准确把握市场行情，我们必须经常从事市场调研，不断积累市场经验。只有在把握市场行情的基础上，才能对翡翠饰品的价格作出相对准确的判断。

(2)每个评价要素之间可能是相互关联的。如颜色、水头与饰品的厚度有关，色浓度大、水头差的翡翠饰品会加工得薄一些，而色浓度小、水头好的会加工得厚一些。在这些相关联的要素评价中，要根据观察到的实际状况对翡翠饰品的价格进行评估。例如，在评价一枚加工得较薄但颜色较好的翡翠戒面时，我们要实事求是地评价看到的颜色，但在形制评估中就要根据厚度情况给予一定的价格折扣。

(3)为了更加直观地了解每一个评价要素中不同的质量类型与价格的对应情况，我们给出了某些要素中不同质量类型与价格的关系图。但这个图示只是代表翡翠的不同质量类型与价格之间的相对关系，并且会根据市场供求关系的变化而变化，没有绝对的对应关系。

(4)在实际工作中观察翡翠饰品的颜色和水头时要注意环境，俗话说“灯下不看玉”。

(5)翡翠中的瑕疵大多会对翡翠的价格起负面作用。在翡翠交易中,有瑕疵的货品一定要慎重对待,一定要考虑到销售问题。翡翠商人在进货时是批量进货,但在销售时多数情况下是单件售出,所以每件货品都要经得起消费者的检验,任何一件货品上的明显瑕疵都可能影响消费者的购买欲望。有裂纹的货品更可能是废品,要区分石纹和裂纹。在考虑瑕疵对翡翠饰品价格的影响时,一定要仔细观察,搞清楚瑕疵的性质及对翡翠饰品的外观、稳定性及价格的影响,再决定是否购买。玉器行内有"无纹不成玉""玉无纹,天无云;玉有纹,身有银"等说法,其实都是误导消费者的。

(6)对于特定质量的翡翠饰品,形制是价格评估的决定因素。在评估翡翠的价格时,形状、大小和工艺三个子因素常常要结合起来综合考虑,因为形制的每一个子要素都会影响翡翠饰品的外观进而影响其价格。形状不好常常是挖脏避绺所致,对价格的影响不言而喻。翡翠饰品是首饰但首先是工艺品,良好的工艺是体现其价值的前提。工艺差的翡翠饰品不仅不能卖出好的价格,也不受消费者的欢迎,所以翡翠商人原则上要拒绝购进工艺差的翡翠饰品。

中国主要的翡翠集散地

这里所说的翡翠集散地，是指翡翠饰品加工、批发相对集中的地方。翡翠集散地的形成与地理、人文、经济特征有密切关系，由于这些因素的变化，翡翠集散地从古至今也产生了相应的变化。本章我们将对翡翠集散地的变迁、目前重要的翡翠集散地的状况及交易特点等作简单的介绍。

第一节 自古翡翠出云南

由于地缘优势，加上中国自古就有爱玉、赏玉的传统，因而，历史上缅甸翡翠便通过云缅边境运入中国，在云南的腾冲、盈江、瑞丽等边境城市形成翡翠集散地。历史上云南曾在玉石之路上具有举足轻重的地位。腾冲曾经是世界上最大的翡翠集散地和闻名遐迩的解玉琢玉之乡。明末清初腾冲翡翠市场日趋兴盛，清朝中期至民国初年，腾冲翡翠加工经营达到鼎盛，《徐霞客游记》对此有记载。数代翡翠商人和从业人员的不懈努力，使腾冲成为历史上曾经辉煌一时的“翡翠城”。近年建成的腾冲翡翠博物馆（图 8-1）中有关于腾冲翡翠业发展历史的记载。

《腾越州志》中也有这样的记载：“今商客之贾于腾越者，上则珠宝，次则棉花，宝以璞来，棉以包载，骡驮马运，充路塞道，今省会解玉坊甚多，磨砂之声，昼夜不停，皆腾越者。”它描写的是清朝云缅边境贸易及腾冲玉石加工业的繁荣景象。20 世纪 50 年代以前，缅甸出产的玉石几乎全部运往腾冲加工再卖出。玉石鉴赏知识在当地普及程度很高，这些知识深刻地影响了腾冲当地人对玉石的理解。在我国传统玉文化中，和田玉一直占有很高的地位。而在云南则是另外一番景象，在云南玉器市场上几乎见不到和田玉，云南人喜爱的玉就是翡翠。受中原玉文化影响的腾冲先民，运用祖先流传下来的玉器加工技艺，将翡翠加工成各种首饰，使腾冲成为最早的翡翠加工集散中心。鼎盛时期的腾冲，有翡翠加工作坊近 200 家，玉雕工匠超过 3000 人。自此翡翠时尚从云南腾冲开始一路向东，延伸至广东福建等地，直到现在还有“北玉南翠”之说。腾冲因地域因素，在翡翠贸易方面被边缘化，但在广东的阳美、

图 8-1 腾冲翡翠博物馆

四会、平洲一带，翡翠产业一片兴旺繁荣。

在 2000 年以后发掘的腾冲大牛场墓葬群中，发现了一只明朝的翡翠手镯。在近年的腾冲旧城改造中，当地居民挖掘出数以万计的翡翠原料，古代加工过程中遗弃的翡翠边角料和半成品堆积起来厚达数米，它不仅是腾冲翡翠加工业曾经繁荣过的佐证，而且，在翡翠原料越来越稀缺的时代，这些当年作为废料而丢弃的边角余料，又成为难得的和颇具价值的翡翠原料来加以使用。

第二节

中国翡翠集散地的变迁

翡翠原料的交易通常有两条通道：一条是从矿山经缅甸的和平到腾冲、盈江、瑞丽等地，这条路线是只有大约 100 千米的小路，正是由于这种地理优势，云南成为了重要的翡翠集散地和加工地；另一条是从矿山经缅甸的和平到曼德勒再到泰国的清迈，这条路路途遥远，全程 1200 多千米，沿途要经过 20 多个关卡，交通极不方便。20 世纪中期中国政治的不稳定和经济的停滞不前使我国边境的玉石贸易遭受了前所未有的重大打击，边境的玉石贸易近于停止，缅甸玉商被迫将玉石贸易转向交通极为不便的泰国清迈。以前的清迈是一个非常贫穷的小镇，云缅边境的玉石贸易受到冲击后，流入市场的 80％的翡翠都在这里交易，其他宝石贸易也在这里聚集，清迈逐步成为国际珠宝交易中心，于是才有了今天的繁荣。

20 世纪 70 年代以来，香港和台湾经济高速发展，刺激了当地的消费者对翡翠饰品的需求。在这一时期，精明的香港玉商深入到缅甸矿山和仰光采购翡翠原料，然后运回香港加工销售，并逐渐在香港的广东道形成了翡翠玉器批发市场，改革开放以前香港是重要的翡翠集散地。

改革开放以后，云南各边境城市的玉石贸易又重新活跃起来了，腾冲、盈江、瑞丽等多个城市先后建立了翡翠市场，当地政府采用各种优惠政策吸引缅商到当地从事翡翠贸易。昔日的翡翠古镇——瑞丽正在重新焕发其青春活力。瑞丽在地理上有得天独厚的优势：毗邻缅甸，距缅甸的南坎、木姐均只有数十千米，通关方便，来往自由。在缅甸政府关闭了密支那至腾冲、盈江的通道后，瑞丽是往返中缅最快捷、方便的通道。但云南的翡翠加工多为家庭作坊式的手工作业，生产规模很小，产品档次低，生产工艺粗糙，产品缺乏新意，品种和款式单一，具有"一流原料、二流设计、三流加工、四流价格"的特点。再加上云南交通不便，云南海关部门对宝玉石原料的进口是采取看货估价的"从价计征"方式，使得在云南从事翡翠经营的总税费率较高，严重削弱了产业竞争力；加之云南口岸进口手续繁琐，地方上各种名目的关卡、检查较多，造成运输困难。所以，从 20 世纪末开始，翡翠集散地向广东转移。

广东省坚持用"有所为有所不为"的理念管理珠宝玉石产业，玉石毛料的进口都是通过专业的公司以石料称斤论吨"从量计征"报关进口，关税税率很低，几乎成了"零关税"。精明、团结、善于吃苦的广东玉商深入缅甸矿山购买翡翠原料，经常组团参加仰光的翡翠公盘，然后将原料运回广东加工。现在更是同缅甸当地的玉商合作，在广东平洲建立了翡翠原料交易市场。此外，昆明、瑞丽、腾冲、盈江等传统产业区的许多珠宝玉石的经营、管理、设计、加工、科研等方面的人才也大量外流转移到广东，使广东成为重要的翡翠市场和翡翠加工中心，也是国内最重要的翡翠成品集散地。而云南已不再是主要的翡翠集散地，现在除盈江的翡翠原石交易相对活跃外，云南各地的翡翠市场已演化为旅游工艺品市场。

第三节 主要的翡翠集散地

广东是目前国内最大，也是最重要的翡翠集散地。历史上广东人便有爱玉、佩玉的习惯，自清康熙年间起，广东省广州市便成为全国珠宝玉石进出口贸易中心。道光年间相继建有玉器生产六大行头，行头各自分工，如"崇礼堂"专业开料，"昆玉堂"专营玉料，"裕兴堂"专门管理玉业。1929 年至 1936 年间，广州玉琢的从业人员达一万余人。自 20 世纪 50 年代起广州玉器有了新的发展，玉器品种有各种类型的摆件、首饰、挂件、手镯等。改革开放后，在广东形成了四大玉器加工基地和贸易中心：揭阳市的阳美村、佛山市的平洲、肇庆市的四会和广州市长寿西路以华林寺为中心的玉器街。近年来，深圳的翡翠市场也成长很快，但它作为深圳珠宝产业聚集区的一个补缺市场，短期之内还不会形成大的规模。下面分别介绍广东主要翡翠集散地的产品特色和交易特点。

一、阳美-乔南翡翠交易市场

位于广东省揭阳市区西部的阳美村，素以“金玉之乡”著称。自 1905 年起，村民就从事玉器加工生产贸易，迄今已有上百年的历史，这里是目前国内最重要的高档翡翠集散地。据统计，进入中国翡翠市场的高档翡翠有 80％是在这里加工、交易而流入市场的。阳美村是一个仅有 3000 余村民的乡村，其中有 80％的村民从事翡翠加工和翡翠贸易。到目前为止，全村共有大小玉器加工及贸易店 400 多家，相当于全村总户数(550 户)的近八成。1997 年，全村玉器加工贸易额超 1 亿元。如今，阳美村已拥有大型油锯切割机、小型雕刻机等 3000 多套先进的加工生产设备，他们还从全国各地聘请技术高超的工艺师在这里从事高档玉石的雕琢，大大提高了当地的玉雕工艺水平。

这里的玉商团结，能吃苦，敢冒险。他们经常自筹资金直接深入缅甸矿山或到仰光参加翡翠公盘，购买翡翠原料，然后运回阳美加工，随后就地销售或转手销往台湾、香港等地。这里以前的翡翠交易多在家中进行，不仅规模小，也没有体现出产业聚集效应。2002 年，阳美村村委会在这里建立了“中国玉都展销中心”(图 8－2)，改变了以前的经营模式，将以前分散于家中经营的商户集中起来经营，形成了当地的特色产业。且从 2002 年起，每年在这里举办中国(揭阳)国际玉器节，到 2011 年发展为玉文化节，极大地提高了阳美在国际上的知名度，使之成为目前国内最重要的高档翡翠供应地。以前的翡翠老街(图 8－3)经过翻新，已成为阳美人从事翡翠经营的历史见证。

图 8－2　中国玉都展销中心

图 8－3　翡翠老街

阳美玉器市场在国内外知名度不断提高，同时也吸引了众多本地和外地的玉商参与经营。近年来，翡翠市场规模也在不断扩大，原有的翡翠交易市场已不能满足市场的需求，现在的翡翠交易市场已扩展至原来的交易市场、阳美国际大酒店的所有商铺及周边十多栋住宅楼的一楼。同时，原来阳美老街的私宅经过改造，也租赁给商户从事翡翠经营。尽管如此，阳美村的经营场地仍然不能满足翡翠经营的需求，2010 年邻近阳美村的乔南村抓住机会建立了乔南国际玉器中心(图 8－4、图 8－5)。经过十多年的建设，乔南国际玉器中心已基本成型，以大卖场为主，产品沿袭了阳美翡翠市场的特色，阳美-乔南翡翠交易市场的产品和经营有如下特点。

图 8-4 乔南国际玉器中心

图 8-5 乔南国际玉器中心翡翠卖场

1. 产品档次高

这里的玉商几乎垄断了国内高档翡翠市场，即使是在其他市场上售卖的高档翡翠饰品也是供应商来此地进的货，然后再转卖的。这里的翡翠交易已形成了产供销“一条龙”体系：有专业的原石采购商，常年深入翡翠矿区采购原料，更有大批队伍参与翡翠公盘，每当在公盘上遇到品质很好、但开价高的翡翠原石，常常数十人甚至上百人联合参与购买；在本地，阳美、乔阳两个市场也不定期举办翡翠原石交易会，满足当地玉商用玉的需求；有专业的翡翠加工队伍，专门从事来料加工，且分工十分明确；有专业的销售队伍，除在当地交易外，更有专人组织货品直接销往香港。单件货品的价格一般在数千元至数百万元不等。交易中心外围也有少量低档产品，但这里也常常假货聚集。

2. 经营品种以小件翡翠为主

这里的翡翠饰品包括各种类型的挂件、蛋面、手镯及各种类型的配件，也有少量的小摆件，但少见大型摆件。近年来，白玉时尚的兴起，也吸引了少数白玉商人来此地经营。在中国玉都展销中心经营的玉商以经营中高档翡翠饰品为主，单手货品一般货量较小，一块材料被加工成成品后，玉商会按照质量的好坏进行搭配，将一批货分成若干手，一般要求整手出货，如果从一手货中挑选若干件，单价就要比购买整手货的单价高很多。近年来，阳美玉器市场成长很快，除玉都展销中心以外，周边民房的一楼已几乎全部改为玉器经营场地，一部分由房东自己经营，另一部分对外招租，产品档次同玉器交易中心不相上下。以前的老民宅中仍然保持着前店后厂的经营模式，产品档次比交易中心低一些，但它的存在，使客商在这个市场上能够购买到各种档次的翡翠饰品。

3. 信息传播快

阳美村本是一个小村落，人口居住相对集中，左邻右舍都比较熟悉，彼此之间能相互帮助，当多数居民开始从事玉器业时也能做到资源共享。在前店后厂的家庭作坊经营时代，一旦村里来了进货的玉商，他会进什么样的货、看货的水平如何、正在寻找什么样的货等，这些信息很快会家喻户晓，各家各户之间也会纷纷调货，满足玉商的需求。一旦玉商在某家进货时价格出高了，到其他家看货也不会进到低价的货，因为别人已知道你不了解市场行情。现在的阳美玉器市场已不同于从前，市场规模比以前大多了，但仍然沿袭着传统的习俗。所以，来这里进货一定要保持清醒的头脑，看货、出价都要谨慎，一旦出了什么差错，几乎所有的玉商都会知道你的看货水平，再想正常地同这些玉商打交道就很难了。虽然现在的市场规模扩大了，许多外地玉商纷纷入驻阳美-乔南翡翠市场，同行之间的信息传播不同于以往了，但相识的玉商之间信息传播仍然比较快。

4. 看人卖货

玉器业本来就是一个考验玉商眼光的行业，不管在哪个市场上，供应商的开价都会高于成交价，阳美的玉商更是有过之而无不及。精明的阳美玉商通过几句话的交谈便会迅速判断出供应商的看货水平。有些进货商可能不懂行情或看不懂货品的质量，这一情况若被阳美玉商发现，他们将很难以合适的价格买到货品。而不管进货商的看货水平如何，阳美玉商的开价一定是高得惊人，一旦进货商缺乏经验或讨价还价的信心，就会很容易坠入他们的高价陷阱。有经验的进货商会从容不迫地开价，耐心地讨价还价，今天不能成交明天再谈，直到谈到合适的价格为止，没有耐心的进货商一看到自己喜欢的货品就会表现出志在必得的气势，不停地加价，最后就会掉入他们设置的价格陷阱。有时候即使价格出到位，他们也不会将货品卖出，原因有两方面：一方面是他们希望进货商出更高的价；另一方面，与其以这一价格将货品卖给一个“生面孔”，不如卖给老客户。

5. 以“B”充“A”

在一般人看来，阳美村的玉器是自产自销，不会有假货，其实不完全如此。虽然阳美本地的玉商大都讲究信誉，守法经营，认为作假是一件很可耻的事情，但极少数玉商是专门以欺骗为目的的。可以想象，在一个以 A 货翡翠为主的市场里偶尔掺杂一些 B 货翡翠反而更有欺骗性。有些玉商本来就是从事中间交易的，即从别人手上买来货品再行销售，他们在彼此之间的交易中都可能忽略 A 货翡翠中掺杂少量 B 货翡翠的问题。据说 20 世纪 90 年代有一位从台湾来的李先生初次来阳美进货，由于对市场不是很熟悉，所以每次都是小批量且固定在一位玉商那里进货，而这位玉商每次也如李先生所愿为其提供 A 货翡翠。在建立信任后，李先生开始在他手中大量进货。在一次 400 多万元的翡翠交易后，李先生将货品带回台湾做检测，发现全是 B 货翡翠，于是迅速返回阳美，找这位供应商退货，哪知这位供应商竟然怒气冲冲地说：“我不认识你，也从来没跟你做过生意，请你不要坏我的名声！”从此，这位李先生再也没有在阳美露面了。

现在的阳美翡翠市场比以前规范了很多，但仍然时有以“B”充“A”的现象发生，尽管可以找相关管理部门投诉并协助退货，但不可避免地会遭到货主或同行的挖苦与嘲讽，搞得自己声名狼藉，所以，应尽量避免这种事情的发生。

6. 熟人优势

以前的阳美玉商大多在家里经营，且专业分工较为明确，有些是专门从事手镯加工经营的，有些是专门经营观音、佛等挂件的，且每家的货品各有特色。如果对这个市场不熟悉，可能会花大量的时间和精力去找货且不一定能找到合适的。即使是现在玉商也不会把所有的货全部摆在柜台上。如果有熟人，情况就不一样了，他们很了解当地的情况，可以迅速帮进货商找到所需的货品，而且，当价格谈判陷入僵局时，他们可以从中调解，促成交易。当然，他们会从货主那里收取千分之五的介绍费(这是阳美的行规)。所以，有些玉商会认为，有了中间人，会提高进货成本，但对一个初次来阳美的进货商而言，熟人介绍还是十分必要的，一旦对这个市场熟悉了，就可以考虑自己找货了。

二、平洲玉器交易市场

平洲位于广东省佛山市南海区东部。平洲玉器加工始于20世纪30年代，当时平洲的平东一带，就已有小有名气的玉器世家，很多平东人掌握了玉器加工技艺。改革开放后，平东村发展村办企业，广州南方玉雕厂帮助平东人加工生产玉器制品，由于玉器效益好，经营玉器的人便逐渐增多，后来就遍地开花了。目前平东村约有350多户人家从事玉器业，基本上都是家庭作坊，它的主要特点是以加工翡翠手镯为主。平洲玉器街从东到西有2000多米长，既是玉器街居民的家，也是居民在家里开设的玉器店，是典型的前店后厂经营模式。在这里也有专门加工的作坊，如专业的代客开料、代客雕琢、代客抛光等。这里有专业的玉石采购队伍，他们从缅甸和云南批量买回翡翠原料(一般为较低档的"砖头料")，一次买回10～30t，不到一周时间就会销售一空。从事翡翠经营的人多了，就出现了集中经营玉器的市场。

平洲玉器的特色产品是玉镯，据估算，中国翡翠市场上60%～70%的中低档手镯出自这里，有些甚至还返销回缅甸，是玉镯之乡。平洲玉器的年成交额过亿。每天到平洲采购玉镯等玉器的客商近千人。平洲已成为规模很大的玉镯市场。从2003年底开始，缅甸玉商与平洲玉石商会合作，在这里兴建了四个大型翡翠原石交易场，模仿缅甸公盘的方式不定期举办翡翠原石拍卖会，为当地玉商购买翡翠原料提供了方便。在这里绝大多数材料被用来加工手镯，加工的专业化程度也比较高。

平洲玉器市场的发展也有一个曲折的过程。20世纪80年代，B货翡翠刚出现的时候，平洲便成为重要的B货翡翠加工生产基地，这使本来已经很低档的翡翠市场演化成一个鱼目混珠的市场，生意日渐萧条。为了拯救这个走向衰落的翡翠市场，在当地政府的领导下，当地的玉商联合起来成立了玉器商会，引入了翡翠原石交易，通过原石交易将四方宾客吸引到平洲。平洲玉器商会抓住时机对平州玉器街进行改造和扩建，焕然一新(图8-6)，除满足本地从业者的经营需要外，还吸引了云南、福建的玉商来此地经营。现在的平洲翡翠市场发展很快，呈现出崭新的面貌。

1. 原石交易有声有色

近年来，平洲的原石交易可谓一大特色。在当地政府的支持下，平洲成立了玉器商会，在全国各地吸收了10 000多名会员。取得会员资格的玉商都可以持会员证参加在平洲举办的翡翠原石交易会(图8-7)。交易会在商会的统一协调下由各原石交易场轮流举办。交易方式类似缅甸翡翠公盘，但比缅甸翡翠公盘更加灵活。一般前两天为看货和投标时间，后两天为开标时间，开标结束后，未成交的原石还可以通过讨价还价的方式进行交易。平洲的原石交易是近年来这个市场活力增加的主要原因。

图 8-6　平洲玉器街

图 8-7　平洲翡翠原石交易会

2. 产品档次迅速提高

平洲翡翠原石交易不仅为这个市场带来了新的活力，也提高了这里的产品档次。以前这里专门经营低档玉器，少见高档产品，即使在原石交易中偶尔开出好料，也会通知揭阳玉商前来收购。现在的情况完全不一样了，平洲玉商深知经营低档产品是不可能获得高利润的，他们在商会的领导下结队参加缅甸翡翠公盘，将买回的原料进行深加工，多数产品就地销售，使这里的产品档次大幅度提高。以前四处可见的“砖头料”做成的产品已不再是市场的主体了，现在更多的是色、种俱佳的中高档产品。

3. 产品类别更加齐全

以前的平洲玉器市场是一个以低档手镯为主的市场，近年来，随着市场规模的不断扩大，以前在广州、云南等地经营的云南、河南、福建玉商也纷纷进入平洲摆摊设点，改变了传统的以手镯为主的市场格局，丰富了经营的品种。特别是平洲玉器大楼、翠宝园(图 8-8)等大型玉器卖场的相继开业，不仅扩大了经营规模，也使玉器经营的品种大大增加了。现在的平洲玉器市场除了各种档次的翡翠手镯以外，花件、戒面、项链等应有尽有，产品档次也不尽相同，一些企业开始注重建立品牌，注重品牌形象。经过几年的经营探索，翠宝园一期的大卖场模式已经完全转化为品牌形象店模式(图 8-9)。再加上这里往返广州交通方便，是玉商理想的进货地点。

4. 货品真假商会监督

2000 年以前的平洲曾是国内 B 货翡翠的主要加工基地，有近一半的商户从事 B 货翡翠的加工和经营，所以 B 货翡翠在平洲市场上十分泛滥，且那时的进货商缺乏对 B 货翡翠的认识，一旦发现自己在这里买到 B 货翡翠后便不敢再来进货，导致平洲翡翠市场逐步走向衰落。2000 年以后，在当地玉器商会的引导下，这种状况逐步得到改善，大部分商户经营 A 货翡翠，产品真假由玉器商会负责监督，虽然仍偶有以“B”充“A”的现象，但一旦发生这种情况，可以在商会的协助下得以妥善处理。

图 8-8　平洲翠宝园

图 8-9　翠宝园内的品牌形象店

5. 货品价格略有优势

平洲是传统的玉器批发地，每天都有大量的翡翠手镯等玉器从这里流向全国各地，这里的经营成本也较低，所以同其他集散地的供应商相比，这里的多数商户报价比较实在，一般只比成交价稍高一些。只要是批量进货，稍加还价便可以成交，特别是翡翠手镯，这里的价格会更有优势。当然，这里的商户习惯于做批发生意，如果是从整批货品中挑选若干件，价格同样非常贵。

三、四会翡翠交易市场

肇庆市的四会是国内最重要的翡翠花件或小挂件的加工交易中心。以前这里的玉商一般从平洲买回当地玉商加工手镯的边角料，用来加工小挂件。因此，生产翡翠生肖、观音、佛便成了这里的特色，少有高档翡翠饰品。代客加工也是这一市场的特色，许多当地玉商仅将玉料雕琢成半成品（即未抛光的毛货）便等待买主，由买主自己找厂家抛光或由货主代为找厂家抛光。因此，售卖小挂件和翡翠毛货便形成了四会翡翠交易市场的特色。2000 年以后，大型翡翠摆件市场逐步在这里形成。

这里的翡翠交易颇具规模。在四会市各区各镇到处有分散在各家各户的玉器小作坊，而较为集中的玉器交易市场主要在四会大道与江丽路的十字路口。这里聚集了玉博城（图 8-10）、天光夜市（图 8-11）、翡翠城和翡翠摆件城等大型交易市场，邻近处还有万兴隆翡翠城。其中别具一格的是天光夜市，它是一个农贸集市型的玉器地摊市场，每天凌晨 3 点便熙熙攘攘，早晨 7 点左右收摊散市，营业时间从天将拂晓到天亮，故称天光夜市。每天有 200 多个小摊贩，聚集在紧靠玉器城的马田公园边做玉器生意，前来批货者大多前一天晚上抵达四会，清晨来到天光夜市交易，采购后就近搭上汽车，只一个多小时即可到达广州，将批发来的玉器当天便转销出去。近年来，当地政府对天光夜市进行了重新装修，经营条件得到了改善。四会翡翠交易市场的经营特点如下。

图 8-10 玉博城

图 8-11 天光夜市

1. 货品以小挂件和工艺摆件为主

以前的四会翡翠市场以低档产品而全国闻名，平洲玉商的说法是平洲人购买的翡翠原材料，高档的卖给揭阳人，中低档的留给自己加工手镯，剩下的边角料再卖给四会人做小挂件。据统计，国内市场上出售的低档观音、佛及小花件 60%以上出自四会。由于原材料价格较低，人工成本和经营成本也相对较低，所以这里的小挂件以相对低廉的价格吸引国内的玉商。许多玉商纷纷来此批量订货或委托这里的玉商加工。大中型摆件也是这里的特色，其中不乏工艺精良者(图 8-12)，如果细细观赏和挑选，可以找到很多心仪的货品。

图 8-12 四会翡翠摆件城的翡翠摆件

2. 货品多不经抛光便出售

精明的四会玉商对每块玉料都会进行认真的分析，然后决定如何处理，使雕琢的成品能卖出更好的价格。对任何一块原料，他们都会推测抛光后的效果如何。如果抛光后会增值便加以抛光，否则便以半成品出售。比如说有些材料中有裂纹或石花，如果加以抛光它们便会暴露无遗，所以不经抛光可能更好出手。当然，不经抛光便出售也可能是为了降低成本。但无论如何，购买没有抛光的半成品一定要仔细察看，最好是放在水中湿润后再从各个方向上仔细观察，看清楚内部特征再决定是否购买。

3. 雕琢工艺大多十分粗糙

由于四会的产品比较低档，为了尽可能地降低成本，大多会采用粗劣的雕工，特别是生肖挂件，雕工十分粗糙，不具工艺价值。近年来部分产品档次有所提高，雕琢工艺也有所改进，但总体来说工艺水平还是偏低。有些玉商甚至引入高新技术，提高加工效率，如自动雕刻技术、超声波压制技术、振动抛光技术等。现代技术固然能提高加工效率，但会影响首饰工艺，特别是超声波抛光技术，批量抛光固然提高了加工效率，但会导致工件变形，而且有些部位（如凹陷部位）不能得到很好的抛光。

4. 天光夜市考眼力

俗话说“灯下不看玉”，但在天光夜市则必须在灯下看玉，因为这里天未亮便开始经营，早晨便收摊了。在灯下看玉对进货商看货能力是一种考验，如果没有丰富的看货经验，对翡翠颜色、种质的判断很可能与实际效果有较大的出入，再加上多数产品没经抛光，其中的瑕疵可能不会被发现，这些问题可能会导致进货商对价格有错误判断。更主要的，这里常常有以“B”充“A”的现象发生，一旦看走眼，可能造成较大的经济损失。这里的摊贩流动性很大，再加上是经营时间较早，买错了货可能连摊主都找不到，所以在这里进货存在一定的风险，必须时刻保持头脑的清醒。

四、广州玉器交易市场

广州人经营玉器始于 19 世纪中晚期，到清代乾隆年间已在长寿路一带有一定的规模，传统的玉器街是指以长寿西路为中心的玉器产业聚集区。

相比之下，广州玉器街的翡翠市场规模更大，品种更全，历史更悠久。以前该地翡翠市场主要集中在华林寺周围，规模较小，经营较混乱。近年来玉器市场迅速扩大，在康王路与上下九步行街之间、长寿西路两侧形成了目前国内最大的、也是亚洲规模最大的玉器交易市场，由华林玉器街、新胜街、华林玉器广场、华林国际珠宝交易中心和华林国际玉器城五大块组成。图 8－13 是华林玉器街的入口，图 8－14 是翻新过的沿华林寺周边形成的最早的玉器街。

图 8－13　广州华林玉器街入口

图 8－14　广州华林玉器街

这里最初只是本地居民在自己家里摆摊设点，售卖翡翠饰品，慢慢地形成了以华林玉器街和新胜街为中心的玉器交易市场，室内及大街上布满了售卖玉器的摊点。20 世纪 90 年代末，当地政府对玉器市场进行了修整，引导玉器商户入室经营，使华林玉器街成为玉器交易的主体，并在华林寺旁建立了近 3000m^2 的珠宝玉器交易大厅，经营环境大为改观，广州玉器交易市场初具规模。2004 年 10 月，华林国际玉器城开张，随后华林玉器广场、华林国际珠宝交易中心相继开业，经营玉器的商家增至 4000 余家，经营规模的扩大吸引了更多的翡翠零售商来此交易。2013 年以来，由于广东其他翡翠集散地的市场规模不断扩大，使得本没有竞争优势的广州玉器市场规模急剧萎缩，但华林玉器街仍是主要的翡翠市场，几个室内交易大厅的建立使原来沿街摆摊的玉商大都搬入室内经营。在此经营的玉商大多来自广东本地、福建、河南。经营的翡翠品种从高中低档、ABC 货应有尽有，价格高至百万元一件，低至数百元一堆。每天早晨 10 点至下午 5 点，来自全国各地的玉商在这里寻找"对桩"的货品，更有来自香港、台湾等地的玉商。新胜街玉市以低档翡翠、其他玉石和古玉仿制品为主。总体来说，广州玉器交易市场的翡翠饰品有如下特点。

1. 产品种类应有尽有

广州玉器交易市场是目前亚洲最大的玉器交易市场，原有的华林玉器街和华林国际玉器城以经营各种类型的翡翠饰品为主，高中低档产品应有尽有；华林玉器广场以经营低档翡翠饰品及工艺品为主；华林国际珠宝交易中心则以中档翡翠饰品、白玉饰品、琥珀饰品及其他工艺品为主；长寿西路以北的新胜街在 2000 年以前主要经营仿古制品、鸡血石、寿山石工艺品，现在的产品类型十分复杂，有高中低档的翡翠饰品，也有各种仿翡翠工艺品。新胜街及与华林玉器广场的中间地带仍然保持着传统的地摊经营风格，产品以翡翠为主，还可见到各种翡翠仿制品。单从翡翠制品的种类来说，大到各种类型的摆件，小到各种戒面、挂件、手镯，广州玉器交易市场的产品种类十分齐全，但也是假货最多的地方。

提到广州玉器交易市场的产品种类，我们不得不介绍玉器交易市场以东的另一个珠宝特色产业聚集区——荔湾广场。这里是中低档宝石饰品的集散地，广州周边的珠宝企业大都在这里设立批发点，经营品种以水晶制品、玛瑙制品及石榴石、碧玺半成品等为主，还有来自浙江的珍珠经营商户和广东省内的银饰加工企业也在这里建立门店，从事批发业务。从一楼向上，上千家企业云集于此，大大丰富了这里的产品类型。

2. 产品档次有高有低

广州玉器交易市场吸引了全国各地的玉商来这里经营，各地玉商投入的资金规模不同，经营的产品档次也不同。这里的玉商主要来自河南、福建和广东本地。从产品来源上看，有本地加工的产品，更多的是从揭阳、四会、平洲等地采购，再在这里转手交易的。可以说，这里聚集了各主要翡翠集散地的高中低档产品，档次高者单件货品价格达数十几万元甚至数百万元，档次低者几十元至几百元。如果进货商在进货时需要节省时间或者需要配置各种类型的货品的话，这里是最理想的进货地。当然，这里更多的是二手货源，进货价格可能略高于其他集散地。但也有人认为，进货价格的高低取决于看货人的眼光和谈判水平，如果水平有限，在哪里都买不到价格合适的货。

3. 产品工艺良莠不齐

由于这里的产品来自各主要翡翠集散地，所以这里也是我国各地玉器工艺特色和水平的展示地，有工艺水平较高的揭阳工，有相对一般的广州工和福建工，还有较差的四会工、河南工。当然，随着工艺师的流动和各玉商对工艺水平要求的不同，各地的工艺水平已无截然的差别了，哪里都有好工，哪里都有差工。雕工的好坏会影响产品价格的高低，更会影响到产品的销售，要学会鉴赏玉器工艺的优与劣。

4. A货、B货、C货翡翠区别分明

在华林玉器街销售大厅和华林国际玉器城从事玉器交易的商户大都只卖A货，卖假货的商户会受到商场的处罚。但这里的货品价格比较高，据说在销售大厅内一米柜台每个月的租金都要5000多元，经营成本相对较高。玉器街也有专门经营B货、C货翡翠的玉商，但这些货品的特征十分明显，稍有经验的玉商一眼便可认出，如果实在不能确定货品的真假，可以直接询问供应商，供应商也会如实相告，所以在这里进货不用担心受骗上当。当然，在其他几个地方采购时，情况就不那么简单了，一些玉商会把A货翡翠和B货翡翠混杂销售，如果被问到货品的真假时，他们大多会说明真实情况，但也有少数不法批发商打着专营A货翡翠的牌子，干着贩卖B货翡翠的勾当。特别是在地摊上采购时，我们应该十分警惕。

5. 产品报价相对务实

随着广州玉器交易市场规模的不断扩大，入驻的商户越来越多，市场竞争越来越激烈。在这里经营的商户无形中要承受巨大的压力，他们要生活、要养家，更要承担不断上涨的柜台租金，客户的分散使有些商户常常几天不开张，在这种情况下，多数商户想要成交的心情十分迫切。所以，一般来说，他们不会同有些集散地的商户那样漫天要价，开价相对比较务实，只要稍有利润他们都愿意成交，希望资金能够快速周转。当然，对于老客户和新客户，他们的开价还是有区别的：对于经常在这里"露脸"的老客户，他们的开价会与成交价更接近一些，且只要稍有利润就愿意成交，目的是希望保持良好的主客关系，以后更多地从事业务往来；而对于"生面孔"他们的报价可能会高一些，目的当然是希望获取更大的利润。

从以上分析我们可以看出，中国主要翡翠集散地已转移到广东，而广东的四个市场亦有各自的特点。但有一点是共同的，那就是无论哪个市场都有B货翡翠的存在，尽管近年来市场监督部门加强了对翡翠市场的监督管理力度，但以假充真、以次充好的现象仍然屡禁不止。所以我们在翡翠经营过程中要时刻保持清醒的头脑，不断参加市场实践，提高鉴别能力，总结一套识别真假及仿制翡翠的有效办法，只有这样，才能保证在翡翠经营中尽可能少上当或不上当。

其他翡翠集散地

除广东之外，河南南阳、云南仍然在玉器市场中占有一定的地位。

河南南阳曾经是我国重要的玉石之乡。直到现在，在河南的南阳市镇平县等地，玉器产业仍然是当地主要产业之一。河南有上万人的玉器从业大军，他们分布在全国各地从事玉器经营，可以说哪里有玉器市场哪里就有河南玉商。河南有很好的玉器人才和技术储备，他们从事玉器经营的历史与河南南阳产独山玉有关。改革开放以后河南玉商主要以加工和销售独山玉、岫玉为主，也有少数玉商从事翡翠饰品经营，但产品档次低。随着独山玉、岫玉资源的日益减少以及白玉时尚的兴起，在河南本地经营的玉商迅速将主要精力转向白玉的加工和销售，翡翠饰品在这个市场中始终占据次要地位。

河南的翡翠饰品主要集中在南阳市镇平县的珠宝玉雕大世界和石佛寺玉器交易市场，部分产品在当地加工，部分产品是经广东市场转手在这里再行批发的。产品档次低，单件货品的价格常常在数十元至数百元之间，少见单件上千元的翡翠饰品，且常常 A 货、B 货、C 货翡翠混杂售卖，经营者的诚信会受质疑，但这里的翡翠摆件有一定的价格优势。低档的翡翠雕工较差，但稍有档次的材料也会施以不错的雕工。

云南虽然已不是重要的翡翠集散地，但其地理上的优势常会吸引一些中缅玉商在这里从事翡翠贸易。腾冲、芒市、瑞丽等地的翡翠市场仍有一定的规模，但与广东相比，无论是规模上还是档次上都不能与之相提并论，以前的瑞丽市珠宝街（图 8－15）是瑞丽最早的翡翠专业市场，2000 年以前这里还是门庭若市，而现在已经是冷冷清清了。姐告玉城（图 8－16）是目前瑞丽最大的翡翠交易市场，也是当地人气较高的翡翠市场。瑞丽市珠宝街以成品交易为主，姐告玉城既有成品也有原料（翡翠赌石和片料）。随着翡翠市场整体向广东转移，这里的翡翠市场以接待游客为主，也有部分国内玉商来这里淘宝。但这里是一个充满欺骗的市场，可以说在这里购买翡翠到处都是陷阱，经常会有少数缅甸玉商拿一些镀膜的 B 货翡翠，甚至是仿冒品诱骗客户，许多游客都在这里受骗上当。在这里从事翡翠交易，一定要谨慎、谨慎、再谨慎。

图 8－15 瑞丽市珠宝街

图 8－16 姐告玉城翡翠市场

翡翠的成品交易

从事翡翠成品交易需要以系统的翡翠宝石学理论和市场实战经验为基础，并在掌握市场行情的基础上，灵活地运用各种技巧，发挥自己的人格魅力，在翡翠交易中把好关，进好货，进有特色的货并且以合理的价格进货，取得产品特色优势和低成本优势。这是迈向翡翠经营成功的第一步，其中的关键是对翡翠饰品的质量和进货价格的把握。即使是有一定的翡翠鉴赏和评估理论知识的人，从事翡翠交易也可能要经历三个成长阶段。

第一阶段：盲人摸象、无从下手。即使掌握了一定的翡翠交易理论的人，走入市场可能还是一片茫然。面对这么大的市场和眼花缭乱的货品，自己该买什么货呢？货品会不会有真假问题？看走眼了怎么办？怎么开价，开什么价合适？上当了怎么办？这一阶段的特点是怕上当，价格拿不准，讨价还价没信心，这一系列的疑问导致买家不敢出手购买，高档货的价格“看”不上去，低档货的价格压不下来。不敢买固然不会上当，但也不可能有收获。这一过程至少需要一年的时间。

第二阶段：眼高手低、高货低“看”。由于高档货价格“看”不上去，只能买些低档货，自以为划算其实是为经验买单。为经验买单并不是指买到假货，而是买真货。便宜货买了一大堆，最后才认识到一个很简单的道理：应该把买便宜货的钱全部集中起来，买一两件高档货或者有特色的货，这些东西才是保值增值的。货品便宜固然也有利于快速销售，但销售到最后会发现，货头卖出去了，但留下一堆尾货卖不出去，丢掉吧又舍不得，留下又占库存，不得不低价处理掉。

第三阶段：总结反思、修成正果。没有五年以上的经营经验是不能达到这种境界的。经过“阅玉无数”的痛苦涅槃，终于明白什么样的翡翠才是最好卖的翡翠、在什么价位之内的翡翠才是自己买得起又能赚钱的翡翠。于是开始寻找有亮点、有特色的翡翠。什么叫有亮点、有特色的翡翠呢？行话叫“宁买绝，不买缺”。缺什么货补什么货是最简单的补货方式，但要明白一个简单的道理：好料满天飞，绝活需缘分。翡翠市场从来不缺货品，缺的是大师级的创意，好工、好料、俏色、好意头、好创意等。遇到这种货既需要缘分又需要独特的眼光，没有长时间市场经验的积累是不可能达到如此境界的。本章将从了解行业规则开始，探讨翡翠成品的交易技巧。

第一节

翡翠交易中的行话与行规

翡翠行业是一个传统行业，自古至今的交易中形成了很多行话和不成文的规矩，特别是在翡翠现货买卖的过程中，一些行话和禁忌的语言和行为就更为买卖双方所看重，是否懂得这些是判断是否为行内人或是否懂行的标准之一。在这一节我们重点介绍翡翠交易中的行话和行规。

一、翡翠交易中的行话

翡翠界的行话有较强的地方性特征，各地的用语不太统一，传统的翡翠市场和新兴的翡翠市场对行话的遵循程度也不同。最常用的行话是"对桩吗""看多少""看走眼了"等。

做翡翠生意的人要了解"对桩"是什么意思。当你接近一个陌生的翡翠摊位时，货主会说："看看，有没有对桩的？"而当看过一件货后，货主也会问："对桩吗？"其实意思很简单，就是在问你有没有喜欢的货或者这件货品你喜欢吗？如果不喜欢，可以说："不对桩。"如果喜欢或者货品刚好是你需要的，那就是对桩，这时就应该问价格了。

问价必开价，开价必还价，这是翡翠行业交易中的规矩。当向货主询价时，他们通常是将价格按在计算器上给你看，并且价格肯定比预期中的高很多，他们还会进一步询问："对桩吗？"你可以半开玩笑地回答说："什么都对桩，就是价格不对桩。"货主接着会问："你看多少？"

"你看多少"是在期待你开价，这是翡翠进货时讨价还价必须经历的过程。开价必还价，还价的高低决定了是否能成交，也是在考验你的看货水平。如果开价过低，货主会认为你是外行或者"看走眼了"，意思是说买家对货品的质量把握得不准或没有很好地掌握市场行情，将价格"看"低了。价格"看"低了是肯定是不能成交的，如果开价过高，应该也是看走眼了或者不了解市场行情，说明看货"看"价的眼力还有问题，且货主会马上同意把货卖给你，你还必须为眼力不够好买单。所以，每次进货，每件货的交易都是一次大考，是对买家的心理、看货水平和对市场行情了解程度的一次考验。

二、翡翠交易中的行规

翡翠交易中有很多不成文的规矩，如果不了解这些规矩，在翡翠交易中很容易犯忌讳。这些规矩有适用于其他行业的，也有翡翠行业专用的，统称为行规。在翡翠交易中，必须尽可能地遵守这些行规，否则就可能遭遇尴尬情况。

1. 开价必还价，还价即出价，出价即买下

这是翡翠交易中不成文的规定。在翡翠交易中，当卖家开价你还价，最后商家同意以你还的价格成交时，你必须以这个价格买下，千万不要在付钱之前或付完钱之后，反悔或者再次杀价。这在其他行业也是如此，因为关乎诚信问题。还价了，价钱也谈妥了，如果不买，就是没有诚信。若出现这种情况，就是交易纠纷，商家会强迫你成交。可想而知，这种场面是十分尴尬的。当然，在现代翡翠市场中，商家的心态开放多了，有些商家不会强迫交易，但这对买家的信心必然是一个打击。所以在翡翠交易中，对于价格问题一定要持谨慎的态度。

2. 结伴进货时，第三者不要插进来谈价

一些玉商在进货时，可能会结伴而行，一起看货，讨价还价时你一言我一语，竞相杀价或竞相加价，这也是翡翠交易中忌讳的做法。在翡翠行业，讨价还价被认为是买卖双方的事，是不会让第三人知道的。过去的翡翠商人都是穿着长袍马褂，讨价还价时一般是买卖双方将手放进长袖里，通过手势的比画来完成的，以握手或口头同意表示成交，成交价格只有买卖双方知道。这也是这个规矩的由来。

如果同行的朋友中有一人开始问价并且还价后，其他人千万不要插进来加价，这同样是基于讨价还价是买卖双方的事情的原则。这种情况下正确的做法是在买家开价后，货主不愿成交而僵持不下时，同行的朋友可以为他提供价格建议，是否加价由当事人决定。

3. 多人看同一手货时，不要竞相杀价或加价

翡翠市场上常常会出现多个玉商在同一个货主家看货的情况，各人看各人对桩的货是没有问题的，但千万不要出现两个人或多个人争着看同一手货的情况。多个人同时看上同一手货，就可能出现竞相加价的情况，这是行业大忌。正确的做法是：看货要讲先后顺序，如果你确实对这手货有兴趣，要等到别人讨价还价却不能成交，放弃了之后，再单独与卖家讨价还价，能否达成交易，就看你的看货水平了。即使看上了某手货品但经讨价还价后没有成交，紧接着又有人在看这手货时，你也不能插进去加价，而是要等到人群散去，再去同卖家讨价还价。在别人看货时插进去看货、询价、还价的做法都破坏了行规。

4. 玉不过手

几个人在同一个档口看货时，别人拿在手里的货，千万不要从他们手上接过来看，而是等别人放稳后，自己再去拿。因为在互相传递的过程中，翡翠很容易因为失手滑落而摔坏，如果出现这样的情况，双方都需要赔偿。这条行规不仅适用于翡翠，也适用于所有的珠宝和古董。

5. 委托找货，不对桩要及时告诉商家

接触市场时间长了，肯定会结交几个从事翡翠批发的朋友，当你手头缺少某类货品又不能及时补充时，可以委托朋友帮忙找货。这时，要尽可能清楚地告诉朋友你需要的货品的颜色、种水、款式以及价格等要求。而当朋友帮忙找的货“不对桩”时，一定要及时通知对方，否则朋友会一直为你留着这件货。时间久了，迟迟不给答复或者过了很久说不要了，朋友下次就不会再帮你找货了，因为他认为你不讲诚信。在翡翠行业，信誉胜过一切。不要因为不懂行规而无意中破坏了自己的信誉。

6. 翡翠一经售出，概不退换

翡翠行业是凭借知识、经验和眼力吃饭的行业，在交易过程中双方经过文化认同、货品鉴赏等的较量之后，讨价还价自愿达成交易。一旦成交，商家是不退不换不承担任何责任的，即“一经售出，概不退换”，除非你与商家在成交前有某种约定。

7. 翡翠交易没有欺骗一说

从事翡翠交易的人都会被认为是行家，行家必须具备一定的翡翠真假的鉴别能力、翡翠作品的鉴赏能力、翡翠质量的评价能力和市场行情的掌控能力。而真正具备这些能力却是一件非常困难的事情，因为翡翠行业是一个“水”十分深的行业。从事翡翠经营可以说是对翡翠知识、从业经验、人格特征的综合考验，所以常说翡翠行业有“学不完的知识、识不完的高人”。接触了翡翠这个行业，就意味着你一辈子都要学习，一辈子都要总结。翡翠的交易常常与真假、质量、艺术、价格交织在一起，不同的人对同一件翡翠可能有不同的认识，所以翡翠交易实际上是买卖双方知识、经验、技巧和心理的较量，买错了不要认为是卖家欺骗了你，而要总结反思，丰富自己的经验，提升自己的能力。因为在翡翠交易中，一般情况下，买错了或价格买高了只能自认倒霉。

8. 看货中损坏了商品按成本赔偿

尽管翡翠的韧性很好，但也是经不起重摔。买家常常因为不小心或拿货方法不当，在看货的过程中出现翡翠饰品掉落在地上被摔碎的情况。这是买卖双方都不愿看到的，一旦出现这样的情况，要明确责任，如果是在买家手里摔坏的，那么赔偿是逃不掉的。如果是在交接过程中发生的，按照“玉不过手”的原则，交接双方各承担一半的损失。如何认定赔偿价格呢？这时，要选择相信卖家。卖家多会拿出记账本，让买家查看进货记录，买家按进货价赔偿就行了。

翡翠交易中的格言

翡翠交易中的格言是翡翠经营者在交易过程中总结出来的，这些对我们从事翡翠交易有指导和借鉴意义。

1. 只有错买的，没有错卖的

常听到有人讲：今天进货捡漏了，买了个便宜货。事实上，任何一个商家都希望以更便宜的价格买到更好的货品，这是人之常情。但是常言道：“只有错买的，没有错卖的。”买货的人永远不会比卖货的人更了解这件货品。我们不能说市场上没有捡漏的机会，比如说几个股东合伙购买原石赚钱了，且做出的货品大部分已经卖出去了，只剩下一点尾货，为了尽快结算，他们可能愿意将尾货以低于市场行情的价格尽快卖掉，但这种机会少之又少。还有一些货主不打算继续经营翡翠了，便宜处理掉手头上的货。还有一种可能就是“老鼠货”，即偷来的货，在这种情况下你确实捡漏了，但也成了一个销赃者。更多情况下，所谓的捡漏可能是因为：第一，在当时的看货环境下，你看走眼了，自以为买得很合算，其实是正常的市场行情；第二，货品中有些瑕疵你没有发现，感觉买得很合算，其实是被卖家掩盖瑕疵的技巧蒙骗了;第三,买到B货翡翠或假货了,表面看起来价格很便宜,其实你受骗上当了。

所以在进货时,一定要保持清醒的头脑,理性地看待价格问题。售卖假货或有问题货品的人永远没有勇气将这些货品卖出真货的价格,报价或成交价明显低于市场行情的时候,不是捡漏了,很可能是遇到有问题的货品了。在翡翠交易中受骗上当的人往往都是那些贪便宜的人。以理想的价买货格靠的是自己的看货水平和谈判技巧,而不是靠捡漏。

2. 多看少买

有些买家,特别是初入行的买家,一到市场就特别兴奋,看到喜欢的货品就有购买的冲动。所以,一到市场就买!买!买!但当看到更好的货时,"子弹已经打光了"(进货的资金已经花完了),又为自己的冲动感到后悔。所以,要多看少买。多看是为了了解市场行情。在没有掌握市场行情的情况下就盲目地购买,很可能造成失误。另外还要了解市场的供求状况,看货的过程也是寻找目标的过程。少买,不是不买,而是谨慎地购买,看准了再买,在整个市场中寻找最理想的货品,再出手购买。冲动购买总会给自己留下遗憾,一定要保持理性,谨慎出手,优中选优,选购最理想的货品。

3. 灯下不看玉

观察翡翠的环境非常重要,不同的环境下观察到的翡翠会有较大的差异。在自然光下,看到的是翡翠的本来面目,在灯光下,我们看到的翡翠特征就会有明显的差异。一般来说,翡翠柜台都使用偏黄色调的灯光,黄色调可以中和翡翠中的蓝色调,使翡翠的颜色看起来亮丽。另外,强光照射会使翡翠看起来更加透明,增加了翡翠的水头,弱光照射又会使翡翠内部的瑕疵变得不那么明显,这就是"灯下不看玉"的道理。翡翠卖家为了使自己的货品更加漂亮,会在灯光上刻意设计,而作为买家,就要避开灯光,在自然光下观察翡翠。

4. 冷眼观炝色

炝色,即人工染色,说的是要冷静地观察翡翠的颜色。这句格言是对行内人说的,其目的是提醒人们在观察翡翠时,要重视第一眼的感觉,不要放过任何疑点。如果第一眼的感觉不好,就要怀疑翡翠是否有问题,是否为C货翡翠或B货翡翠。染色翡翠的颜色主要集中在翡翠的近表面,拿起来对着光源观察,颜色会立刻变淡,且可以看到颜色分布在翡翠的结晶颗粒边缘或富集在裂纹中。拿起B货翡翠对着光源看时,会发现底色非常干净,颜色发散没有色根。要记住:只要第一眼感觉到不对,宁可放弃发财的机会,也要避免受骗上当。

5. 无绺不雕花

这句话时刻提醒买家,凡是翡翠雕花的地方,下面很可能隐藏着裂纹或杂质。对于这些部位,一定要仔细检查,不错过任何一点影响翡翠价值的缺陷,在客观评价翡翠质量的基础上,对翡翠的价格作客观的评价。谨慎看货、谨慎出价才能采购到理想的货品。

以上这些格言是翡翠行家对市场的总结,买家若能记住这些并在商业实践中灵活运用,一定会在从事翡翠交易时受益匪浅。

第三节

翡翠的市场行情

进货前要作相应的准备，首先要根据自己的市场定位计划货品的种类、数量，其次是资金准备和心理准备。多数情况下，翡翠进货是现金现货，一旦价格谈妥，一手交钱，一手交货，只有那些多次成功交易且彼此都比较了解的供应商与经销商之间才有延期付款的可能。

到翡翠市场进货，首先要了解市场行情。所谓市场行情是指不同档次的翡翠饰品在某一市场上具有普遍性的价格状况，即非常熟悉市场的翡翠行家能够认同的价格。不同翡翠市场由于经营成本、供求关系和供应商追求的利润不同而价格稍有差别，但同一市场的价格是大致相当的，这个价格就是我们所说的市场行情。关于翡翠的价格问题，民间也有"黄金有价玉无价"的说法，我们如何理解市场行情与"玉无价"之间的关系呢？

一、关于"黄金有价玉无价"

翡翠是一种天然产出的玉石，是在复杂的地质环境下形成的，因此翡翠自身的质量千差万别，评价要素多而复杂，很难找到两块完全相同的翡翠。"黄金有价玉无价"几乎是路人皆知的一句老话，常常被民间百姓所误解，它实际上说的是同黄金价格评价相比，翡翠价格评价的困难性。黄金因成色和质量的可计量性不难找到评价的标准，而翡翠每一件的特征都不同，评价起来仁者见仁、智者见智，评估其价格时总是只能给出一个区间或近似价格。比如，多数翡翠行家认同某件翡翠饰品的价格为10万元，那么购买价在9～11万元之间都是可以接受的。钻石的评价有一个通行的国际标准，可以按照颜色的白度、杂质的多少、切工的优劣及质量的大小进行分级分类，然后按照国际钻石报价表进行定价。红蓝宝石也有一定的评价标准。而翡翠没有类似的评价标准，所以准确地评估其价格几乎是不可能的。关于翡翠的评估有人这样说："鉴别翡翠的真假、区分翡翠的类别、确定翡翠的档次等都不是难事，唯独价格，恐怕就难说清了。"这可能是"黄金有价玉无价"的第一层含义。

除品质因素外，翡翠的价值还包含美学价值。翡翠饰品是玉雕师的艺术创作，本身就包含玉雕师的审美观点和创作心血，这种价值是无法用准确的"价"来估量的。不同购买者的审美不同，对题材的喜好程度不同，自然会有不同的心理预期价格。这可能是"玉无价"的第二层含义。

"玉无价"的第三层含义可能是指翡翠的内涵。因为玉有"内涵"，所以是无价的。玉的内涵之说自古有之，它是中华民族玉文化的重要组成部分，是一些消费者也因此而购买翡翠饰品。每个人对玉石内涵的理解不同，玉石对他们来说价值当然不同。

所以可从以上三个方面来理解"黄金有价玉无价"。一是材质的价值，天然的颜色和质地由于没有可比性，所以价格难以评估。二是工艺价值。玉雕师们对翡翠精雕细琢和进行艺术构思，赋予它具体的形象，产生了工艺和美学价值。如果质地独一无二，制作工艺举世无双，那就是真正的无价了。三是中国传统玉文化赋予翡翠的精神价值，这是“玉无价”的核心。它代表人的思想、人的意志、人的满足感，对于人们来说这种心理感受和精神寄托自然是无价的。

在正常的翡翠交易中，我们又如何看待“玉无价”呢？那些质量上乘，做工精美，既有商业价值又有艺术价值的精品翡翠，用无价来形容它的昂贵和稀有应该说是有道理的。而对一般的翡翠饰品，经过讨价还价买卖双方达成了共识就变成有价了。这种共识如果得到翡翠行家的认同，它便代表市场行情。

二、如何了解市场行情

当今的翡翠市场行情变化太快，20 世纪 80 年代以来，翡翠成品的价格上涨了 1000 倍以上，近年来，高档翡翠资源近于枯竭，价格上涨的速度在不断加快。即使是从事翡翠交易多年的翡翠商人若三个月内没有进货，再次进货时也不敢贸然出价买货，因为三个月内翡翠的市场价格可能已经上涨了很多。如三个月前 10 万元一件的货品，三个月后的价格可能涨到 12 万甚至更高。当然，并非所有货品都有一样的涨价幅度，一般来说，货品档次越高，价格变动幅度越大，低档货品三个月内的行情变化并不明显。

如何了解市场行情呢？有人说翡翠的市场行情是买出来的，不买货就不可能了解行情，这在某种意义上说是十分有道理的，因为即使是同一件货品在不同人的眼里价格也是不一样的，这是因为每个人的审美观念、对货品的偏好不同。正因为如此，供应商的开价一般都是天价，尽管他嘴上说开的是实价（卖价），但其实有很大还价余地，这就是翡翠交易的特点，任何时候都不要相信供应商开的价是实价。只有在讨价还价时注意每个细节和供应商的表情或肢体语言才能对购买价格是否偏离市场行情作出初步判断。

每次进货之前买家都有一个了解市场行情的过程，按照以前的行情出价再谨慎地加价、试探性地少量购买是比较可行的办法。在购买的过程中，可以根据价格谈判的难易程度判断出价是否合适，进而达到了解市场行情的目的。在这一过程中，“多看少买”仍然是适用的，在没有完全摸准市场行情前就批量采购是不明智的。但是，影响翡翠交易价格的因素是十分复杂的。批量整手购买与从一批货品中挑选若干件购买，购买的货品是货头还是货尾，供应商的采购成本等都会影响交易价格。真正的行情价是能反映该翡翠市场的带有普遍性的价格，要想真正地把握它，只有通过艰难的谈判才能实现。

同经常合作的卖家交流是了解市场行情的另一种方式。经过一段时间的采购，每个人都会有自己固定的经常合作的卖家，通过考察，如果认为原来合作的卖家诚实守信，可以和他保持长期的业务往来。打交道时间长了，有什么好货他会及时通知你，在价格上你也会得到优惠，在资金不够时货款也可以拖欠一段时间。经常合作的卖家长期在一个市场上从事批发业务，对这个市场上各类产品的行情都有一定的了解，同他们交流可以更准确地把握行情。有些翡翠采购人喜欢充当“独行侠”的角色，自己进的货从来不与人交流，生怕别人知道了他的进货价，其实这是没有好处的，特别是当对价格把握不准时更应该同别人交流。但有时也要刻意冷落原来合作的卖家，这是一种策略。批发市场的竞争也是十分激烈的，供应商看到自己的老客户来了，都会对成交有一种期待，一旦一两次不和他做生意，他是很失落的，他会反省在过去的业务往来中是哪个环节出了问题以致你不再找他进货了。这样，你在心理上就占据了主动地位，再次找他进货时还价可能会容易一些。

经常在市场上露露脸对进货也是有好处的。有些供应商看到你是生面孔，即使你的价格出到位，他也不愿将货品卖给你，因为他认为你可能是新手，不能把握市场行情或不会看价，故希望你出更高的价。而熟面孔的情况就不一样了，他会认为你的生意做得很大、很好，经常来进货，为了以后得到更多的关照，他愿意同大客户和老客户保持良好的主客关系，所以，他们只要有合适的利润就愿意成交。

第四节

选货的技巧

经销商考察市场行情时除了要了解行情外，还要了解货品的供应情况，如供应的类型和充裕程度，市场供应情况可能与原来的进货计划有出入，这时要调整自己的计划，要知道，好的翡翠本来就是可遇不可求的。

一、如何看货

每个人在进货前都会有大致的进货计划，比如进什么类型的货、进什么档次的货等。看货就是粗略地了解一下自己所需要货品的市场供应情况。考察市场的过程也是看货的过程，通过对市场供应情况的了解，寻找自己的进货目标，即确定哪些货是“对桩”的。

要从货形(即货品的形状、大小、饱满程度等)、质量(即翡翠评价的要素和题材类型)等方面确认哪些货是“对桩”的货，至于价格是否“对桩”，就取决于每个人的谈判技巧了。对自己感兴趣的货品，一定要置于自然光下认真研究，要记住“灯下不看玉”的道理。根据翡翠的质量评估价格时更应该在自然光下进行。缅甸的玉商非常注重光线的运用，以前在瑞丽，每当烈日当空时，云集于此的缅甸玉商便穿梭于各个酒店，向住在这里的玉商兜售翡翠，而当乌云遮日时，就看不见他们的踪影。

除了看货品质量外，更重要的是要看裂绺(裂纹、瑕疵)。有些裂绺容易发现，如表面的裂纹和反差大的瑕疵，但玉器的设计讲究“挖脏避绺”，这就使得有些裂绺可能非常隐蔽不易发现，特别是裂纹，要注意“无绺不雕花”，所以雕花的地方一定要重点关注。观察裂纹要用正确的方法，借助随身携带的笔形手电筒，用合适的光从不同的方向对货品进行仔细的检查，裂纹会阻挡光的传播，所以在灯光下，裂纹就非常容易被发现。

二、如何选货

选货就是对自己欲购买的货品进行仔细的分析、查看，观察每件货品的特征、质量、有无裂绺等，进而评估其价格。进货时可以批量买入，也可以从一批货中挑选若干件，挑货肯定比批量买入的单价要高出很多。具体到某批货是否要挑选购买一般要根据货品的货形和质量情况以及自己的经营理念等进行全面考虑。如果是批量买入,一批货品中每件货品的质量肯定是不一样的,我们要在看清货品的基础上,将它们按质量进行分类,再评估每类货品的价格及总价格。

经销商购买货品时大多是批量购买,如果不认真检查或者忽略了某个细节,就会购入一些有问题的货品,而零售时顾客可能会发现货品的问题,这些货品就不能为企业带来更多的利润甚至成为积压品。所以要记住:我们采购时是批量进货,但零售时要单件售出,每件货都要经得起顾客的检验。所以,看货时必须认真仔细地检查每一件货品。

不同的货品,看货时的侧重面和评价方法有差别,对货品的质量要求会有的不同,下面简单介绍一下挑选不同类型的货品的要领和注意事项。

1. 如何挑选手镯

手镯是玉器消费的主要产品之一,其适用范围广,各种年龄层次的女性均可佩戴。挑选手镯,先要看圈口的大小、条子的宽窄与厚薄。不同地区的经营者对手镯圈口大小的要求是不同的:南方消费者大多手形纤细小巧,一般以小圈口为主,北方则正好相反。条子的宽窄与厚薄也会对价格产生影响。如果这些要素都对桩,再进一步看颜色的分布、裂绺的多寡及工艺的优劣。看颜色的分布主要看颜色是在手镯的内圈还是在外圈,是在正中间还是偏向一边。评估价格时,如果颜色在内圈,则不能认为这只手镯带色,偏向一边的颜色要视其偏的程度给予一定的折扣。

看裂绺的多寡主要是看裂绺对货品外观和稳定性的影响,有裂绺的手镯不能购买或只能以很低的价格购买。横裂纹和纵裂纹对手镯稳定性的影响是不同的,应该区别对待。客观地说,翡翠手镯上纹是不可避免的,因为手镯的用料比较大,而纹在翡翠原料中又是普遍存在的,故有人用“玉无纹,天无云”来形容玉中无纹是非常少见的。问题是要分清楚手镯中的纹是石纹还是裂纹,石纹只影响其外观而不影响其稳定性,而裂纹会影响其稳定性。石纹是可以接受的,但明显的石纹会影响其价格。最好避免购买有裂纹的手镯,特别是有大裂纹的手镯。成批购买时,一批货中若有有通裂的手镯(即贯穿整个手镯的裂纹),在计算价格时这只手镯应该以零计价。有杂质的货品参照有关工艺评价的方法计价。

看工艺的优劣主要看条子的宽窄、厚薄是否一致,表面有无缺口或凹坑,抛光的光洁度是否达到工艺要求等。

在查看手镯的质量时,内外侧面都要检查,尤其要注意固定手镯的部位,手镯的大伤(如横裂纹)常常会隐藏在捆绑绳下。挑选手镯可以遵从这样的口诀:货品对桩无裂纹,瑕疵要少、工要精,圈口大小要搭配,货形不对不问津。

2. 如何挑选戒面

戒面是素面翡翠饰品的一种,质量要求很高,是翡翠饰品中最难把握价格的一种类型。戒面的形状有很多,常见的是圆形、马鞍形、椭圆形(也称为蛋形)、橄榄形等。挑选翡翠戒面,主要看其颜色、水头、大小、造型、裂绺等方面的特征。

颜色、水头方面,要注意翡翠颜色的浓淡、正邪与均匀程度。不论什么形状的戒面,均要求颜色尽可能均匀、色饱和度高。如果戒面是正阳绿色,水头又好,颜色就显得活而有灵气。

在挑选翡翠戒面时，要关注颜色和水头以及它们的组合和环境（灯光、底衬等）对戒面质量和外观的影响。有些戒面粗看起来颜色十分均匀、艳丽，但仔细观察，颜色差别很大，可能是灯光或衬底给我们的一种视觉假象。所以观察翡翠戒面的颜色和水头时，一定要将其置于白纸上，在自然光下从不同的方向进行观察，只有这样，才能看到真实的颜色和水头状况，否则，就会掉入供应商布下的陷阱。

有些戒面的形状被加工得十分怪异，外观看上去明显不对称，这实际上是为了挖掉石花或遮掩裂纹有意而为之的，这些戒面应该引起我们的注意，要善于发现问题并恰当地评估翡翠价格。

不管是什么形状的戒面，长、宽比例要协调，造型要完美，要有一定的厚度，外形看起来才会很饱满，过于扁平的戒面是不受欢迎的。

3. 如何挑选人物类佩饰

人物类佩饰的题材有很多，但常见的以传说中的各种神像为主，如观音、弥勒佛等。在挑选人物类翡翠饰品时，一般是先看脸，再看神态，还要看整体造型、厚度和长宽比例，最重要的是雕琢工艺。

首先，人物脸部的颜色和质地一定要均匀一致，即设计师在设计时，绝不能将颜色不均匀或有杂质、裂纹的部分放在人物的面部。不均匀的颜色会破坏整体效果，使雕出的人物成为大花脸或阴阳脸，如果脸部有杂质或裂纹，其影响也是不难想象的。所以挑选人物类翡翠饰品时应尽量回避脸部有缺陷的物件，如果是批量进货、整手购买，必须一起买入这些脸部有缺陷的物件，在价格评估时也要尽可能压低这些货品的价格甚至是按零元计价。

其次，要看人物的神态是否自然，如观音的慈祥、佛的笑容等。人物的神态是雕琢工艺精美与否的反映，也是激发消费者购买欲望的诱因。消费者之所以购买神像类的翡翠饰品，很大程度上是受辟邪、祈福等心理动机的驱使。如果雕琢的神态不能反映人物的特点，可能会影响消费者的购买欲。人物类佩饰的正面不能有大的裂绺，背面如果有裂绺，常常被勾勒的花草图案所掩盖，所以如果背面有各种图案，必定是用来掩盖裂绺的，这是行内公认的。对于中低档货，我们没有必要刻意去挑剔这些毛病，但对高档货，背面的毛病也是不允许存在的。

最后，要看人物图案的造型是否完美，主要看形状、大小及厚度和长宽比例是否符合要求。成品形状受原料形状和其他特征的限制，有时人物的造型显得很特别，可能是因材施艺或是为了保留材料上仅有的一点颜色。独特的造型可能会受到某些追求个性化的消费者的喜爱，但有时为了保留一点颜色可能会破坏整体造型，这样的造型是不可取的。不同的消费者对人物类佩饰的大小有不同的要求，经销商要根据自己的货品库存情况灵活掌握各种大小货品的进货量。还有厚薄问题，一般来说，货品的厚薄是根据原料的颜色和水头进行设计的，如颜色较深或水头较差，货品会被雕琢得较薄，反之，则雕琢得较厚。但有些货品的厚薄不符合这一规律，而是完全从充分利用原料的方面考虑的。有些人物雕琢得不够饱满，这样的货品是不受欢迎的，所以选货时货品的饱满程度也是十分重要的。此外，还要看长宽比例，观音长宽比一般为 2∶1 左右，而佛则为 1∶1 左右，所有人物类佩饰各部位的比例都应很自然。

4. 如何挑选花件

花件是翡翠饰品中最普遍的一种类型，雕琢成花件的翡翠首饰必定存在裂纹、杂质等缺陷，挑选花件时主要应看其挖脏避绺的效果，外观上不能有明显的缺陷，有明显缺陷的货品不能买。在此基础上，再看形状和寓意，花件的形状要端正或具有独特的美感，符合佩戴的要求。在市场上我们常常会看到一些奇形怪状的花件。实际上这些是商家为了充分地利用原料，用边角料做成的。这样的货品，价格虽然便宜，但不易卖出，所以最好不要贪便宜而购买这种形状不美观的货品。此外，花件的题材要有特色，图案的构成要尽可能简洁，表达的寓意要吉祥，一目了然。

在挑选货品的过程中，经销商始终要记住：虽然是批量进货，但不能忽略任何一件可能有问题的货品，因为在零售这些批发回来的货时，每位顾客只是从中精选一件，任何有问题的货最终都可能成为积压品，所以在进货时必须谨慎对待有问题和品相不佳的货品。

供应商在配备每一手货品时也可谓是费尽心思，他们常常会采用障眼法，即在一手货品中刻意放入几个有颜色的或品相好的来吸引购买者的眼球，经销商千万不要被这种假象所蒙骗，要将一手货按质量相近的原则分别进行评价，结合评价要素及自己对市场行情的了解，迅速准确地评估价格，并作好交易准备。

第五节

达成交易的技巧

选好货品后，接下来就要进入漫长的讨价还价和达成交易的过程。这是一个重要的过程，也是展现自己商业谈判技巧和人格魅力的机会。

一、询价与开价

看货与选货的过程也是估价的过程。对自己所中意的任一手货都要先作出价格评估，确定可能的进货价或心目中的最高接受价，这是讨价还价的基础。

在采购过程中，首先要看货品的质量是否对桩，其次是题材、货形是否对桩，这两点决定了你是否对货品有兴趣。若有兴趣，就是货品对桩，这时就可以向货主询价了。对桩还有一层意思是价格是否对桩，货主的开价一般会较高，要进一步地讨价还价。

玉器行内有个不成文的规矩：问价必开价，开价必还价。问价可以在看货前也可以在看货后，但一般是在看货后或在看货过程中漫不经心地问价。询价后货主会开价，当然，货主的开价一般会比市场行情高出很多，需要交易双方通过讨价还价达成交易。

翡翠批发不像钻石那样有相对固定的报价，货主的开价一般有很大的讨价还价的余地，你对价格表示异议后，他会问："你看多少？"这时一定要还价。有还价和谈价才有成交的机会，还价高低是看货水平问题，但是不敢还价就永远没有成交的可能。

二、还价

当然,要看懂货品的真假再来讨论价格问题,如果你是专营A货翡翠的经销商,不要向经营B货翡翠的玉商探询价格,他们会认为你不懂看货。永远不要接近A货翡翠、B货翡翠混杂经营的玉商,在这种玉商手中购货,不经意间可能就混入了B货翡翠。确认是A货翡翠以后再问价,看清货品以后再出价。

开价与还价是买卖双方的事情,一般是不会让第三方知道的。询价时,货主会在计算器上按出他的开价,你愿意出什么价,可用同样的方法告诉货主,买卖双方经过讨价还价,如果能够达成交易,便以握手或口头同意的方式表示成交。

1. 如何开第一口价

对翡翠经销商来说,开好第一口价是十分重要的,这代表你对市场行情的了解程度,也表明了你的看货水平。第一口价是能否成交和实现双赢的基础,如果开高了,固然能够成交,但这表明从进货环节开始,你已提高了运营成本,降低了利润空间;如果开低了,表明你不懂行情或者缺乏看货眼光,显然是不可能成交的。所以对于一个翡翠经销商来说,掌握市场行情和专业的翡翠评价知识是十分重要的。

每到一个市场首先是要摸行情,这一过程最少需要一天的时间。试探行情的方法有很多,如按以前的经验、少量尝试性地购买、以知情人介绍的行情作为参考、试探性还价等,这些方法在前文中已作简单的介绍。掌握了市场行情,再结合翡翠评价知识和经验,评估出货品的市场价和自己的最高接受价,接着就要开第一口价了。

开第一口价时,必须遵守两个原则:一是要为讨价还价留有余地,对于供应商来说,他们总是希望能够卖出更高的价格,所以如果市场行情掌握得好,经销商开价后,供应商是不愿意成交的,即他们希望你加价。但作为一个有经验的翡翠经销商,加价要十分谨慎。而且加价时,要在心中盘算以这一价格购买这些产品后能带来多大利润,要根据以前的销售经验,评估销售价格,即目标客户能以什么价格接受你的产品,在保持一定利润空间的基础上确定一个心理预期价格,若高于这个价格就没有必要进行交易了。

2. 谨慎出价的好处

如果你的价格出得比较合适,好处是十分明显的。对方会认为你有诚意或者是行家,对市场行情和翡翠质量把握得很准,购买翡翠很有经验,供应商是愿意同这种经销商做生意的。如果以低于市场行情价格出价,可以预防自己看货看走眼,避免付出更多的成本。当然,如果确实开价过低也没关系,因为每个人买货的侧重点不一样,每个人的喜好也不一样。但如果你开的价格与市场行情偏差太大,那就应该调整自己的眼光了。

三、加价和成交

如果第一次开价就能成交,表明你看货的水平可能有问题,这时你应该反省一下。行内还有这样一个不成文的规定:卖主开价买主还价,价格不合适卖主可以不卖,但一旦卖主答应成交，买主必须接受，否则就会发生令人尴尬或不愉快的事情。

如果第一次开价后货主不同意成交，千万不要因急于成交而盲目加价，要对自己的看货水平有信心并有好的心态。加价是一件很慎重的事情，因为有时货主不愿成交并不是你的开价不到位，而是货主对货品的期望值高，希望卖更高的价，有时是货主的进货成本高了，在这种情况下，急于求成只会使自己付出更多的金钱。要表现出一种无所谓的态度，以平静的心态同货主交流对货品的看法，说明你的出价依据，更主要的是要学会挑毛病。俗话说得好，还价不如挑毛病，以货品真实存在的各种问题打击对方的信心，让货主感觉到有问题的货品是很难出手的，遇到能接受这种问题的买主已经很不容易了。货主也会认识到，成交的机会稍纵即逝，在你的咄咄逼人的气势中，货主的心态会稍稍发生改变，谈判也会往有利于成交的方向发展，稍稍加价可能就会成交。

任何时候都不要急于加价，特别是你的出价已经到了自己最高接受限度时，可转一圈后再漫不经心地转回去继续谈。翡翠交易的谈判本来就是心理的较量，是买卖双方斗智斗勇的过程，整个过程中要保持高度的自信心，并根据货主的反应及时调整策略。

在你出价后，多数情况下对方会要求你加价，那么，什么时候该加价、什么时候不能加价呢？这要看具体情况而定。如果对方的肢体语言表明想成交，表明你给出的价格已经达到货主的心理预期，这时一定不能加价。如果对方犹豫不决，想成交又不想成交并重新开价，你最好不要加价或少加价，让对方自行降价，直至你的预期价格。如果你开价后对方没任何表示或说一声“谢谢”，表明你的开价比市场行情或供应商的心理预期低很多，这种生意也不用再谈了（起码是当时不要再谈了），因为对方会认为你们之间的价格差距太大，或者认为你不识货、看走眼了。这时不要再为可能影响你在供应商心目中的形象的生意浪费时间了，赶快远离现场是最佳的选择。

总之，在任何一桩商业谈判中，都必须表现得信心十足，即使对某一手货非常感兴趣，也不能表现出急于购买的神情，不能让供应商抓住你急于成交的心理而漫天要价。如果出现这种情况，谈判的难度就会增加很多。做翡翠生意的人应该培养这样一种风度：既要大气，也要霸气。所谓大气，就是要有风度、有气度，不能斤斤计较。供应商应该赚的钱就大方地让他们赚，做生意本来就应该互利双赢，只有这样，供应商才愿意和你做生意。所谓霸气，就是在商业谈判中要掌握原则，看货、开价、成交处处抢得先机，将主动权掌握在自己手里。每一个做翡翠生意的人都很精明，要想赢得别人的尊重，就得培养这种人格魅力。

四、翡翠谈判技巧

多数情况下，翡翠交易是要经过数轮讨价还价才能达成的，一味地讨价还价也是十分艰难的，商业谈判中要灵活地使用各种技巧，以下技巧是值得借鉴的。

1. 声东击西

看货一定要不露声色，即使是自己喜欢的货也不要表现出非常浓厚的兴趣，一旦让供应商知道了你对哪些货品感兴趣，哪些货品是你志在必得的，价格谈判就可能会增加难度。假如你看上了供应商的一手货并打算购买其中的一部分，在对其质量和价格进行评估以后，可对欲购买的部分故意表现出不感兴趣的样子而将注意力转向另一部分货品。供应商会误认为这部分货才是你相中的，他会大谈这部分货如何好，是货头，如果被挑走了，剩下的货就会不好卖了，并开出较高的价格。这时你可就这部分货开一个对方不能接受的价格，并经反复讨价还价也不能达成交易，此时对方的注意力可能完全转移到这部分货上了，并可能会说剩下的货如何不好，只能卖到多少钱等。如果对方说的价钱在你的价格预期内，你应该抓住时机，顺势说："那这样吧，我先帮你解决掉货尾，这些货明天再谈吧。"并再次强调让他重新考虑价格问题。这样你就可如愿买到所需要的货了。但为了保持个人信誉，第二天你应该如约再次去见供应商，就剩下的货再次进行价格谈判，此时主动权就掌握在自己手里了。

2. 乱中取胜

顾名思义，乱中取胜就是要故意制造混乱，在混乱中购买到自己需要的货品。

假如你在同一家供应商那里发现若干件对桩的货品，可以对其中一件或数件进行询价并讨价还价，如果对方不愿意成交，再加一件或者去掉一件再谈价。如此反复进行，就会扰乱供应商的思维，他的开价必有出错的时候，这时就可以抓住他的错误，顺势成交。

乱中取胜，首先要自己保持清醒的头脑，注意力高度集中，思维敏捷，价格计算准确，如果没把供应商搅糊涂自己先糊涂了，那结果就可想而知了。

3. 把握时机

做生意，每个人可能都有困难的时候，特别是当供应商在资金运转上出现困难时，就可能会以较低的价格买到对桩的货品，要把握时机。例如，某经销商到广州进货，看上一手翡翠手镯，经过讨价还价，供应商愿以 80 万的价格成交，按照当时的市场行情，这批手镯是物有所值的，但经销商还希望价格再低点。其间，经销商从朋友那里得知，这位供应商在翡翠公盘上以 800 多万元的价格中标了一组原石，交货期限快到了，但他还没筹到足够的资金，现在急于出货是为了筹集资金。得知这一消息后，经销商觉得有了压价的筹码，于是他每天都到供应商的店里去，聊聊天，看看货，只字不提是否成交的问题。三天后供应商有些急了，主动提出要将这批手镯卖给他，他顺势压价，并表示他知道供应商最近资金有困难，愿意帮助他，最后以 60 万元的价格成交了。

4. 攻心为上

翡翠交易中的讨价还价是在打一场心理战，供应商会用各种手段诱导经销商，提升货品在经销商心中的价值，而经销商则要反其道而行之，想方设法降低供应商的心理预期价格，挑货品的毛病是一种有效的办法，必要时还可拿出购买到的同类货品与之相比较，进一步打击其信心，可以增加成交机会。

特别是在讨价还价陷入僵局时，更是要善用心理战。有一次，一个台湾商人在揭阳看上了一件翡翠挂件，经过艰难的讨价还价，对方亮出了价格底线：低于 10 万元就不用谈了，而商人只愿出价 8 万元，并告诉货主，像这种老种老色的翡翠当时只有在台湾才能卖出，而台湾那几年经济也不景气，是很难找到买主的。但货主仍然不肯让步，谈判陷入了僵持。后来买家从朋友那里得知，这件货是四个股东共同出资购买的，其中两位股东愿意以 8 万元成交，但另外两位希望价格能更高一点。了解这一情况后，几个朋友一商量，让这个台湾商人提着行李来找货主并告诉他，今天就要返回台湾了，如果不能成交就没有机会了。几位股东经过"紧急商议"，最后还是答应以 8 万元成交了。

翡翠交易中这种攻心战的案例有很多，我们要根据不同的情况，抓住对方的心理，争取交易的主动权。

5. 舍小利取大利

做翡翠生意的人，总是希望以最低的价格购买到最理想的货品。然而硬碰硬的谈判往往不能达到目的，必须灵活地变换策略，有时候该大方就得大方一点，让供应商获点小利。同时也让他认为你是一个爽快的人，跟你做生意不用费很多的口舌。而遇到大宗生意谈判时，他可能也会爽快一点，为了长远的业务联系，即使利润少点儿也愿意成交。

当同时向一个供应商购买几手货品时，可以让供应商分别报价并还价，而当价格谈判处于僵持状况时，你可以选择一手数量少、价格低的货品主动加价，并建议供应商在其他货品上尊重你的价格建议，这样可能会打破僵局，增加成交机会。在一批货品上出价大方一点，而在另一批货品上可能会得到更多的折扣。

6. 轮番进攻

翡翠的价格是靠买卖双方讨价还价达成的共识。供应商在购买一块原石并将其加工成成品后，对到底能以什么价格将它们销售出去，心里也是没底的。早期在云南进货时，缅甸玉商会把货品送到酒店，到各个房间推销，看谁出价最高，再决定把货卖给谁。其实，现在各集散地的供应商也是这样一种心态，若一批货品经几个客户看过并且都出过价，他必然愿意将货品卖给出价最高者。所以进货时，如果看到对桩的货但价格不能达成一致时，可以请几个熟人轮流进行讨价还价，出价一次比一次低，几轮过后，供应商的心态就会发生变化，这时，你再次出现在他的面前，在原来开价的基础上再加一点价就可以成交了。

7. 全程跟踪

翡翠原石交易毕竟风险很大，做成品生意的玉商如果不愿承担这种风险，可以在别人购买赌石时就进行跟踪，搞清楚这些赌石的购买价格，当它们被加工成成品后，如果觉得合适，可以考虑整体购买。对供应商来说，他们认为这种生意会使资金周转加快，又不留货尾，只要有一定的利润就愿意成交。而对经销商来说，由于全程跟踪了这块石头，了解它的价格情况，出价自然不会太高。

8. 随机应变

再高明的玉商，看货也有走眼的时候，有时刚一看货出价，从供应商的肢体语言中发现他要同意成交，或者发现自己出价过高。这时如果不及时中断谈判过程，会使自己处于极为尴尬的境地：若成交，会使自己付出更多的资金；若不成交，又会遭到供应商的奚落甚至可能发生冲突。这时应当随机应变，寻找一个体面的理由尽快脱身，比如说，今天太晚了，明天仔细看看再谈吧。

9. 故意冷落

有些供应商，以前合作一直很愉快，找他进货也能获利，可时间一长，他会觉得自己的货品别具一格，要找这类货品非他莫属，于是漫天要价，全然一副得意忘形的样子。对于这种行为必须坚决打击。在他周围的摊位上，只要有对桩的货就大量购买而故意不买他的货，几次下来，他就自然没有那种想法了。

以上这些技巧是对实践经验的总结。在翡翠交易中，人是一个复杂的群体，交易的过程也绝非如此简单。在商业实战中，我们要学会同各种各样的人打交道，要善于总结，保持清醒的头脑和敏锐的眼光，精神饱满，信心十足，以独到的眼光发现自己对桩的货，以独特、果断的作风购买自己需要的货品。只有不断地实践和总结，才能逐渐成为一名精明强干的翡翠商人。

第六节

如何避免受骗上当

这里所说的如何避免受骗上当，是指如何避免买到假货或高价买货。我们常将受骗上当叫作交学费。初入行的翡翠经销商交学费几乎是不可避免的，即使是从事翡翠商贸多年的高手，也难免有看走眼的时候。但我们要尽量做到少交学费。要实现这一目标，首先要对自己的能力进行评估，包括自己的专业素养、心理素养、看货眼光和市场经验。

一、做翡翠生意要培养肉眼识别真假翡翠和处理翡翠的能力

很多翡翠市场是都比较混乱，我们稍不留心就会受骗上当。这一特征要求我们必须具备识别真假翡翠和 A 货、B 货、C 货翡翠的能力。培养这一能力是一个漫长的过程，经过专业的培训可以借助仪器将多数仿翡翠或处理翡翠区别开来。但问题是，我们在市场上不能借助任何仪器，哪怕是借助一下放大镜也会被认为是不专业。如此，唯一可行的办法就是培养一双慧眼，多看、多比较翡翠与其仿制品和处理品的差别，以肉眼识别它们。这一能力的培养需要长时间的市场实践。

其实，由于翡翠具有独特的颜色和结构特征，只要细心观察，将翡翠同其仿制品区分开来并不是一件难事。处理翡翠的识别可能会困难一些，但只要时刻保持高度的警惕也是可以识别大多数的。但有些处理翡翠肉眼识别可能会很困难，但我们的原则是，对有疑问的货品，宁愿放弃成交，也不能因此受骗上当。

值得庆幸的是，在各地质量监督部门的监督下，翡翠市场已经规范了很多。如问及真假，多数供应商会如实奉告，但仍有少数供应商在利益的驱使下施以欺骗手段，在这种情况下，作为经销商，唯一能做的就是修炼内功，培养自己的鉴别能力。

二、购买翡翠要克服贪便宜的心理

同一时期的货品大都有相对一致的市场行情。如果货品的价格偏离市场行情，那么肯定有问题。所以掌握正常的市场行情是十分重要的，它可以作为判断货品真假的辅助依据。作假的人总是心虚的，不可能把假货当作真货来开价。同时，天上不会掉馅饼，供应商不可能不了解市场行情而将货品以远低于市场行情的价格卖出去。经销商在市场上买到假货，

很大程度上是贪便宜的心理造成的。

对于任何一个从事翡翠经营的人来说，都可能有受骗上当的经历。做翡翠生意不交学费几乎是不可能的，比如说，价格买高了，把B货翡翠、C货翡翠当A货翡翠买了。交点学费从某种意义上来说可能是件好事，只要善于总结，就会使人进步，会使人快速成熟起来，在较短的时间内成为翡翠经营的行家里手。但问题是，买错了货，该如何处理呢？

同前几年相比，当今的翡翠市场应该说已经规范多了，购买到假货的概率也小多了。许多翡翠市场还设有质量监督部门，如果实在没把握，可以到质量监督部门检验，然后找货主退货。如果损失太大，这种办法值得一试，但如果损失不大，就没有必要了。这样做能否退货另当别论，搞不好会闹得整个市场都知道你不识货、买错货了，不仅丢了面子，更主要的是会对以后的采购有心理障碍。

既然不能退，能不能低价卖掉呢？低价卖掉固然能减少损失，但对一个致力于经营A货翡翠的玉商来说，你的客户会怎么看待你呢？他们会怀疑你的能力甚至怀疑其他货品中是否有假货，损失是减少了，但失去的是企业的形象和信誉，还可能失去信任于你的客户。此时，作为一个翡翠经营者的人格魅力就可能荡然无存了。

如此说来，买错了货，最好的办法是悄悄地将它扔掉，或者送给教育机构做标本，以警示后人。

三、评估翡翠时要细心

遇到对桩的货品准备出手购买前，一定要对货品进行认真检查，仔细查看货品的颜色、水头、质地、大小、形状、工艺等特征，更重要的是查看货品是否有瑕疵，不放过任何对翡翠价格有影响的质量评价要素，结合以前的购买经验及市场行情，谨慎地评估最高接受价和开价策略。千万不要没有看清楚货品就盲目出价，一旦看走眼，将会为此付出更多的资金，是很不值得的。

供应商经常会设置各种陷阱，如在包装货品时常常把有毛病的部位遮掩起来，让进货商不易发现；根据货品的颜色、水头特征设计灯光的强弱和货品陈设底衬的颜色，使货品看起来更漂亮。作为翡翠经销商一定不要被这些假象所蒙骗，要在自然光下还原货品的真实面目，仔细研究其质量状况，然后再进行价格评估。

还有一种情况是务必需要警惕的，那就是在批量采购时，一些不法商人常在其中掺入少量B货翡翠，这种货品具有很大的欺骗性，常常会骗过专家的眼睛。这就要求看货时要非常细心，对任何一件货都要仔细地查看和评价。

四、讨价还价要有耐心

成功的商业谈判常常要经历几个回合才能达成交易，这是翡翠交易的特点。如果出价后供应商不愿成交，表明你的出价没有达到供应商的心理预期或者供应商希望获得更多的利润，也可能是你的价格估低了。这时一定要有耐心，不能盲目加价，要结合供应商的反应及市场行情判断你的出价是否合适，再决定是否加价。出价后不能成交也不是一件坏事，至少它给了你重新考虑价格的时间，不至于会因为开价高了而导致损失。这时要使谈判告一段落，重新考虑出价。如果觉得出价低了，可以适当加价再进行新一轮谈判。即使准备加价，也要一点点地加，不能急于求成，试图一次加价到位。翡翠的价格谈判在很大程度上是一种心理较量，在这场较量中，谁有耐心，谁能沉住气，就能取得主动权。

五、对自己的眼光要有信心

在整个翡翠采购过程中，一定要对自己有信心，看货、出价都要坚持以我为主，不要听别人的诱导。这种信心来自自己的学识、经验。初次接触翡翠的人总有一种心理负担，认为自己不懂翡翠或不懂市场，所以开价总是战战兢兢，购货犹豫不决，说话没有底气，遇到对桩的货也不敢贸然下手购买，这其实是没有信心的表现。当积累了一定的市场经验以后，就要展示自己的人格魅力，有信心同任何供应商打交道，有信心对任何档次的翡翠进行价格评估。

其实，翡翠买卖中估价偏离市场行情也是很正常的事情。“黄金有价玉无价”，每个人的偏好不同会有不同的心理接受价。商业实战中，价格上有争议是常见的事，只要不是十分离谱的价格都是可以提出来讨论的，开高或开低价格是因为看货人喜欢或不喜欢翡翠的某一特征，这就是所谓的“对桩”与“不对桩”。这样说来，我们就更应该有信心看货和开价。而所谓对自己的眼光要有信心，是要培养自己稳定的看货眼光，开价要有依据，不能忽高忽低，高档货价格要得上去，低档货价格要下得来，练就这样的眼光绝非一日之功，它需要长时间的市场经验积累。

客观地讲，做翡翠生意，受骗上当几乎是不可避免的，我们这里强调如何避免受骗上当是为了让初入行者尽量少受骗上当。在从事翡翠商贸之前多作一些心理准备，多储备一些专业知识，尽量少走些弯路或不走弯路。如果没有受骗上当的经历，可能永远也不能成熟起来。作为一个初入行的翡翠经销商，要注重实战，注重在实战中总结，将自己的每一次进货经历都深深地烙在心里，每次进货后都要认真总结，以前犯过的错误以后不要再犯。只有注重锤炼自己的人，才能迅速成长为一名合格的翡翠商人。

翡翠交易是一项艰苦而快乐的工作。艰苦，是因为骗子生意很多，作为经销商必须时时刻刻擦亮眼睛，保持高度的警惕，既要时刻注意货品的真假，又要及时评估货品的价格。快乐，是因为作为经销商接触的是具有深刻美学价值和文化内涵的物品，每天都在以独具的慧眼发现价值，也是在以自己的经验、学识、智慧和胆量为公司创造价值。

在翡翠交易中，经销商们每时每刻都承受着巨大的压力，没有顽强的毅力和必胜的信心是不可能取得成就的。

翡翠的商业零售

内地(大陆)的翡翠市场比香港和台湾地区起步晚。20 世纪 90 年代以前,香港、台湾是翡翠市场的主体,香港是国际翡翠交易中心。

改革开放给中国经济的发展注入了活力,人民的生活水平得到了显著的提高。当消费者的基本生活需求得到满足后,珠宝首饰才开始进入人们的生活,翡翠在内地(大陆)获得新生。近年来,珠宝市场日趋成熟,人们对翡翠的需求逐年增加,过去只有皇室宗亲、达官贵人才能拥有的翡翠首饰逐渐进入百姓生活,成为国人之最爱。1997 年亚洲金融危机之前,是内地(大陆)翡翠市场的恢复和成长阶段,消费水平很低,高端翡翠饰品的消费主要集中在中国香港、台湾地区以及欧美、东南亚。亚洲金融危机后,亚洲经济开始下滑,内地(大陆)反而渐渐强盛,逐渐成为翡翠消费主体,市场交易异常活跃,年交易额数百亿元,并且显示出逐年强势上升的势头。

国际珠宝品牌纷纷看好中国翡翠市场,在翡翠设计中引入中国元素,注入时尚理念,引领时尚潮流。

为了适应国内珠宝市场的发展,满足消费者对翡翠首饰的需求,国内珠宝企业曾一度加大了对翡翠首饰的投资力度,当时全国多数大中城市纷纷开拓以翡翠为主要产品的玉器市场,我国玉器业出现从未有过的火爆场面。各珠宝企业也纷纷设立翡翠专柜或翡翠专营店,满足国内消费者对翡翠首饰日益增长的需求。在全国各地的大型商场里,最早的翡翠首饰只是作为一个产品项目,产品数量少,款式单调,后来却是另外一番景象,商场里出现了翡翠专柜。曾经在南京中央商场,经营玉器的专柜就多达 8 家,更有“七彩云南”“东方金钰”等高端翡翠品牌。

翡翠市场和翡翠消费者

这里所说的翡翠市场是指翡翠终端消费市场。在我们探讨翡翠的商业零售问题之前,先认识一下中国翡翠市场的特征和消费者类型是十分必要的,这有利于我们有针对性地规划企业产品和制定营销组合策略。

一、翡翠市场的特征

中国有约8000年玉文化的沉淀，这是翡翠市场发展的基础。曾经一度在经济环境和社会环境缺乏翡翠市场滋生的土壤，因此玉文化在内地(大陆)形成了一个断层，而在香港、台湾地区却得到了很好的传承。当改革开放的春风沐浴着神州大地的时候，特别是进入21世纪以后，翡翠市场快速成长起来了，成为珠宝市场不可或缺的组成部分。这种快速成长造就了中国翡翠市场独有的特征。

(1)翡翠消费实现了传统玉文化与现代消费时尚的融合。玉在中国有深厚的文化底蕴。在迅速崛起的翡翠消费市场中，传统的消费理念得到了较好的传承，多数中老年消费者购买翡翠首饰都是带有辟邪、消灾、祈福等消费心理的。随着时代的变迁，翡翠时尚在这些主题之外，又注入了具有时代意义的新理念，人们更为看重翡翠美的价值、含蓄的意境。晶莹剔透、娇艳欲滴的绿色是春天的象征，是生命力的表现。在以白色的铂金、钻石为代表的首饰消费时尚中，佩戴翡翠首饰的人仍然比比皆是，这固然与人们的购买力提高有关系，更重要的是设计师们努力发挥他们的智慧，在现代翡翠首饰设计中融入时尚元素(图10-1)，将翡翠和钻石以白金镶嵌，使当今珠宝世界两大主流时尚有机地结合在一起，在方寸之间实现传统文化与现代时尚的完美结合。

图10-1 国际珠宝品牌中的翡翠元素

在翡翠进入中国的早期，翡翠首饰是宫廷权贵身份的象征，上至皇帝、妃子，下至各级官员，佩戴翡翠的档次、数量、款式都有明确规定。现代人佩戴翡翠首饰更多的是个人审美的体现和对生活品位的追求。走在车水马龙的大街上，不经意间会发现，一个翡翠吊坠、一枚翡翠戒指，或是一只翡翠手镯把人衬托得分外优雅，超凡脱俗。

(2)翡翠鉴赏能力参差不齐。我们也应该看到，翡翠时尚的兴起毕竟时间还不长，消费者对翡翠首饰的喜爱在很大程度上还是受传统玉文化熏陶的结果，甚至是盲目跟风。真正懂得翡翠质量评价、具有翡翠鉴赏能力的人很少，多数消费者缺乏翡翠质量评价的基本知识，对翡翠质与价的关系缺乏足够的认识。翡翠之美不仅来自温润的质地、明艳的颜色，还来自它独特的造型，来自艺术大师们对翡翠首饰的艺术构思。翡翠之美是自然之美与艺术之美的完美结合。只有在系统地认识翡翠宝石学特征的基础上,具有了一定的审美观念的人才具备鉴赏翡翠的能力。随着翡翠知识的普及和消费者审美能力的提高,消费者的鉴赏能力还有很大的提升空间。

(3)翡翠消费能力差异很大。中国地域辽阔,经济发展水平不平衡,各地翡翠文化的普及程度不同,翡翠消费观念不同,翡翠消费能力和消费水平存在很大的差异。消费能力较强的主要是北京、长三角、珠三角地区的城市居民。北京是我国政治、经济、文化中心,也是历史文化名城,作为清代的都城,早期翡翠文化的发源地,几千年的玉文化影响着消费者的消费观念,因此北京是高档翡翠的重要消费地。广东是我国玉文化中避邪、消灾、祈福等内涵的重要传承地,佩玉的习俗自古有之,传承至今,除这些内涵之外,在广东翡翠更是美和财富的象征。而在长三角地区,由于经济发达,这里已成为高档翡翠的重要消费地。相对而言,其他地区的翡翠消费水平较低,他们大多追求拥有,不在乎翡翠档次的高低。总体来说,高档翡翠的消费者较少,但这些高档翡翠消费者一般具有一定的翡翠鉴赏能力。

(4)企业经营缺乏系统策划。对于珠宝企业来说,面对迅速崛起的翡翠市场和迅速增长的消费需求,多数企业只是在匆忙地应对,在经营实践中调整经营策略,缺乏系统的企业形象设计和产品规划,产品定位不清晰,缺乏特定的目标市场,既想沿袭传统的产品设计思想,满足那些深受传统玉文化影响的消费者的需求,又想迎合时尚,追求潮流,注入现代首饰设计理念。试图使企业产品能够满足所有消费者的需求,结果是将产品规划得不伦不类,产品无个性,企业无特征,以至于翡翠市场形成这么多年,还没形成几个像样的翡翠品牌。

从产品营销层面来看,企业的营销方案缺乏系统的策划,营销策略无创新。再加上翡翠市场鱼龙混杂,以假充真、以次充好时有发生,质、价混乱,价格打折,严重动摇了消费者的信心。

翡翠营销有广泛的群众基础,我国经济的高速发展和人民生活水平的大幅度提高,又为翡翠消费创造了雄厚的物质基础。现在缺乏的是消费者的鉴赏能力、产品的特色和消费者的信心,只要企业认真从事市场研究,找准市场切入点,引导消费者树立正确的翡翠消费观念,注重品牌建设,实现品牌文化与玉文化的有机融合,建立特色的翡翠品牌,中国的翡翠市场必然大有可为。

二、翡翠消费者

当今中国的珠宝市场可以说有两大消费主题:钻石和翡翠。钻石是西方人的经典,东方人的时尚,而翡翠是东方人的经典,如今已演化成一种时尚。中国人喜爱翡翠有其历史渊源,可以说在全球有华人的地方就有翡翠消费者,这是传统玉文化的延续和发展所导致的必然结果。中国人购买翡翠用于装饰只是一种表象,真正的购买心理和动机已远远超出审美的范畴,而玉文化的渲染和对翡翠的热爱才是人们购买翡翠饰品的主因。通过对翡翠消费市场的观察和分析,我们可以将翡翠消费者分为四类。

1. 传承翡翠文化的购买者

这类消费者以中老年人居多,他们对中国传统的翡翠文化有较全面和深刻的了解,出于避邪、消灾、祈福等原因而购买翡翠饰品。他们当中的有些人对翡翠产生依赖感,玉不离身,一旦不佩玉，心里就会忐忑不安。而更多的消费者认为它是一种高贵的饰品，佩戴翡翠是身份的象征或者是一种心理的满足。在翡翠的档次上可能会因人而异，他们追求的是拥有而不是翡翠档次的高低，他们会根据自己的消费能力作出适当的选择。

2. 追求时尚的购买者

这类消费者又分两种情况。一种是对翡翠饰品有偏爱，如喜欢翡翠的颜色、喜欢翡翠的含蓄、喜欢翡翠的晶莹剔透等。他们懂得如何鉴赏翡翠，能较准确地鉴别翡翠，如果能力允许，他们是高档翡翠的消费对象或潜在消费者。另一种是对翡翠的消费文化似懂非懂，盲目仿效。他们可能认为佩戴翡翠饰品可以护身，具有保健功能等，因而对翡翠饰品产生一种盲目追求的心理，但对翡翠的质量、价格等没有足够的鉴别能力，更不懂其工艺价值。所以他们是中低档翡翠的购买者，只要佩戴一块玉，就会在心理上得到很大的满足。

3. 满足社会交往需要的购买者

所谓满足社会交往的需要，主要是指日常生活中以翡翠饰品作为礼品进行馈赠。如在过节日或别人过生日时为酬谢对自己有过帮助的人，以翡翠作为礼品馈赠给对方。这类消费者在购买翡翠饰品时，一般是计划性购买，即对购买什么题材的翡翠和购买什么价格的翡翠都有预先的计划，而购买者本人一定是翡翠爱好者，他们对翡翠有一定的鉴赏能力。

4. 以传世、收藏和保值为目的的购买者

中国人素有为子孙后代造福和为他们留点遗产的传统，他们购买翡翠饰品一方面是自己生前佩戴，另一方面是作为遗产留给子孙。同时，随着我国经济水平的不断提高，以收藏为目的的翡翠购买者也越来越多。他们把收藏有特色的或高档的翡翠作为自己的爱好，会经常光顾珠宝店，寻找自己喜欢的翡翠工艺品。不管翡翠的档次如何，只要自己喜欢（如题材、工艺、俏色等）且在自己的购买能力范围内，他们一定会不吝花钱购买。还有一种消费者，他们对翡翠的资源情况比较了解，明白高档翡翠能够保值、增值，购买翡翠不仅用于佩戴，也用于收藏。这种往往是生活比较安逸、收入比较稳定的消费者。

以上四种类型的消费者，前两者一般是中低档翡翠的主要购买者，而后两者可能是高档翡翠的购买者。

翡翠营销策划

从 20 世纪 80 年代到现在，从事翡翠经营的人换了一批又一批，前一批人惨淡出局，接着又进来一批人，颇有点前仆后继的悲壮。直到现在，翡翠行业仍然不断有新面孔出现，不断有老面孔消失。消失的人有两种类型。一种是既有钱又有胆量的人，他们敢想敢干，敢于冒险，原石交易是他们从事翡翠经营的首选。他们试图通过购买原石一夜之间成为富豪，结果很快倒下了，从行业中消失了。另一种是有钱没有知识的人，他们找不到事业的发展方向，听别人说翡翠行业是暴利行业，也想进来淘金，进来后发现不是那么回事，于是出去了。

有钱有胆量而没有智慧的人，他们不可能在翡翠行业待得太久，想获取暴利的人也会失望而归。当然，翡翠经营也不乏成功的人，20 世纪 80 年代有一个在云南瑞丽街头摆地摊的福建人，在翡翠行业中寻得商机，从帮别人介绍生意当跑腿开始，现在资产已过亿。总之，翡翠经营，成功者有之，失败者也有。在翡翠行业取得成功的人，都是既有胆量又有智慧的人，他们都有这样一些共同的特征：性情豪爽、善于交际、眼光独到、胆大心细、精于计划、目标长远。

在这个充满竞争的时代，靠智慧取胜是我们的必经之路。我们必须善于观察，勤于思考，努力抓住机会，发展自己的事业。

一、选择一个好的根据地

我们要探讨的是如何做翡翠零售生意。不管从事什么业务，商道都是相通的，我们选择发展这项业务，必定拥有相应的优势，比如专业的优势、资源的优势等。有了这些优势，就要考虑如何将这些优势运用于经营，努力将优势转化为经营的强势。对于自己即将从事的事业，必须有系统的策划，找准经营的切入点，制定中长期经营目标，对事业的未来、发展步骤作清晰的描述。这些问题包括从哪里起步，选择什么商业模式，做哪些人的生意，如何配备货品，如何进行扩张，等等。当然，先要考虑如何迈出第一步。

初次涉足翡翠行业的人，一无经验，二无客户，三无声望，这是在入行时要充分考虑的问题。谨慎地迈出创业的第一步是非常关键的，它直接关系到经营初期信心的建立和未来的发展。很多人在创业初期总是在不断地变换经营方向和经营地点，有的甚至很快从行业内消失了，从根本上说是没有规划好自己事业的切入点，以浮躁的心态匆忙地迈出了第一步，等到发现自己的路走错了再来纠正，可是已经来不及了。所以，选择一个好的根据地对于发展自己的事业是非常重要的，尤其是经营翡翠这种具有深厚文化内涵的产品，更是要慎之又慎。

当今珠宝经营崇尚品牌建设，通过分析我们惊奇地发现，现在行业内的主流品牌在发展的初期，都选择了北京。周大福、谢瑞麟等香港品牌的第一个店都是开在北京，戴梦得、金象等国内知名品牌同样是选择了北京，为什么？因为北京是中国的首都，是政治、经济、文化的中心，在这里发展品牌容易产生品牌扩散效应和辐射效应，所以选择从北京开始拓展品牌是企业经营者们的一种战略思维。

那么，什么是理想的翡翠经营地呢？不同的人掌握的资源不同可能得出不同的结论。但有一点是共同的，那就是理想的翡翠经营地要有消费翡翠饰品的人文基础和经济基础，有经营者能够掌控和利用的优势资源，有充足的市场拓展空间。

自古至今中国人都爱佩玉，所以在中国从事翡翠销售不缺少人文基础。但是，由于对玉的信念不同，鉴赏能力不同，经济发展水平不同，佩玉的普及程度有很大的差别。我国农村与城市之间、经济发达与不发达城市之间，翡翠消费存在很大的差别。就目前的情况来说，到经济发达的大中城市从事翡翠经营是理想的选择。

哪里是最理想的根据地呢？这主要取决于经营者掌握的优势资源，包括可以调动的当地社会资源、客户资源，个人在行业中及社会上的声望，品牌知名度等。这些都是支撑企业成长的必要条件。翡翠行业比较特殊，除了一般兴办企业的必要条件外，还要寻找另外一些支持因素。在云南为什么翡翠卖得好？是因为地域优势。很多消费者都知道云南产玉(实际上是一种误解)，所以到云南旅游时纷纷在这里采购。当地的社会资源是支撑企业发展的重要力量，假如说我们到某地去兴办一家公司，若与那里的工商、税务等管理部门关系良好，在经营上就会少一些干扰因素；若可以拿到租金较低的经营场地，可以降低经营成本；若有很多熟悉和认同本公司或本品牌产品的客户，可以迅速为公司带来利润并在社会上产生扩散效应，取得稳定的经营业绩；公司专业的形象或声誉一经宣传，会在当地取得轰动效应，就会吸引大批客户前来采购；若当地的市场竞争不很激烈，进入当地市场不会遭到打压或排挤。

有了这些优势资源，我们就应该具体盘算一下它是否能为企业带来利润。企业经营总是要获利的。当然，企业的利益可能是近期利益，也可以是长远利益。对于一个尚未完成资金原始积累的经营者来说，首先要考虑的当然是近期利益。那么，就应该测算一下，以现在拥有的资源到这里来经营，理想情况下能给企业带来多少利润，不理想的状况下会给企业带来多少亏损，经营的风险有多大，企业是否有能力承担这些风险，等等。从事翡翠经营要有胆量，有必胜的信心，但更要有风险意识，搞经营总是会有风险的，但要把风险降低到最低。同时，要做好最坏的打算，设置一个最大亏损限度，假如公司经营得不好，我们打算赔多少，赔到什么时候为止，一年两年不赚钱是否还要坚持。搞经营要有一个平常心，盈亏都是很正常的事情，但一定要有心理准备，赚了钱不要洋洋得意，亏了钱也不要垂头丧气，赚了钱要想着如何发展自己的事业，亏了钱要认真总结，想好下一步的路该怎么走。我们在策划兴办一个企业的时候，一定要未雨绸缪，要先想好最坏的状况及处理办法，一旦事情真的发生才能从容不迫、应对自如。

二、选择经营模式

经营模式的含义广泛。广义的经营模式是指企业在营运过程中构成的经营形态，主要通过营运系统中涉及的企业文化、经营方式来体现；狭义的经营模式是指企业针对行业特点，结合市场需求及自身资源，选择和采取的经营方式。我们这里引用这个概念简单地来指公司经营的具体方法和途径，也就是结合企业当前的经营状况，将翡翠饰品投入市场的具体方法和途径。

进入市场的方法和途径有很多，不同的企业应该根据经营现状作出选择。假如企业已经从事珠宝经营，翡翠饰品可以作为企业产品组合的一个产品项目。其他模式还包括在商场设立翡翠专柜、建立翡翠专卖店、从事网上营销等。在商场设立翡翠专柜不失为一种好的经营模式，商场人气旺，管理规范，只要产品有特色，容易形成品牌效应，但好的商场一般都有很高的经营门槛，高比例的提成让商家获利的空间十分有限，经营业绩较差的商场门槛相对较低，但进入这样的商场同样不能获得好的经营业绩。专卖店模式经营的自由度比较大，经营的主动权掌握在自己手中，但不会像商场那样聚集人气，更不容易取得客户的信任，如果产品无特色，价格无优势，市场定位不准确，不能有效地争取自己定位的目标市场，同样是不可能取得好的经营业绩的。所以在经营方式上同样要根据自己拥有的资源作出谨慎的选择，特别是自己拥有的社会关系资源、客户资源、个人的专业素养和在行业中的声望。假如自己的朋友能为企业进入商场提供很多方便和优惠，商场模式就是一种理想的选择。

营销方式还有其他选项，网络营销等方式都是可以考虑的。现在全国各地纷纷办起了玉器市场，到玉器市场上租一个摊位开始翡翠事业也是可以尝试的。

中国的珠宝市场正在走向一个崇尚品牌的时代，品牌经营是我们进入市场时要考虑的一个重要问题。从事品牌经营有两种方式：加盟品牌和自创品牌。创业者大都资金实力比较弱，亟须以最快的速度完成资金原始积累，为将来的发展打下良好的基础。借力发展当然是最好的选择，所以可以选择加盟一个品牌。品牌加盟确实能给初入行者带来很多好处，它可以迅速将加盟商带入品牌营销阶段，凭借品牌的知名度迅速提高经营业绩，享受品牌经营的成果。加盟机构还可以根据加盟商选择的经营环境提供经营决策建议，协助加盟商树立品牌形象、参与经营管理，使经营迅速进入正轨。加盟的另一层含义是加盟机构借助加盟商经营者的力量宣传它的品牌，提高它的品牌知名度，这就是我们平常所说的“双赢”。但是，品牌加盟有两个问题值得考虑。第一个问题是能否跨过加盟机构的加盟门槛，是否有能力承担高昂的加盟费用。第二个问题是中国的品牌加盟规则不够健全，一旦品牌取得了一点知名度或稳定的销售业绩，加盟机构就会考虑提高门槛或收回加盟权，使加盟商成为品牌的弃儿。周大福是靠品牌加盟迅速拓展国内市场的，但前几年却宣布收回全国一线城市的加盟店。所以加盟品牌可以获得好处，但也会受制于人。与其这样，不如制订一个企业的中长期发展计划，自创品牌，从小做起，积累实力，逐步扩张，成就自己的品牌之梦。更何况，目前中国珠宝行业本身知名度高的翡翠品牌就很少。

三、确定准备做什么人的生意

在兴办企业的时候，我们总是希望自己的产品能够吸引更多的客户，因此在规划产品时，总是希望企业产品能满足每个客户的需要，其结果可能是任何客户的需要都不能得到满足。人们在出国时大都希望找一个中餐馆吃饭，可是吃过之后会发现这些中餐都变味了，做得不正宗了。为什么会这样？可能是国外中餐馆的老板们在设计饭菜的口味时既要保持中餐特色，又要考虑外国人的接受程度，于是中餐变得不伦不类了。做生意如果抱着这种想法，可能什么人的生意都做不了。所以，当决定从事翡翠经营时，一定要分析自己的优势，要考虑能做什么样的生意，应该去赚什么人的钱。

做翡翠生意的人大都知道“七彩云南”这个翡翠品牌，它是 1992 年由诺仕达集团在昆明创建的。该集团有国内最大的翡翠加工厂，素有“云南翡翠第一家”的称号。

公司成立之初，市场以假充真的现象时有发生，混乱的价格让消费者不敢放心购买翡翠，他们的销售方式也没有多少特色，通常是找一个商场，租几米柜台，以打折的形式参与市场竞争。后来通过对市场经营环境的细致分析，结合公司的资源，他们决定先立足于昆明，建立高品位、相对集中的专业翡翠商场，以明码标价的营销方式取信于消费者，逐步形成一个辐射全国的翡翠品牌。

云南是一个旅游资源十分丰富的省份，公司抓住这一特点，决定选择来云南的游客为目标顾客，有针对性地开展营销。他们在昆明郊外的云南民俗文化村内建立了数千平方米的大型翡翠商场。在店堂的装修风格上，力求突出翡翠的高贵与奢华，试图打造高端翡翠品牌形象。为能更好地为消费者提供翡翠的咨询和服务，七彩云南翡翠商场要求工作在一线的营业员个个都是翡翠专家，是可以让消费者信赖的珠宝顾问。在七彩云南翡翠商场，营业员不是传统意义上的导购员，和顾客的关系也不仅仅是简单的买方和卖方的关系，他们不仅是翡翠饰品的销售者，更是翡翠文化传承者。顾客在购买翡翠的同时对翡翠的文化、艺术价值会有更多的了解。在产品设计上，他们针对游客的特点，以中低档产品为主打产品，明码标价，仓储式销售，同时展出大量高档产品供游客观赏购买，不仅取得了很好的经营业绩，同时也展示了一个专业、高端的翡翠品牌形象。

经过十多年的经营，七彩云南的品牌效应逐步得到显现，他们及时调整战术，在稳定昆明经营业绩的基础上，加快了向全国扩张的步伐。2004 年 9 月，北京七彩云南翡翠珠宝商城隆重开业。北京有着深厚的玉文化底蕴，北京人也具备消费高档翡翠产品的能力。针对首都翡翠市场的特殊情况，北京七彩云南翡翠珠宝商城形成了自己的风格和特色，以其丰富的文化内涵，现代的装修风格，独特的卖场氛围和经营理念打造了一个博物馆式的翡翠旗舰店。走进商城，就像走进了一个博物馆，在这里人们可以领略几千年的翡翠文化，鉴赏世界上最珍贵的翡翠，学习丰富的翡翠矿产、鉴赏和评价知识。宽敞的展销大厅里，不仅陈列着 8 万多件价值近 20 亿元的商品，而且专门开辟了翡翠文化和翡翠专业知识展览空间，用大量的实物、图片从古代玉文化、佛玉文化、儒玉文化、翡翠时尚四大部分展示我国玉文化。在产品规划上以高档产品为主，高档的装修和豪华的陈设为客人提供舒适的购物环境，产品销售采用会员制，实行一对一的销售服务，让客人真切感受到尊贵的身份与购物的乐趣。2006 年，他们又将这种经营模式复制到杭州。建立了杭州七彩云南翡翠珠宝商城，这个高端翡翠品牌逐步向全国蔓延（图 10－2）。

图 10－2　七彩云南翡翠的形象店

营销学上有个名词叫“市场细分”。所谓市场细分就是将一个总市场按某方面需求的不同分割成若干个小市场，使每个小市场之间存在某些显著的不同倾向，以便使营销人员能有效地满足不同市场（顾客）的不同欲望或需求。市场细分是以市场需求为基础将市场上的顾客分为若干个需求相似的群体，每一个细分市场可采用一种营销组合。

市场细分是目标营销的基础和前提。目标营销是指企业在对整个市场进行细分后，要对市场进行取舍，选择一个或数个细分市场，并针对此细分市场的需求选择产品并制定营销策略。目标营销包括三个主要步骤：市场细分、目标市场选择和市场定位。简单地说，目标营销的过程是要弄清楚市场上存在哪些需求，产品是哪些人需要的，我们的市场在哪里，谁是我们产品的最终客户，如何将产品的诉求有效地传达给目标客户，等等。

所以人们常说，这个世界上没有卖不出去的产品，只有卖不出产品的人或将产品卖错了对象。卖错了对象就是没有细分好客户。所以我们在进入某个区域市场从事翡翠营销时，要先做好市场细分，锁定自己的主要对象——目标客户，而不是什么样的生意都想做，什么样的客户都想抓。确定了目标客户后，就要有针对性地为他们选择产品，并想方设法向他们传递产品诉求，让他们明白产品的特色和利益且这些特色和利益正是他们所追求的。为了吸引这些目标客户企业形象如何设计呢？什么样的装修风格才能反映公司的产品特征和企业特征？品牌定位在什么地方呢？

七彩云南最终的市场定位是高端翡翠客户，这些客户所需要的是优雅的购买环境、令人信任的产品质量和物有所值的价格感受，所以无论店开在哪里，一定保持古朴的风格、专业的形象和一对一的温馨服务，让顾客感受到在这里购物是一种享受，能够得到应有的尊重并相信一定货真价实。据说七彩云南在北京投入了大量广告从事翡翠的宣传，对整个北京市场的翡翠消费起到了很大的推动作用，翡翠饰品的市场占有率逐年提高，但本企业的销售业绩却并不十分理想，这可能与消费者不熟悉这种营销方式有关。从营销学的角度来看，他们的市场定位是准确的，企业形象设计、产品与服务的规划也是没有问题的，产品的特色和品牌知名度正在对品牌形成正面的支撑，公司的实力也足以支持他们继续进行品牌运作，只要沿着现在的思路走下去，付出一定会得到应有的回报。

四、确定经营什么产品

经营什么产品完全取决于企业在市场定位的基础上对目标市场的选择。所以从事营销前一定要对欲进入的市场进行详细的研究，搞清楚这个市场对翡翠饰品存在什么样的需求，我们的经营应该以传统产品为主还是以时尚产品为主，因为需求方向决定了经营方向；要了解这个地区的经济发展水平如何，玉文化底蕴如何，经济发展水平决定了消费水平，玉文化底蕴决定了消费者的消费观念；在此基础上再分析自己的产品适合什么年龄层次的客户购买，这种购买量能否适应公司发展的要求。

在不同的地区经营，可以有不同的定位。很多企业通常会以大众消费者的消费能力为定位依据。这种做法是有一定道理的，但大家都这么做，产品就没有什么区别，企业的经营特色和个性就无法显示出来。所以要抓住这些顾客中的某一特定顾客群，针对他们的消费心理、消费爱好和审美倾向设计企业形象，经营相应的产品，满足他们的需要，围绕这一主题不断强化和持续努力，最终就会打造出令目标市场追捧的企业特征。例如，七彩云南定位是高端客户，但根据不同区域市场目标客户的不同，在昆明，他们的目标客户以游客为主，高端的产品和专业的形象自然会满足高端客户的需要，同时又能吸引游客的眼球，让他们认为这样一家公司是值得信赖的。游客的消费是以中低档礼品或纪念品为主，针对这一群体的营销采用明码标价的仓储式营销，货真价实的印象自然会激起游客的购买欲望。而在北京、杭州，他们展示了定位高档产品的鲜明特征，高规格的店堂装潢，高档次的产品陈设，彰显品位的购物环境和温馨、专业的一对一服务，无不让顾客感受到其尊贵的地位和品牌消费给他们带来的愉悦。

从七彩云南的案例分析我们可以看出其品牌的市场定位和目标市场选择。这些经营决策都是在对市场进行认真的分析并与企业掌握和能调动的资源相适应的。所以我们在决定做什么产品时，首先要考虑好自己的优势在哪里，与优势相匹配的客户又在哪里，这些客户的需求能否满足公司发展的需要。以自己的优势和客户的需要确定核心业务或核心产品，集中企业的优势资源经营我们的核心业务，努力在这些业务上形成特色。只有这样有相同或相似需求的客户就会越来越集中，消费群体就会越来越大。

在准确确定目标市场的基础上，再来规划企业经营的产品类型。假如说企业的目标市场是喜爱、了解玉文化的中端客户，那么翡翠手镯、玉扣、观音、佛公、花件、生肖、戒面、佛珠项链等是必备的产品。产品档次不要太高，但也不能太低。在不同的地方从事翡翠经营，消费档次的差异很大，要根据当地的经济状况及客人的接受能力确定产品的主要价位应集中在哪一个区间。在上述产品类型中，戒面、手镯和玉扣是翡翠首饰中价格最高的，戒面、项链和玉扣的销量比较有限；观音、佛公和手镯的需求量最大，是任何一个翡翠专营店的主打产品，这几类产品要占公司货品总量的40%；生肖的需求量也较大，但一般以低档生肖为主；花件是文化内涵最丰富的，也是最容易形成经营特色的一种产品，所谓“图必有意、意必吉祥”主要是指这类产品。花件配货时一定要精挑细选、精心搭配，让每件货都有引人入胜的卖点，题材通俗易懂，能激起顾客的兴趣和购买欲望。

确定了产品类型后，还要注意高、中、低档货品的比例，从产品档次上规划产品组合。即使我们的产品定位是中档产品，但高档货与低档货也是不可缺少的，产品定位只是确定企业产品的主要风格、价位和特色，是企业经营的主导产品，高档产品和低档产品在数量上应各占15%～20%的比例，以满足不同档次客户的需求。

五、确立一个怎样的形象

这里所说的形象主要是指企业员工留给顾客的印象。不管我们从事什么行当，都要不断了解这个行当，不断熟悉这个行当的业务，力争成为这个行当的专家，也就是说一定要内行。做翡翠生意的人，不仅要学会做翡翠买卖，还要熟悉翡翠的历史与文化、翡翠的过去与现在、翡翠的产地与供销情况、翡翠的质量与价格评估等。特别是在公司规模不大、很难从企业形象上取信于顾客的时候，必须提高经营者和店员的个人素质，让顾客知道我们很内行，谈起翡翠很专业，这样的素质才能让顾客产生信任，增强购买我们产品的信心。试想：一个规模不大又没有名气的小店，顾客进店本来就对这家店有所怀疑，若店员形象又不专业，说起话来没有自信，顾客怎么能放心地购买店里的产品呢？所以树立专业的形象、让顾客觉得我们很内行是十分重要的。

随着经验的丰富，客户的积累，在社会上建立良好的口碑和信用，业务就会越做越好，越做越大，这时就该考虑调整产品定位和扩张市场了。

六、谨慎进行公司扩张

做翡翠生意的人一旦在经营中尝到一点甜头，就会有十分惊喜的感觉。会有一种"原来真的如人们所说，翡翠行业很好赚钱"的错觉，所以往往取得一点小的成功就想着急于做大做强，殊不知，危机可能就此而来。

湖北东方金钰股份有限公司是目前国内翡翠业唯一的上市公司，2004 年云南兴龙实业有限公司入主湖北鄂州多佳股份有限公司，通过资产转换借壳上市，改名为"东方金钰"，主业是翡翠饰品生产和销售。公司董事长赵兴龙先生是玉石行业屈指可数的翡翠原石鉴定专家，在翡翠鉴定和原材料买卖领域有着几十年的经历，与缅甸矿区有着良好的合作关系。从 20 世纪 90 年代末期开始，赵兴龙先生就深入缅甸翡翠矿区购买翡翠原石，从中获得了丰厚的利润。

在中国翡翠消费快速成长时，东方金钰借助品牌优势迅速拓展公司业务，准备在全国各大中型城市建立翡翠展厅或专业商场。2008 年北京奥运会时，东方金钰又是奥运会特许经销商，再加上北京有深厚的玉文化基础，他们准备抓住这一商机拓展北京市场。于是在 2007 年 2 月，公司进行重大投资，在北京王府井建立东方金钰翡翠旗舰店，但由于公司没有进行详细的市场论证，开业后一直亏损。截至 2007 年 12 月 31 日，北京旗舰店亏损 1443 万元，截至 2008 年至 9 月 30 日亏损 1975 万元。

这是一家上市公司盲目扩张带来的后果，好在他们实力强大，发生了重大亏损还有扭转的空间，如果是一家名不见经传的公司恐怕早已从市场上消失了。所以公司扩张并不一定能为公司带来利润，如果管理不善，市场定位不准，不能有效地发挥公司优势，那么扩张所带来的将不是利润的增长，不是品牌形象的提高，很可能对公司的发展产生负面的影响。所以当一个公司对各方面还没有完全把握时，不要盲目地进行扩张。

那么，公司扩张有什么条件呢？首先是公司在自己的根据地有足够的实力，已经牢牢地站稳了脚跟，有足够多的富余资金；其次是公司欲扩张的经营地点与根据地的营销环境有良好的适应性，在产品需求、市场定位、消费文化等方面有一定的相似性；最后是公司有足够的人力资源储备，有能够独当一面的经营者和管理者。具备了这几个条件，才有足够的资金和人力满足新市场经营管理的要求，就可以继续采用当前公司的经营模式，保持一致的经营风格和品牌形象。所以，公司扩张只有顺势而为，方能水到渠成。

第三节

翡翠零售技巧浅谈

开店已不是什么新鲜事，翡翠店早已遍布各大城市的主要街头和各大商场。但对于一些创业者来说，如果想把自己的翡翠店经营得更好、发展得更快并不是一件容易的事。要想经营好一家翡翠店，一定要认真地谋划。店铺成功经营，商圈的确定、店址的选择是非常重要的，除此之外就是产品的定位和目标市场的选择。然而，这仅仅是零售前的基础工作。要把生意做好，更重要的还有品牌的推广、货品的组织与质量的把握、营销策略和服务策略的制定等。同一个店让不同的人去经营肯定会有不同的经营业绩，这取决于人的素质和对营销技巧的把握。

翡翠是一种非常特殊的珠宝饰品。首先，翡翠承载了中华民族约 8000 千年的玉文化，顾客购买翡翠饰品，文化的分量可能很重；其次，翡翠的真假、质量是顾客最关心的问题，对于多数顾客来说，翡翠消费行为是非专业消费行为，如果不能取得顾客的信任，顾客是不可能放心地接受你的产品的；再次，价格问题历来是商家与顾客之间一道不可逾越的鸿沟，如何让顾客接受产品的价格并且觉得物有所值是我们在商业零售中要解决的问题；最后，不同的顾客有不同的购买心理，只有了解顾客的消费心理才能取得营销的成功。所以，我们在这里谈翡翠的零售技巧，无非就是要解决以上问题，而解决这些问题的关键是如何设计一个专业的形象和培养一支训练有素的营销队伍。

一、建立一个专业的形象

规模相当的店铺或专柜，同样经营翡翠饰品，但生意却截然不同，除了经营上的问题，很大程度上与店铺的专业形象有关。即使是品牌企业，如果没有一个专业的形象同样会受到顾客的质疑。我们可以设想一下，如果将一件高档翡翠摆在地摊销售，再好的质量也不会得到顾客的认同。店铺的外观、柜台的设施和装潢、商品的陈列都必须让顾客觉得到专业性，从感觉上就知道这是一家货真价实的翡翠店。在装潢风格上，色调的选取、灯光的布置、柜台的造型等一定要有专业的水准。商品的陈列是激发顾客购买欲望的有效手段，它能将真实的翡翠货品经过艺术性的处理直接展现在顾客面前，不仅能增强顾客的兴趣，发挥其选择翡翠的自主性，激发其购买的欲望，还有助于塑造良好的店铺形象，给顾客留下深刻印象，这是静态的专业形象。动态的专业形象就是营业员的形象，翡翠营业员必须具有良好的专业素养，言行举止、产品推介都必须非常专业，专业的人才会取信于顾客，顾客才会愿意与之沟通，并告知自己的想法，这样的店铺才会有口碑效应，生意才会越来越好。

二、培养一支专业的营销团队

一个企业要取得好的营销业绩,必须要有一个高素质的营销团队。什么是高素质的营销团队呢?除了专业的形象之外,还要具备翡翠的专业知识,善于察言观色,分析顾客的购买心理,更要善于随机应变,把握各种销售机会,及时解决顾客提出的各种问题,为顾客作好参谋。比如有些顾客会问为什么是男戴观世音女戴佛呢?这个问题可以这样回答:其实男子以事业为重,情绪受外界工作环境的影响较大。观音慈眉善目、仪态端庄,男子佩戴观音,增加了一份平和、一份稳重,可以助事业一臂之力。女子常以家庭为重,是整个家庭的象征。弥勒佛头圆、肚圆、身子圆,慈悲为怀、笑口常开、一团和气、乐观向上。女性佩戴玉佛,充分体现了女性对整个家庭和和美美、圆圆满满、欢欢喜喜的美好期望;同时也能像大肚佛一样大肚量,能够容纳家庭生活繁琐之事,对待生活笑口常开,所谓家和万事兴。而且佛的谐音是"福",戴佛寓意"代代有福"。这样的回答应该能够让顾客信服并提高兴趣,产生购买欲望。同时,销售没有一成不变的模式,产品是固定不变的,但需要营业员随机应变,用嘴巴将其说活,若能将一件商品说到顾客的心坎上,讲出的含义正是顾客所追求的理念,销售就成功了一大半。

三、制定合理的价格策略

"黄金有价玉无价"似乎已经成为顾客的共识,并且常被他们理解为玉器商家漫天要价。顾客为了避免上当必会还价,翡翠商家为了迎合顾客的这种购买心理,不断抬高翡翠的定价再打折销售,以致市场上出现了翡翠饰品 1 折销售的现象。这其实是顾客不专业或对翡翠市场这种通行的打折销售形成的惯性反应。其实,从消费心理上进行分析,顾客购买翡翠并不仅仅是为了获得直接物质满足和享受,很大程度上是为了获得心理的满足,这就出现了一种奇特的现象,即一些翡翠价格定得越高、优惠力度越大就越能受到顾客的青睐,如果能以很便宜的价格购买,就会获得一种"胜利、合算"的快感。但是当他们从这种快感中脱离出来,客观评价通过讨价还价获得的战利品时,他们又如何看待商家呢?他们可能会很失落或者对商家很失望。从现实的翡翠市场来看,高标价优惠力度大的商家确实更能获得顾客的青睐,而实价销售或只给优惠力度小的商家在价格谈判中确实较艰难,但他们能争取到的顾客一定会对他们更加信任。由此来看,在翡翠销售中打折是必不可少的,但折扣一定要有一个度,过多的折扣会动摇消费者的信心,损害品牌形象,对企业的长远发展是不利的。

所以,翡翠饰品的价格在保持一定利润的基础上不能定得过高,要保持一定的折扣空间但不能有太多的价格折扣,在销售中要坚持一定的原则。比如说,我们日常销售中规定只打 8 折,对 VIP 客户打 7.5 折,那么到了这个限度决不能再让价,这也许会招致顾客短期内的不快,但时间长了,顾客自然会适应,对品牌的信任度自然就会提高,品牌形象也会不断得到提升。

四、善用玉文化进行推销

翡翠营业员应该了解中国传统玉文化，这也是专业的一种表现。很多顾客购买翡翠饰品都受到玉文化的影响，但他们对翡翠玉文化了解的程度不深，需要营业员有针对性地引导。消费者了解得更多的可能是祈福文化、辟邪文化等，所以他们购买的题材以观音、佛为主，但能表达这种寓意的题材还有很多，比如说，玉璧是古代祭天的神器，手镯、玉扣等圆形佩饰都是由此演化而来的，同时圆形也有无边无际、八方逢缘、心胸博大的意思。销售人员要善用自己掌握的玉文化知识提升顾客对产品的兴趣，一旦顾客对产品志在必得，那么营销的主动权就掌握在我们手里了。

五、学会接待不同性格的顾客

搞营销的人每天都要同顾客打交道，就要学会研究各种类型顾客的购买心理。我们可以将常见的顾客分为几种类型：普通型、冲动型、优柔寡断型、大仙型、半仙型、傲慢型、攀比型等。以不同的方式接待不同的顾客，选择合适的方式去吸引顾客，加强与顾客的沟通，就会增加成交的机会。

1. 普通型

多数顾客属于这种类型，他们的购买能力比较一般。他们多数喜爱中国传统玉文化，买翡翠大多为了祈福、辟邪。他们会根据自己的消费能力和消费观念对自己喜欢的产品作出选择。虽然他们有些主观，不会接受商家的诱导，但却很诚恳；他们爱作决定，喜欢发表意见。作为销售人员应该多取悦他们，尊重他们的意见，多为他们服务，尽量满足他们各方面的要求。

2. 冲动型

这类客户也很普遍，他们非常敏感、脑筋灵活、精力充沛、干脆利落、处事果断。这是比较容易打交道的一类顾客，只要销售人员说话客气、礼貌且表现出同样的爽快，是较容易同他们达成交易的。但前提是销售人员要取得他们的信任，且产品一定有他们感兴趣的特点，既然是冲动型顾客，就必须有让他们产生冲动的“卖点”。

3. 优柔寡断型

这类顾客一般以女性居多，她们受性格的影响，不太有主见，虽然自己喜欢某件产品，但一定要征询一下别人的意见才能作出购买决策。因此，销售人员必须要有耐心，更重要的是要实事求是地阐述这件产品适合她的理由，如果店内其他销售人员能够帮忙，也说出同样的理由，就会增强她的信心。如果她同朋友一起来的，与其说服她，不如说服她的朋友，朋友的肯定更容易帮助她作出购买决策。

4. 大仙型

所谓“大仙”，是指对翡翠非常内行的顾客。他们对翡翠的质量评价非常专业，自己信心十足，有自己的审美观点，不需要更多的专业支持，只要他们喜欢就会购买，他们注重翡翠种、色、水等品质的好坏，作品巧雕、打磨的工艺高低以及翡翠作品本身的艺术及收藏价值。他们常常是高档或有特色的翡翠饰品的主要购买者。面对这类的顾客，千万不要随便和他们讲翡翠专业方面的知识，这样反而显得班门弄斧了。接待这类顾客最重要的是让他们感到自己受到了应有的尊重，所以接待时要多听、多赞许、多肯定、少说话。可以从翡翠的雕工、种、水、色方面肯定顾客独到的眼光及选择，肯定顾客的决策，同时言辞上加以提醒，抓住机会促成交易。

5. 半仙型

所谓"半仙"是指那些对翡翠半懂不懂的顾客，他们往往半懂不懂，却非要装懂。当销售人员客气地向他介绍或推荐产品时，他常会说："你别说，我知道。"这样常常会让气氛变得非常尴尬。这类客人有两种类型。其中一类客人往往自负、敏感并非常主观，自以为是，但他们的购买行为会干脆果断。对这类客户要非常小心，切勿和他们辩论，对他们的意见、言论尽可能地表示赞同，即使有不同的意见，也要婉转地加以引导，这样或许能达成交易。另一类是对商家怀有戒心，怕被骗，所以不管销售人员说什么，他都会拒绝。对这类客人，打破他的戒心、取得他的信任是最主要的，只要他对销售人员产生了信任感，后面的事情就容易多了。

6. 傲慢型

他们的行为举止有些傲慢，他的言语会使销售人员感到不快，但是他们的购买也会干脆果断。碰到这样的顾客千万不要生气，要面带微笑地和他们沟通，一旦他们愿意交流便是机会，若能抓住机会，销售人员很可能做成一笔大生意，得到意想不到的收获。和这类客人交谈时同样不要与他辩论，应该表现得更自然些、更热情些。同时，和他们谈生意，要非常谨慎，尤其不能说错话，让他们抓住把柄。如果发生这种情况，就会处于被动地位，生意就不好谈了。

7. 攀比型

这种顾客没有翡翠消费的经验，更不具备翡翠评价知识，只是在他们的相关群体中有佩戴翡翠饰品的人让他们产生了购买的冲动。这种顾客很好接待，因为他们已经有了消费模式，销售人员只要了解他们的想法，照着他们的要求去做就行了。

六、不说多余的话

做生意的人一定要懂得"言多必失"的道理。在没有搞清楚顾客的需求和购买心理之前一定不要多说话，更不要盲目地推荐产品，要鼓励顾客多说，多了解顾客的想法，然后再有针对性地推荐。如果在没有搞清顾客的需求之前总是喋喋不休，会招致顾客的反感。比如说，现在很多顾客喜欢购买貔貅，因为它具有招财和辟邪两层含义。假如顾客购买貔貅的心理诉求是招财，营业员介绍的重点就应该是貔貅招财的寓意，而不能往辟邪上介绍。有的销售人员想介绍得更全面一些，殊不知这样做是画蛇添足。再比如说，顾客根据自己的购买能力挑选了一件雕工一般的翡翠饰品，销售人员为了迎合顾客而去夸奖顾客的眼光是如何的好，挑选了雕工这么好的翡翠饰品，顾客听了会觉得销售人员在说假话，反倒失去了购买欲望，到手的生意可能也就搞砸了。

七、说优点、更要说缺点

我们强调在翡翠推销过程中，既要向顾客介绍产品的优点，也要介绍产品的缺点，但是要突出优点、淡化缺点，这是一种语言表达艺术，一位优秀的销售人员一定会注意语言表达的细节。比如说，在购买的过程中，顾客相中一件颜色、水头都不错的翡翠饰品，但又为内部有一些瑕疵而犹豫不决，这时销售人员可用翡翠形成的过程来向顾客解释这些瑕疵，即翡翠是天然生成的，复杂的地质环境使它很难有完美的。同时婉转地告诉顾客，即使有接近完美的翡翠，价格也是相当昂贵的，这点缺陷并不影响佩戴和美观程度，这样客观的解释客人可能会接受。也可以这样说：这件货品虽然有点缺陷，但它的颜色、水头确实是非常漂亮的，而且价格也不高。但当我们换一种说法：这件货的颜色、水头确实是非常漂亮，但是有点缺陷，所以价格不高。同样的意思两种不同的表达方式，给顾客的心理感受是截然不同的。因此，在销售的过程中，销售人员一定要注重语言表达艺术，注意顾客心理诉求的重点，美化重点的同时，婉转、科学地解释翡翠中的不足之处，让顾客在明白道理的情况下坦然接受，同时也不会造成不满和怨言了。

八、宣传消费者的感受而不宣传迷信

很多情况下我们要学会认同顾客而不是去教育顾客，这里还要强调一点：人们赋予翡翠太多的文化内涵，如佩玉可以治病、可以辟邪、可以护身等。玉的神秘传说古已有之，很多人认为玉是神灵之物，无所不能，这是古代科技不发达时人们对玉的功能的误解。在如今的信息科技时代，我们不能再将这些作为卖点，而应该从文化的角度宣传它的高贵和审美价值。一些消费者对翡翠的保健功能大加宣传，但这些都没有科学的根据。对消费者的看法当下我们只能认同，并且可以列举以前所接待顾客的经历肯定顾客的说法，但不能将这些迷信的东西作为卖点加以宣传。

九、善用促销手段

促销的时机有很多，如开业促销、节假日促销等，但促销的方式要认真选择，折扣促销是不值得提倡的，很大力度的打折带来的只能是消费者信心和品牌形象的降低，最多只能用于对老客户的回馈。所以促销的方式应更多地选择服务促销和情感促销。现在几乎所有的公司都在喊着“顾客是上帝”“服务至上”的口号，尽管优质服务做起来要比说起来难得多，但至少他们已经意识到了服务的重要性。生意好坏，除品牌、质量、价格之外，还取决于商品的售前、售中、售后的服务。我们向顾客销售产品时，不仅要为他们提供令人满意的产品，更要提供热情周到的服务，让顾客满意而归，这本身就是一种情感培育的过程。而情感促销则是以某些促销方式主动让顾客感受到这份情谊，比如顾客购买产品的时候主动送他一些小礼物，让他得到一份意外的惊喜，他就会觉得欠着一份人情，以后有机会他可能会来购买我们的商品。

十、制造稀缺性

在经济学中，稀缺性是相对于人类欲望的无限性而言的，经济物品或生产这些物品的资源的相对有限性是制造稀缺的基础。市场经济的实质就是肯定稀缺，什么越稀缺，什么就越值钱。近年来古董为什么奇货可居，拍卖行里的拍卖品为什么屡创新高，稀缺是最直接的原因。稀缺理论的运用基于消费者的需求，要对消费者的需求、消费心理和行为进行分析。激起他们的购买欲望，欲望越强烈，越愿意为之付出金钱。

实际上，翡翠本身就是一种稀缺的资源。近年来，国内消费者对翡翠的需求量越来越大，而翡翠的资源越来越少，高档翡翠的资源更是近于枯竭，以至于近年来高档翡翠价格逐年成倍上涨，资源的稀缺为高档翡翠饰品提供了巨大的增值空间。而创造翡翠稀缺的空间远非如此，我们知道，翡翠的颜色千变万化，种类繁多，每一件产品都各不相同，同一块翡翠原石由不同的设计师设计会有不同的创意，"只此一件"的设计为创造稀缺性提供了巨大的空间。除此之外，还有造型的稀缺、工艺的稀缺等。在购买翡翠时，我们一直强调货品要有特色，其意义也在于此。制造稀缺性是翡翠营销的魅力之所在，给产品赋予另一种功能，使产品概念变得完全不同以至于比原来更稀缺，就会身价倍增。

总之，翡翠消费心理受中国传统玉文化、传统习俗的影响，翡翠的销售技巧也需要在结合传统文化以及购买习俗的基础上进行总结和研究。翡翠的交易或许不在于销售一件商品，而是在传承一种文化。从事翡翠营销的人必须了解中华民族特有的玉文化，并在日常生活中系统学习营销理论，提高自己的文化素质和专业素养，并在销售中善于总结经验，只有这样才能取得更好的营销业绩，事业才能逐渐走向成功。

主要参考文献

安梅,2013.翡色翡翠的宝石矿物学特征及热处理研究[D].昆明:昆明理工大学.

陈炳辉,丘志力,王敏,等,2001.B货翡翠的红外光谱特征及鉴定意义[J].矿物学报,21(3):525-527.

陈炳辉,丘志力,张晓燕,1999.紫色翡翠的矿物学特征初步研究[J].宝石和宝石学杂志,1(3):35-42.

崔文元,施光海,林颖,1999.钠铬辉石玉及相关闪石玉(岩)的研究[J].宝石和宝石学杂志,1(4):16-22.

崔文元,施光海,杨富绪,等,2000.一种新的观点——翡翠新的岩浆成因说[J].宝石和宝石学杂志,2(3):16-21.

崔文元,王时麒,杨富绪,等,1998.缅甸翡翠(辉石玉)的矿物学及其分类的研究[J].云南地质,17(3):356-380.

丁怡航,2021.缅甸蓝水翡翠与危地马拉蓝水翡翠的对比性研究[D].桂林:桂林理工大学.

段治葵,2018.腾冲翡翠博物馆馆藏·明清翡翠[M].昆明:云南人民出版社.

干福熹,等,2017.中国古代玉石和玉器的科学研究[M].上海:上海科学技术出版社.

谷娴子,杨萍,丘志力,2007.粤海关"Jadestone进口记录"的发现及意义[J].宝石和宝石学杂志,9(2):44-48.

郭守国,1998.宝玉石学教程[M].北京:科学出版社.

何立言,刘杰,龙楚,等,2018."蓝水料"翡翠的宝石矿物学特征[J].宝石和宝石学杂志,20(2):31-37.

李娅莉,薛秦芳,李立平,等,2016.宝石学教程[M].3版.武汉:中国地质大学出版社.

梁铁,2018.翡翠矿物学特征及对其质量的影响[J].安徽地质,28(1):77-80.

廖宗廷,马婷婷,丁倩,等,2000.A货翡翠与B货翡翠的显微硬度和抗压性对比研究[J].宝石和宝石学杂志,2(3):27-29.

陆建芳,2014.中国玉器通史[M].深圳:海天出版社.

欧阳秋眉,1992.翡翠鉴赏[M].香港:天地图书有限公司.

欧阳秋眉,2000.翡翠全集[M].香港:天地图书有限公司.

欧阳秋眉,李汉声,2004.钠铬辉石质翡翠的主要特征[J].宝石和宝石学杂志,6(1):22-23.

欧阳秋眉,李汉声,郭熙,2002.墨翠——绿辉石玉的矿物学研究[J].宝石和宝石学杂志,4(3):1-4.

亓利剑,罗永安,吴舜田,等,1999.缅甸"铁龙生"玉特征与归属[J].宝石和宝石学杂志,1(4):23-27.

亓利剑，袁心强，彭国桢，等，2005. 翡翠中蜡质物和高分子聚合物充填处理尺度的判别[J]. 宝石和宝石学杂志，7(3)：1-6+51.

亓利剑，郑曙，谭振宇，1998. 缅甸辉玉常见的种属与宝石学特征[J]. 超硬材料工程(1)：51-56.

丘志力，李立平，陈炳辉，等，2013. 贵金属珠宝首饰评估[M]. 武汉：中国地质大学出版社.

丘志力，吴沫，谷娴子，等，2008. 从传世及出土翡翠玉器看我国清代玉料的使用[J]. 宝石和宝石学杂志，10(4)：34-38.

施光海，崔文元，2004. 缅甸硬玉岩的结构与显微构造：硬玉质翡翠的成因意义[J]. 宝石和宝石学杂志，6(3)：8-11.

孙守道，1984. 三星他拉红山文化玉龙考[J]. 文物(6)：7-10.

王春阳，2012. "飘蓝花"翡翠的矿物成分及成因研究[D]. 北京：中国地质大学(北京).

魏保红，2021. 缅甸翡翠"棉絮"的类型及成因初探[D]. 桂林：桂林理工大学.

温雅棣，2022. 中美洲古代文明与中国史前玉器钻孔技术的比较研究[J]. 考古(9)：74-84.

闫薇薇，王建华，2012. 缅甸翡翠加热处理的特征研究[J]. 宝石和宝石学杂志，14(1)：1-6.

杨伯达，2004. 翡翠传播的文化背景及其社会意义[J]. 故宫学刊(1)：99-157.

杨晓雯，2014. 墨翠的宝石矿物学特征研究[D]. 北京：中国地质大学(北京).

袁心强，2009. 应用翡翠宝石学[M]. 武汉：中国地质大学出版社.

袁心强，亓利剑，杜广鹏，等，2003. 缅甸翡翠的紫外-可见-近红外光谱的特征和意义[J]. 宝石和宝石学杂志，5(4)：11-16.

袁心强，亓利剑，张森，2005. 缅甸翡翠阴极发光光谱表征[J]. 宝石和宝石学杂志，7(2)：9-13.

张蓓莉，2006. 系统宝石学[M]. 2版. 北京：地质出版社.

张健，刘洋，陈华，等，2013. "新型"处理翡翠(注蜡)实验及鉴定[J]. 宝石和宝石学杂志，15(2)：26-31.

邹天人，於晓晋，夏凤荣，等，1999. 翡翠的单斜辉石类矿物研究[J]. 宝石和宝石学杂志，1(1)：27-32.